1989年のテレビっ子

たけし、さんま、タモリ、加トケン、紳助、
とんねるず、ウンナン、ダウンタウン、
その他多くの芸人とテレビマン、
そして11歳の僕の青春記

戸部田誠（てれびのスキマ）

もくじ

まえがき

「長い！」

ダウンタウンの浜田雅功は、相方の松本人志と盟友のウッチャンナンチャンを引き連れ、スタジオにそう叫びながら入ってきた。

そのスタジオでは、タモリと明石家さんまが約30分にわたり丁々発止の雑談芸を繰り広げていたのだ。浜田はもう一度「長いわ！」と繰り返すと、さんまの口元にガムテープを貼り付けた。その横ではウッチャンナンチャンがタモリと思い出話に花を咲かせている。話を遮るように唐突に松本が言った。

「とんねるずが来たらネットが荒れるから！」

その発言から約5分。今度はとんねるずが颯爽とスタジオに乱入。会場はどよめいた。並び立つことがなかったライバルの二組、ダウンタウンととんねるずが同じステージに立ったのだ。程なくして今度は「荒れろ、荒れろ！」と爆笑問題も入ってきた。〝犬猿の仲〟と噂されていた松本と太田がステージ上で目配せをしていた。

そしてナインティナイン、ＳＭＡＰの中居正広、最後に笑福亭鶴瓶までがステージに揃うという夢のような光景が繰り広げられた。

２０１４年3月31日。

約32年にわたり放送されてきた『笑っていいとも！』（フジテレビ）が終了した。

その「グランドフィナーレ」には、テレビ界のトップに君臨するスターたちが集結した。共演することはないと思われていた組み合わせがタモリの元に集まったのだ。

ありえないような奇跡の共演が実現した光景を見て「フジテレビの最終回」、「テレビの葬式」などと形容する者もいた。

確かにその光景に、青春時代の終焉を感じた。どこか物悲しさすら覚えた。いや、とっくに青春は終わっていた、というほうが正確だろう。同窓会に行くと、青春時代の思い出がパッと蘇るように、あの時、一瞬その当時に戻ったかのような、青春の煌めきがあった。青春時代、ともに手を取り合いながら、あるいは反目しながら戦った戦友たちとの一瞬の邂逅。ほんの一瞬だったからこそ、その儚さに胸が締め付けられるような思いを抱いたのだ。

テレビ史的に見てもこの『いいとも』の「グランドフィナーレ」は、あるひとつの時代の終焉を象徴していた。結論から言えばそれは１９８０年前後から築かれ、１９８９年にその基礎が完成したと僕が考える〝平成バラエティ〟の最後だ。

その１９８９年、やはり象徴的番組が最終回を迎えている。その最終回は『いいとも』「グランドフィナーレ」を思わせるようにスターたちが一同に会していた。

『オレたちひょうきん族』（フジテレビ）である。

「忠臣蔵」を舞台にして、ビートたけしや明石家さんま、山田邦子、島田紳助をはじめとするレギュラー陣が番組名物キャラに変身し、かつての人気キャラも次々に復活して夢の〝共演〟が実現していた。スターたちがコントキャラクターに扮して集結したこの最終回は、いわば、前時代的なバラエティからの完全な決別と、新たな時代のバラエティの誕生を祝うものだった。

小林信彦は1961年からの10年余りを「テレビの黄金時代」と称した。渥美清、クレイジー・キャッツ、坂本九、青島幸男、前田武彦、そしてコント55号らがテレビに新しい息吹を吹き込み、『シャボン玉ホリデー』、『巨泉×前武ゲバゲバ90分！』（ともに日本テレビ）など革新的な番組を作り上げた。さらにその後方からザ・ドリフターズが台頭していった。しかし一方で、1970年代は「歌手」こそがテレビの中心。「笑い」は添え物、脇役にすぎなかった。それを対等の位置にまで引き上げたのが70年代後半の萩本欽一やドリフターズだ。だが、彼らはいわば特別な存在。テレビ界全体の序列は変わらなかった。一部の例外を除き、テレビ界は、特にバラエティ界は黄金時代の賑やかさや熱は失われ、停滞していた。

それを一気に変え、お笑いをテレビの中心にしたのが、1980年に興った「マンザイブーム」だった。ブームはすぐに収束するが、それを引き継いだ『オレたちひょうきん族』を中心とするお笑い番組とその出演者たち芸人が時代を変えたのだ。

山藤章二はマンザイブーム以降、お笑いは「フィクションからノンフィクションの時代になった」と評している。70年代までのお笑いは、作家の作った漫才台本通りに演じていたことが象徴するように、本人とは乖離したキャラクターを演じたフィクションの世界だった。それをマンザイブームは否定した。漫才師本人の人間性をそのままむき出しにした漫才で若者の心を掴んでいったのだ。そしてマンザイブームが終わると、その本人の人間性そのものをキャラクターに昇華できたものだけが生き残った。それが、ビートたけしであり、島田紳助であり、明石家さんまだった。

1989年、『ひょうきん族』のメンバーはそれ以降の活動を予見するように、それぞれの道に進んでいく。ビートたけしは初監督作品となる映画『その男、凶暴につき』を公開。島田紳助は政治番組『サンデープロジェクト』（テレビ朝日）の司会を始める。明石家さんまは大竹しのぶとの間に子供が生まれ、タモリやたけしのコバンザメキャラからの脱却を図り、各番組でそのポジションを変えていっていた。

新しい世代がテレビの中心に姿を見せ始めたのも1989年だ。

この年、ダウンタウン、ウッチャンナンチャンが『笑っていいとも！』のレギュラーに抜擢され、彼らの出世作であるユニットコント番組『夢で逢えたら』（フジテレビ）が深夜の関東ローカルから、プライムタイムの全国放送に昇格した。

一方、とんねるずは時代の寵児になっていた。彼らが司会を務めた『ねるとん紅鯨団』（フジテレビ）が裏番組であったタモリの『今夜は最高！』（日本テレビ）を終了に追い込んだ。

そして、前年にスタートした『とんねるずのみなさんのおかげです』（フジテレビ）も熱狂的な人気を獲得し、89年にはバラエティ番組年間平均視聴率の第一位を獲得。やはり裏番組の『ザ・ベストテン』（TBS）を駆逐した。

その『ザ・ベストテン』の終了はテレビにとって大きな意味を持っていた。歌番組中心というテレビの序列は完全に崩壊し、「大衆のもの」だった歌謡曲は事実上息の根を止めた。昭和の大スター美空ひばりの死去も象徴的だ。「アイドル」は手に届かない存在から、隣にいそうな存在へと変わり、その活躍の場は歌番組からバラエティ番組へと変わっていく。その転換期に産み落とされたのがSMAPだった。

同じ89年、『三宅裕司のいかすバンド天国』（TBS）を契機に「イカ天」ブームが到来する。歌は「大衆」から「特定の層」に向けられるものになった。歌だけではない。たとえば、前年から始まった深夜ドラマ『やっぱり猫が好き』（フジテレビ）には、この89年から三谷幸喜が参加する。小劇場ブームから生まれた人材がテレビ界の中に入っていった。

これらがテレビ界で起こったのがすべて1989年だったのだ。現在まで続く、〝平成バラエティ〟の中心人物が出揃い、その基礎が完成した。奇しくもそれが「平成」と元号を変えた年だった。

また社会的な事件に目を向けると、宮崎勤が逮捕され「オタク」という存在に注目が集まったのもこの年だ。オウム真理教が初めて教団外に被害を出した犯罪（坂本弁護士一家殺害事件）に手を染めたのも１９８９年だった。

１９８９年。

それは、70年代後半に一度は停滞したものの、80年のマンザイブームによって生まれ変わったテレビバラエティが〝青春時代〟を迎えた年である。

ある者はこの年に青春時代を終え、またある者は青春の只中に突入した。

そして現在、そこで築かれた〝平成バラエティ〟がひとつの転換期を迎えようとしている。『笑っていいとも！』「グランドフィナーレ」は確かに「テレビの最終回」かもしれない。だが、同時に『ひょうきん族』の最終回がそうであったように、新たな時代の誕生祭でもあるはずなのだ。

あの頃、芸人たちは各世代が入り混じって戦国時代のように真剣を振り回しながら戦っていた。それは芸人たちに、あるいは裏方の作り手たちにとって青春だった。そしてそれを見る僕たち視聴者にとっても。

テレビに出る人、作る人、見る人……。立場は違うがみんなテレビっ子だった。「テレビっ子」という言葉は、１９６０年代に生まれた言葉だという。もともとは、テレビがない時代に育った世代に対して、幼い頃からテレビを見て育った世代を指す言葉だった。ビートたけしやタモリ、明石家さんまらの世代だ。やがて言葉の意味は変遷し、テレビが当たり前になった80

年代頃には、世代を抜きにして他人よりもテレビが好きな子どもを指すようになった。つまりとんねるずやダウンタウン、ウッチャンナンチャンたちがそうだ。そしていまはインターネットなどの普及によってネットがテレビに取って代わったという層も出てきた。ネットをはじめとする他の娯楽が溢れているためにテレビを見ないという人が珍しくなくなった。そういった層に対して今でもテレビが好きな人たちがあえて「テレビっ子」を名乗る場合もある。つまり僕だ。

部屋で座ってテレビを見る。それが僕にとっての「青春」だった。

1978年。『ザ・ベストテン』が始まった年に僕は生まれた。物心ついた頃には、テレビの主役は音楽からお笑いになっていた。ドリフターズや萩本欽一、そして『オレたちひょうきん族』が当たり前のようにゴールデンタイムで放送されていた。だから、それは日常の風景で、特別なものという意識はなかった。

初めてそれを意識したのはいつ頃だったのだろう。やっぱり『夢で逢えたら』だったような気がする。

ウッチャンナンチャン、ダウンタウン、清水ミチコ、野沢直子――。

新世代の旗手たちを集めたお笑いユニット番組は、小学生時代の僕の胸をときめかした。

おそらく、『夢で逢えたら』を見始めたのは1989年だったと思う。地方に住んでいたから全国放送になるまでは見られなかったはずだ。

正直、内容自体はほとんど覚えていない。けれど、お笑い番組を見て、初めて「カッコいい」と思ったことだけはハッキリ覚えている。そしてそれを間違いなく「僕の」番組だと思いこんだ。もちろん、まだ小学生だった自分と彼らとは世代は違う。だが、どこか自分たち世代の〝味方〟のような気がしていたのだ。

だから、その年の『笑っていいとも!』の「クリスマス特大号」は、戦場へ向かう味方の無事と武運を祈るような気持ちで見つめた。

タモリが牧師姿で何やら訳の分からない意味のないボケを繰り返し、おなじみの歌とともに、関根勤、片岡鶴太郎、所ジョージ、笑福亭鶴瓶、そして、明石家さんまが顔を出す。テレビの中心に陣取るスターたちだ。その只中に、まだ〝新人〟扱いだったウッチャンナンチャン、ダウンタウン、清水ミチコ、野沢直子たちが飛び込んでいった。

僕は彼らの「青春」を一緒に体験しているような高揚感を感じたのだ。

そんな気分とうらはらに、コンプレックスを刺激されるようになったのは、もう少し後になってからだ。

たとえば「趣味は?」という定番の質問を受けると僕は口ごもる。

「テレビを見るのが趣味」なんて言えなかった。なぜなら、大多数の人にとって「テレビ」なんて趣味で見るものではないからだ。もっと有意義な趣味は外の世界にあふれている。それらを〝体験〟することこそ人生を豊かにするものだ。そうテレビも言っていた。

けれど、僕はテレビを捨て町に出ることはできなかった。

テレビだって他の趣味と同じようにちゃんと積極的に見れば〝体験〟になるはずじゃないか。「そんなことに意味があるの?」と言われるかもしれない。意味なんてねーよ。意味なんてないってことが、実はかけがえのないものなんだってことは、テレビっ子なら誰だって知っているよ。そんな自問自答と自己弁護を繰り返していた。

テレビばかり見ているとバカになる。見ているだけじゃなんにもならない、と言われても僕はどうしてもテレビの魅力から抗えず、テレビの前に座り続けていたのだ。

テレビの中はひたすら楽しそうで、笑いにあふれていた。ある者は青春のすべてを捧げた結果、金も栄光も手に入れ、ある者は夢と希望を抱え青春を謳歌していた。

だけど、僕には何もなかった。何者でもなく鬱屈としていた。テレビしかなかったのだ。

1989年、テレビっ子たちにはそれぞれの青春が確かにあった。

たとえばビートたけしや明石家さんま、島田紳助たちをテレビの王様にした『ひょうきん族』はどのような成り立ちを持っているのか。

様々な資料や証言を読み解くとそれは『THE MANZAI』(フジテレビ)にたどり着く。

さらにたどっていくと、彼らの弟子時代や修行時代に色濃くそのルーツがあることが分かってくる。そこで彼らに訪れる挫折や鬱屈、そして奮起はまさに「青春」そのものだ。テレビの、テレビっ子たちの青春時代。

まずはビートたけしが苦汁をなめ、若き明石家さんまが大阪で躍動を始めた、そして僕が生まれた70年代後半から、その青春群像劇を紐解いていきたい。

それが、僕なりの「テレビ」の体験の仕方なのだ。

第1章

『THE MANZAI』とマンザイブーム

1974　明石家さんま、島田紳助が弟子入り
　　　ビートたけし、きよしとツービート結成

1975　島田洋七、洋八とB&B（三代目）結成

1977　さんま、『ヤングおー!おー!』レギュラーに抜擢
　　　たけし、「ツービート・マラソン・デスマッチ」開催

1979
『花王名人劇場』「円鏡vsツービート」放送
B&B、東京進出

1980
『THE MANZAI』開始
さんま、『天皇の料理番』出演

明石家さんま
18歳〜25歳

島田紳助
17歳〜24歳

ビートたけし
27歳〜33歳

島田洋七
24歳〜30歳

横澤 彪
(フジテレビ→サンケイ新聞社出版局→フジテレビ)
37歳〜43歳

佐藤義和
(フジポニー→フジ制作→フジテレビ)
26歳〜32歳

木村政雄
(吉本興業)
28歳〜34歳

大崎 洋
(吉本興業)
21歳〜27歳

1　『ひょうきん族』の始まりと終わり

１９８９年10月7日、18時30分。

『オレたちひょうきん族』最終回を翌週に控え、2時間半にわたる「さよなら ひょうきん族」と題したグランドフィナーレの生放送が始まった。

その日、東京では、『ひょうきん族』終了を惜しむかのように、雨が降っていた。

進行を任されたのは明石家さんまだった。当時34歳。

番組開始当初こそ、いち若手芸人にすぎなかったさんまだったが、『ひょうきん族』の人気の上昇とともに、さんまの地位も上がっていった。そして番組終盤には名実ともに押しも押されもせぬ主役の一人になっていた。『オレたちひょうきん族』の功績は数え切れないほどあるが、今思えば明石家さんまの立身出世・成長物語としての側面もあった。

『ひょうきん族』終了のニュースが伝えられたのは、その年の8月だった。「オバケ番組」と呼ばれた裏番組『8時だョ！全員集合』（ＴＢＳ）を打ち破り、終了に追い込んだ『ひょうきん族』は、代わって始まった『加トちゃんケンちゃんごきげんテレビ』（ＴＢＳ）の人気に苦戦していた。視聴率も下がり、出演者たちは『ひょうきん族』で得た人気ゆえ、多忙を極め、モチベーションも低下していた。

たけしに至っては「オバケが出た」などという理由で番組収録を休むことが増えていた。「出て、出て、休んで、休んで」「ねぇ来週どうするの？」「わかんない」「出て、出て！」というたけしとさんま2人が扮する「カスタネットマン」なるキャラクターが生まれたほどだ。

だから『ひょうきん族』を終わらせるという最終的な判断を託されたのはさんまだった。

「最後の結論出すのが、俺だったんですよ。『ひょうきん族』これから続けるか、辞めるかっていうのを託されたんですよ。さんまちゃんが辞めるなら辞めようっていうことになって。楽屋が活気ある頃と全然違ってたんです、8年経つと」（※1）

かつて、あのギャグしよう、このギャグしようと切磋琢磨して熱を帯びていた楽屋は、いまや、株や国債といった金儲けの話しかしなくなっていた。

「これは無理や」とさんまは思った。

最後の決断を下す時はさすがのさんまも躊躇した。だが、たけしも「辞めたい」と漏らしたこともあった。だからこれが「ゴール」だとも思ったのだ。

「どうします？」と問われたさんまは答えた。

「いったん辞めようか」（※2）

「グランドフィナーレ」の放送は、出演者、スタッフ、視聴者からの名・珍場面オールリクエスト大会。

最初のリクエストは、第1回放送のオープニングだった。

出演者全員が正装して晩餐会に参加している。さんまや紳助らがひとしきりボケるとたけしが女中姿の今くるよを呼ぶ。

「ブスだねぇ」とつぶやいた後、たけしがカメラに向かって「オレたち」と呼びかけると、全員で声を揃えて言う。

「ひょうきん族」。

するとロッシーニ作曲の『歌劇「ウィリアム・テル」序曲第4部「スイス軍隊の行進（終曲）」』が鳴り響く。そこに伊武雅刀[*1]によるナレーションが入る。

「竹の子族よりも派手に、ロックンロール族よりもつっぱる。クリスタル族なんかまるで無視して地球にやってきたオレたちひょうきん族。

彼らはひょうきん族と名を名乗り、ある時は俳優としてお茶の間の皆様の涙を誘い、またある時はシンガーとしてさだまさし・ジュリー・YMOの存在を脅かし、ついでにドリフターズも脅かし、お子様からお年寄りまでご覧になっていらっしゃる、テレビ界に新しい波風を巻き起こすべく、日夜、正義と真実と明るい社会を守るために戦い続ける者たち——。

その名はオレたちひょうきん族！

全国フジテレビ系にて絶賛上映中」

記念すべき第1回の放送は1981年5月16日。レギュラー放送が始まる前のお試し的な意味合いで単発の特別番組として放送された。

よくプロ野球中継が雨天中止だったときの「雨傘番組」として作られたと伝えられているが、これは正確ではない。確かに当時フジテレビの土曜夜8時はナイター中継を放送していた。だが、毎週必ずナイター放送があるわけではない。4月から7月の間に放送されない日が7回あった。単発特番時代の『ひょうきん族』はそのナイターがない週に「決定！土曜特集」という枠で放送された。

「こっちとしては7回もあればいろいろ実験できるし、うまくいけばレギュラーになるからがんばろう、と思っていました」

と、ディレクター（のちにプロデューサーも兼任）の佐藤義和は述懐する。

その目論見どおり、番組は好評を博し、8月29日の「最終回」特番を経て、10月10日からレギュラー放送が開始されたのだ。

特番時代のレギュラーは、ツービート（ビートたけし・ビートきよし）、紳助・竜介（島田紳助・松本竜介）、B&B（島田洋七・島田洋八）、のりお・よしお（西川のりお・上方よしお）、ザ・ぼんち（ぼんちおさむ・里見まさと）、春風亭小朝、そして明石家さんまといった『笑ってる場合ですよ！』（フジテレビ）のレギュラーメンバーで占められていた。『笑ってる場合ですよ！』は『THE MANZAI』を中心に興ったマンザイブーム[*2]によって生まれた番組。従って、『オレたちひょうきん族』は間違いなくマンザイブームがなければ生まれなかった番組だ。80年代初頭、テレビ界を席巻したマンザイブームとは一体なんだったのか。時計の針をマンザイブーム前夜に戻してみよう。

2 「西の郷ひろみ」明石家さんま

「あいつには頭あがんねえよ」

そうビートたけしが漏らしたことがあるという。「なんだかんだ言ったって結局よ、あいつがマンザイブーム創ったんだからよ」（※3）と。

島田紳助は「俺はこの人を倒すためにこの世界に入る！」とお笑い界に足を踏み入れたという。

初めてその男を見たときに、「この人は凄い！」と驚嘆したのだ（※4）。

その男とは、漫才コンビB&Bの島田洋七である。

「島田くん、いくら持ってる？」

たけしは、恥ずかしそうに洋七に聞いた。まだ売れていない、何者でもなかった2人の青年は、数百円の小銭しか持っておらず、途方に暮れていた。

「オイ、飲みに行こうか」と大先輩である横山やすしに誘われた洋七は、一も二もなくついていった。

どこの高級クラブに連れていってくれるのか、などと下心を忍ばせていたが、着いたのは千葉の「毎日食堂」という大衆食堂だった。

そこで「今、一番おもしろい」漫才師として紹介されたのがツービートのビートたけしだった。

「なんでも食わんかい、なんでも飲まんかい、ワレ！」

と言われ、戸惑いながら注文したのはアジフライ。そのうちに、やすしは自分だけグデングデンに酔っ払い、「ちょっと行ってくるわ！」と言い残したまま、どこかに姿を消してしまった。いつまでたっても、やすしは戻ってこない。千葉に取り残され、タクシー代はおろか、電車代もままならない2人は、仕方なく東京まで歩き始めた。

暗く寒い夜道を2~3時間、小石を蹴っ飛ばしながら歩いた。

「金があったらなにが欲しい？」

いつしか、売れない芸人の定番の話になった。

「サバを丸ごと一匹食いたい」

洋七がそう答えると、たけしは破顔した。

「おまえは？」

洋七が訊くと、たけしは真剣な顔で言った。

「芸が買いたい」

それが差よ、と洋七は笑う。程なくして〝親友〟となる洋七とたけしの出会いだった（※5／※6）。


「俳優座に入ることは決まってんねん」

その数年前、広島で兄の会社を手伝いながらプラプラしていた洋七は、佐賀の祖母の家に遊びに行った際に出会った女性と恋に落ちた。嘘ばかりついていた当時、見栄をはって彼女にそんなことを言ってしまっていた。田舎に住んでいた洋七は、芸能人はみんな俳優座にいるのだと思っていたのだ。

彼女は務めていた佐賀のデパートを辞め、洋七とともに大阪に住むことになった。彼女はすぐに仕事を見つけたが、洋七は何もすることがなくやはりプラプラしていた。

そんなときに、何気なく入ったのがなんば花月だった。

笑福亭仁鶴や中田カウス・ボタンが多くの観客を笑わせていた。

「オレはホンマ感動したね。こんなカッコええ職業があるのかって、ドキドキしてもうた」（※5）

自分が探していた仕事はこれだ。そう思った洋七は居ても立ってもいられず、切符売りのおばちゃんに「オレ、芸人になりたいんやけど、どうしたらいいの？」と迫った。だが、当然、「帰って、帰って」と素っ気ない返事しか返ってこなかった。

それから毎日、花月に通った。

当時、トリを務めていたのが、島田洋之介・今喜多代。

背の大きな男と小さな美人の奥さんというコンビで人気を博していた。

この２人の弟子になろう。そう決めた洋七は数日間、何度断られても「弟子にしてください」と直談判した。

ようやくその願いがかなったとき、洋之介は言った。

「ええか。ほんまにやる気があるんなら、人生捨てろ！」（※5）

１９７１年のことだった。

70年代後半当時、テレビの演芸番組は低迷の一途をたどっていた。

出演するのはベテランばかり。だから、視聴者も注目しない。視聴率が獲れないとなると番組そのものが減っていく。その結果、ますます若手の活躍の場所がなくなっていく。悪循環だった。Ｂ＆Ｂが本来活躍すべき演芸番組は閉塞していた。

そんな時、所属していた吉本興業の重役からくすぶっているＢ＆Ｂをはじめとする若手芸人に声がかかった。１９７７年10月だった。

「漫才はぎょうさんおるからお前ら集団でドリフみたいのせい」

そこで集められたのが、B&B、西川のりお・上方よしお、ザ・ぼんち、明石家さんまの7人。

彼らは「ビールスセブン」と名付けられた。

「わけのわからんことをやってて、それで会長が見に来て『あのバイ菌ども降ろせ！』って（言われた）」（※7）とさんまが述懐するように、即席のユニットであり、血気盛んな若手だったためチームワークもバラバラ。支離滅裂なコントで舞台を荒らし、周囲の芸人に多大な迷惑をかけることから、〝吉本興業のバイ菌〟と揶揄されていたことがユニット名の由来だったという。

のりおと洋七は毎日のようにケンカしていた。洋七がコント中のボケをしている最中に、負けじとのりおが「つくつくぼうし！」と自分のギャグで割り込む。すると、おさむまでボケ始める。ボケの喰い合いになり収集がつかなくなると「邪魔するな！」と洋七がキレて本気のケンカが始まってしまう。そこで割って入るのが一番の後輩だったさんまだ。

「待ってください！　僕が悪いんです」

何も悪くないのにとりあえず謝った。それが定番のギャグになった。

彼らに目をつけたのは当時、『ヤングおー！おー！』（毎日放送）のプロデューサーだった林誠一だった。いち早くレギュラーになっていたさんまの相手役として「ビールスセブン」のメンバーを起用してみようと考えたのだ。

『ヤングおー！おー！』は明石家さんまにとって初の全国ネットのレギュラー番組だった。

さんまがレギュラーに抜擢されたのは「ビールスセブン」結成の直前の1977年9月、22歳の頃。実はこの抜擢は先輩落語家・桂文也の代役だった。収録を目前にして以前仕事先で起こしたトラブルが問題視され、白紙になってしまったのだ。そこで白羽の矢を立てられたのがさんまだった。

文也はさんまが落語に入門して以来、何かと気にかけてくれた先輩だった。

さんまは文也の『ヤングおー！おー！』抜擢の知らせを受け、祝いの席を設け、語り合ったばかりだった。だから、さんまは自分が文也の代わりに番組に出演することをためらい、一度は断った。だが、師匠である笑福亭松之助から「プロの世界はそういうもんや」「どうせおまえの実力では半年間でレギュラーを降ろされるだろうから、その間にテレビの世界を勉強してこい」（※8）と諭され、出演を決めた。

さんまが笑福亭松之助のもとに入門したのは、1974年。高校3年の夏休みに京都花月で新作落語「テレビアラカルト」を見たのがきっかけだった。

さんまは「高校時代が人生の頂点」だといってはばからない。文化祭でワンマンショーをやれば、体育館ぎっしりに生徒たちがつめかけ、爆笑に包まれた。そのとき既に形態模写や落語、「京子ちゃんシリーズ」[*3]などの持ちネタをしていた。間違いなく高校一の人気者だった。だから、さんまは寄席に行っても意地でも笑うかとライバル視していたようなところがあった。だが、松之助のネタだけは本気で笑ってしまったのだ。

「この人の言うことだったら聞ける」

そう思ったさんまは、その年の年末に松之助に弟子入りの直訴をした。

「なんでわしを選んだんや?」

と聞く松之助にまだ高校生のさんまはキッパリと言った。

「はい、センスよろしいから」

このアホ、わしのことをセンスあるってぬかしやがる。そんな不遜でふざけた青年を見て「波長があう」と感じた松之助は、ガハハと大笑いした。

「当時の僕としては最大級の褒め言葉のつもり」だったとさんまは述懐する。

「まさに上から目線で喋ってたみたいで。でも、そう言うたんは間違いないと思います。『センスがある』と思って師匠を選んだのは事実ですから」(※8)

こうして弟子入りを許されたさんまは、高校卒業直前の74年2月に松之助一門に入門した。

松之助の家の近くにアパートを借りたさんまは、毎朝7時から松之助の自宅に通い、掃除などを行い、松之助の息子(のちの明石家のんき)たちを幼稚園に送り、松之助の仕事に同行した。

その仕事先であるなんば花月で出会ったのが、さんまとほぼ同時期に島田洋之介・今喜多代に入門した島田紳助である。初めて出会った「同期」のさんまと紳助はウマが合った。お互いの師匠が舞台に立っている間、2人はずっとバカ話をしてすごしていた。さんまは言う。

「楽屋が弟子っ子の勝負やったんですよ。どんだけおもろいこと言えるか、どんだけモノマネできるかって。今日はコイツには勝つぞ、とか。コイツ、センスあるなとか」（※7）

その中には同期のオール巨人や先輩である笑福亭鶴瓶もいた。

さんまが「笑福亭さんま」として落語家デビューを果たしたのは74年7月のことだった。演目は「西の旅」の一遍「播州巡り」。30分近くあるネタだ。

テンポよく、軽快に笑いを取っていたさんまだったが、15分ほど経った頃、突如頭のなかが真っ白になった。

「調子ええな、調子ええなって思ってたらポンっと飛んでしもうたの」（※7）

一瞬絶句したさんまは、仕方なく一からやり直した。「もう一度やり直します」だとか注釈を入れることなく、再開するという暴挙が逆にウケた。当然、持ち時間を大幅に越え、45分にわたって続いたさんまの初舞台は結果的に観客たちはもちろん先輩落語家たちに強烈な印象を与えたのだ。最後にさんまは創作をアドリブで付け加えた。

「『西の旅』という落語でございます。後にこの2人はエンタツ・アチャコとして漫才界にデビューします」
これを機に先輩落語家たちに可愛がられ始めたさんまだったが、その直後、当時付き合っていた女性と駆け落ち同然で上京してしまう。もう、お笑い芸人を辞めるつもりだった。そんな覚悟で東京に来たのに、わずか1年足らずで彼女と別れてしまった。

破門は当然だと思っていた。他の師匠の元で一からやり直すか、吉本興業に泣きつくか、そんなことを思案しながら、いずれにしても松之助に謝罪をしなければいけないと、さんまは約半年ぶりに松之助の家を尋ねた。

さんまが謝ろうとすると、松之助は事も無げに言った。

「おい、ラーメン食べに行くぞ」

松之助は何も言わなかった。叱責の言葉も一切なかった。実はさんまが「辞めます」と出て行った翌日には他の師匠たちに「また帰ってくるんでよろしく」と伝えていた。さんまは必ず戻ってくると、松之助は確信していたのだ。

周囲からの雑音を封印するために、松之助はさんまを改名させる。「笑福亭」の屋号のままだと、さんまの芸風では「落語家のくせに落語をしない」と言われてしまうだろうという予感もあった。この頃から松之助はさんまには落語よりもテレビだと見抜いていたのだ。さんまは松之助の本名「明石」をもらい、「明石家」と名乗った。

「明石家さんま」の誕生である。

1976年1月15日に放送された『11PM』（読売テレビ）の「成人式」[*4]企画でテレビデビューを果たしたさんまだったが、その後しばらくはテレビ番組のオファーはなかった。紳助らとともに営業に回る日々が続いた。やがてさんまは兄弟子・明石家小禄（のちの五所の家小禄）と2人で組んで漫才を披露するようになった。

そんな2人に76年10月2日から始まった新番組『爆笑三段跳び！』（読売テレビ）の前説の仕事が舞い込んだ。司会は笑福亭仁鶴。2人の前説が担ったのは単に観客を温めることにとどまらなかった。多忙を極めていた仁鶴が収録に遅れてくることは少なくなかった。だから、毎週のように2人は30分以上、仁鶴到着までの時間をつないでいたのだ。

ある日、仁鶴は2人が前説を開始して1時間経っても到着しなかった。2人のネタも尽きようとしていた。困ったさんまは思い切って高校の時にやっていた小林繁などの形態模写をやってみた。

「ネタをやり尽くして、もうアカンわと思って、形態模写をやったんですよ。形態模写なんか絶対ウケないだろうと思って。やったら、それが大爆笑やったんですよ」（※9）

それが評判を呼んで、『爆笑三段跳び！』本編に出演したのだ。これがさんまの2回目のテレビ出演だった。

そんな2人の活躍に目をつけたのが桂三枝（現：六代目・桂文枝）。彼はさんま・小禄を自身が司会を務める『ヤングおー！おー！』に推薦した。その頃、2人は月に一度のペースで漫才を披露していた。正式にコンビを組ませたい[*5]。それが事務所の意向だったが、さんまは頑なに「ピンでやりたい」と主張していた。

やがて、明石家さんまのもとに前述のように『ヤングおー！おー！』のオファーが舞い込んだ。

『ヤングおー！おー！』が始まったのは、1969年。山中伊知郎・監修の『テレビお笑いタレント史』（ソフトバンククリエイティブ）によれば、企画の立ち上げ段階から吉本興業が参加していた当時としては異例の番組だったという。劇場中継を除けば、吉本が初めて制作にまで踏み込んだ記念碑的な番組なのだ。司会に抜擢されたのは当時売り出し中の若手落語家だった。彼らは深夜ラジオで若者たちの心を掴んでいた。そのひとりが『オーサカ・オールナイト・夜明けまでご一緒に！』（ラジオ大阪）や『ABCヤングリクエスト』（ABCラジオ）でDJだった笑福亭仁鶴。そしてもう一人が『歌え！MBSヤングタウン』（のちの『MBSヤングタウン』、毎日放送ラジオ）の桂三枝だった。明石家さんまも少年時代、それらの番組に洗礼を受けている。

「オレなんかはガキの時分、お笑いと言えば『ヤンタン』やったから。三枝兄さんの『ヤンタン』と、その裏で（笑福亭）仁鶴師匠がやってはった『（ABC）ヤング・リクエスト』（内コーナー「仁鶴の頭のマッサージ」）。中学の時はクラスの話題といえばそれやったから」（※10）

だから三枝と仁鶴は新しい若者番組を作るにはうってつけの人材だった。番組開始から半年で放送時間枠が日曜夜6時に移動。裏番組は「上方コメディ」の象徴的番組であった『てなもんや三度笠』の後継番組『てなもんや一本槍』(ともに朝日放送)だった。『三度笠』で関西の大スターになっていた藤田まことをはじめ、コント55号や東京ぼん太などのビッグネームやドリフターズも名を連ねていた。出演者の知名度や実績ははるかに『てなもんや』が上回っていた。『てなもんや』はいわゆる「コメディ舞台」。出演者が決められた役柄を演じたものだ。それに対して『ヤングおー!おー!』では、あくまでも出演者本人のキャラクターで勝負した。『ヤングおー!おー!』はすぐに『てなもんや』から若者層の視聴者を奪い去り、人気番組へと成長していった。70年代半ばになると、『ヤングおー!おー!』は関西の若手お笑い芸人の登竜門的番組になり、やがて、ゲームコーナーなどに常連として出演していた林家小染、桂きん枝、月亭八方、桂文珍の4人が「ザ・パンダ」というユニットを組んでレギュラーとなった。全員が20代半ばの頃だ。

そのザ・パンダを発展させる形で誕生したのが「SOS」だった。ザ・パンダの4人に明石家さんまが加わったのだ。さんまは一番後輩ながら、リーダー格として扱われた。桂三枝を司会に、ゲームやチャレンジ企画を行った。なお、いまやバラエティ番組の定番ゲームである「叩いてかぶってジャンケンポン」はこの企画から生まれている。

「さんま！　ちょっと来い！　どういうこっちゃ！」

『ヤングおー！おー！』の収録が終わると、毎週のようにさんまは三枝に呼び出された。説教は一時間に及ぶこともあった。「やった、ウケた！」と手応えがあったときも怒られる。先輩のミスも一番の後輩の自分の責任にされる。

「話を聞いても僕の理解力がなかったのか、三枝兄さんの怒りがまとまってなかったのか（笑）、何を怒ってらっしゃるのか全然わからなかったです」（※8）

だが、芸人の世界は先輩・後輩の主従関係は強固。先輩の言うことは絶対だった。

「すみません！」

さんまは謝るが、「キャーキャー言われるのは誰のおかげや思うてるねん！」と三枝の怒りは収まらなかった。怒られるのはまだ良かった。だが、三枝の説教の後に、実際にミスをした先輩から「さんま、わしらのためにすまんな……」と飲みに誘われる方がツラかった。

「怒られている方が良い時代がありましたね。あそこでいろいろ怒られたのが良かったのかな……」（※8）

さんまを〝かわいがっていた〟三枝は、自身が司会を務めるラジオ番組『MBSヤングタウン』（毎日放送）にも推薦する。1978年10月からさんまは『ヤングタウン』土曜日のレギュラーに起用された。『ヤングおー！おー！』と『ヤングタウン』、テレビとラジオで大阪の若者向けお笑い番組のレギュラーの座を掴んださんまの人気は急上昇していった。そんな中、さんまに思わぬ追い風が吹く。

78年末のプロ野球ドラフト会議。いわゆる「江川事件」だ。ドラフト会議前日に読売ジャイアンツとの電撃的な入団契約を結んだ投手・江川卓とドラフトで指名権を得た阪神タイガースとの去就問題である。結局、江川は阪神と一旦契約を結び、トレードで巨人に入団するという強引な解決策が強行された。そこで巨人から阪神に江川の代わりにトレードされたのが、当時の巨人のエース・小林繁だった。江川や巨人が猛烈な批判を浴びる一方で、小林は熱烈な支持を受けた。特に阪神のお膝元、関西ではその人気が爆発した。そこで注目されたのが、以前から「小林繁の形態模写」を持ちネタとしていた明石家さんまである。さんまには「小林繁の形態模写」へのオファーが殺到。遂には「大阪ガス」のCMに「小林繁の形態模写」のまま出演、そのCMソングでもあった「Mr.アンダースロー」で歌手デビューも果たしてしまったのだ。「Mr.アンダースロー」は全国的なヒットにはならなかったが、関西では大ヒット。既にさんまは関西では知らぬものがいないほどの大スターになっていた。よくさんまがネタにする「西の郷ひろみ」などと言われたのはこの頃だ。

そんなとき、『オールナイトニッポン』（ニッポン放送）の話が舞い込んだ。

関西では大人気だったが東京ではほぼ無名。だから「今からテープ回しますので、生い立ちから今までを喋ってください」とオーディションまがいの扱いを受けた。

「腹立ってね。こっちは関西では引っ張りだこになってんのに、『ええ加減にせえ』と思って喋ってた」（※8）さんまだったが、その1週間後に『オールナイトニッポン・2部』のレギュラーが決まった。『明石家さんまのオールナイトニッポン』は木曜2部として1979年10月に始まった。

実は高校生で芸能界に入る夢を抱いたとき、目標として掲げた番組があった。それが『ヤングおー！おー！』と『ヤングタウン』、そして『オールナイトニッポン』だった。さんまは23歳にして、その夢に到達してしまったのだ。

「『落語家やりつつ、この三つの番組にゲスト出演でもできたらいいな』と思ってたのがすべて叶って。叶ったんなら辞めればいいと思うんですけど……『なんて人間は欲深い生き物だ』と思ってた頃ですね。欲ってすごいな、と」「『もっと先に行かな、これだけではあかんやろ』『いや、ちょっと待て。これだけではあかんやろって何を言うてるんや』って、自問自答をしていましたね。夢が叶っても全然満足していなかった自分がホントに不思議でした」（※8）

『ヤングおー！おー！』ではSOSのコーナーが人気を呼んでいた。「サニーと大阪スペシャル」の略称だったSOSが、やがて「さんま&大阪スペシャル」に代わり、コーナーの司会もサニーこと三枝から、さんまに変わった。さんまは名実ともに先輩たちを束ねるリーダーとなってしまったのだ。

「さんまくん、今日もあんたが司会？」

「はい」

「ふん！　偉なったんやねっ！」

そんなさんまと文珍の掛け合いが定番ギャグになっていった。もちろんこれは文珍のさんまに対する優しさだった。だが、さんまにはそれがツラかった。

「こっちは先輩に対して失礼や、申し訳ないと思いつつ司会やってるときにね、23歳ですよ。大先輩を横に置いて、司会をやらしていただいて申し訳ないと思ってんのに、（略）そのギャグが流行ってしまったんですよ。でもねぇ、言われる僕はツラいんですよ」（※9）

1979年、さんまのレギュラー番組は14本にもなっていた。しかも、その合間に20日もの劇場出演（しかも1日2回公演）も欠かさなかった。

「舞台終わってすぐ東京行って、次の舞台までに帰ってきてって言う感じで往復してたから。だからトップに出てトリをとるっていうスケジュールでこなしてた」（※1）

身体は限界に達していた。喉を酷使し、現在のかすれた声になったのもこの頃からだ。[*6]

「あ、金曜の8時過ぎや」

毎週、この唯一の空き時間になると身体に変化があらわれた。疲れが一気に押しよせ、体がブルブルブルブルと震え出すのだ。遂にさんまは決断を下した。

「テレビ・ラジオで生きていこうと思うねん」

最後の落語会出演となった高島屋ホールの給湯室で可愛がっていた弟弟子・桂雀々にそう耳

打ちをした。落語から身を引こうと決めたのだ。

79年6月15日、明石家さんま、最後の高座を長蛇の列を作ったファンが迎えた。

来たるべきマンザイブーム開始を翌年に控えた1979年、さんまは関西の若手芸人の最前線を走っていたのだ。

3 B&Bと島田紳助

さんま以外の「ビールスセブン」の面々は、『ヤングおー!おー!』でさんま率いる「SOS」の対抗ユニットとしての起用を考えられていた。

願ってもないチャンスに島田洋七は「あの番組に出たらスターになれるぞ、これはチャンスや」(※5)と高揚したが、すぐに失意のどん底に落ちる。自分たちB&Bだけがメンバーから外されたのだ。

「チンチラチン」と名付けられたそのユニットに集められたのは、島田紳助・松本竜介、ザ・ぼんち、西川のりお・上方よしおの3組。

B&Bの代わりに入ったのは、よりによって弟弟子である紳助・竜介。実力云々ではなく、「できるだけ若い芸人がいい」という選考理由だったという。

紳助・竜介が初舞台を踏んだのは、『ヤングおー!おー!』レギュラー抜擢の約半年余り前の1977年7月。

同期入門のさんまが、74年2月に入門してその年の7月に高座デビューを果たしたのに比べるとずいぶん遅いデビューである。入門してから約3年半、紳助は「売れるためにはどうしたら良いのか？」を徹底的に研究していた。

実は紳助は松本竜介と組む前に2人とコンビを組んでいる。最初の相方は先輩だった。だが、全然「合わなかった」。すぐに「辞めたい」と申し出たが、なかなか首を縦に振ってくれなかった。仕方なく紳助は「アメリカに1年行く」という嘘をついて逃げた。2人目は、「なんば花月」で進行のバイトをしていた男だった。だが、今度は逆に相方が3週間で逃亡した。既に、紳助には研究の結果、やりたい漫才の「かたち」がハッキリしていた。だからそれを相方に徹底的に叩き込もうとした。

「僕の稽古は皆とは違っていた。同じところだけを延々と繰り返す。

『違う、もう1回』

『音が外れてる、もう1回』

みたいな」（※4）

それについていけなかったのだ。だから、紳助は根性のある相方を探していた。松本竜介を紳助に紹介したのは明石家さんまだった。

「ひとり、なんば花月におるで」

1977年3月、紳助と竜介は出会い、コンビを結成する。

「俺のやり方に半年間付き合ってくれ。半年経ってもし結果が出なかったら、俺が間違っている。そうなったら、諦める。だから、それまでの半年間、付き合ってくれ」(※4)

「パクるな！」

紳助・竜介の漫才を見た洋七は、紳助に言った。すると紳助は「いや、ネタはパクってません」と反論した。「システムをパクったんですやん」と(※4)。

島田紳助は、島田洋七の弟弟子である。

洋七が島田洋之介・今喜多代のもとに入門して3年ほどが経った頃。玄関に弟子入りを志願しにきた紳助が立っていた。

「人生は甘くない、芸能界は甘くないからやめなさい」などと自分が最初断られたのと同じように言って追い払おうとしたが、洋七から何を言われても、お菓子をボリボリ食べながらその場を離れようとしなかった。

あぶないヤツ。そう思った洋七だったが、師匠が留守なのをいいことに、「ええ格好しい」で、紳助を家にあげ、「ここが師匠の部屋や」などと家の中を案内していた。そこに「あんた、なに生意気なこと言うてんの！」と帰ってきたのが喜多代だった。

紳助にも帰るように促すが、紳助は玄関で土下座した。

「ファンです！」と。

師匠が「誰のファンなんや？」と訊くと、紳助は答えた。

「B&Bです」

師匠の前でなんとその弟子であるB&Bの名を挙げたのだ。

紳助は、それまで劇場に漫才を観に行ったことがなかった。テレビで漫才を見ても、当時の漫才は子どもからお年寄りが楽しめる「ベタ」な笑いばかり。自分が楽しめるものではなかった。「『漫才なんてしょうもない』『つまらん』とずっと思っていた」(※11)のだ。

だが、高校3年の大学入試を控えた朝、たまたま見た漫才に衝撃を受けた。

「これは自分と一緒や。自分と同じ感性を持った人がここにいる」(※11)

それが、B&Bだった。「この人と戦ってみたい」。紳助は大学受験を取りやめ、その進路を急転換した。

B&Bの漫才を見て、お笑い芸人を志した紳助だが、まずどこへ行ったらいいのか見当がつかなかった。そこで島田洋七の師匠を調べて、同じ師匠に入門すればいいと思い至ったのだ。

「僕が努力して走り続けたら、いつかは戦えるんじゃないかと思ったんです。だから、ずっと一緒にいました」(※4)

弟子入りが認められた紳助は兄弟子となった洋七の一挙手一投足に注目し、研究していった。実はB&Bも3度相方が変わっている。最初は桂三枝に紹介された団順一。しかし、NHK

のコンテストの決勝の日に団が失踪してしまいコンビを解消せざるを得なかった。2人目はのちにのりお・よしおとして人気を得る上方よしお。この時代には数々の賞も受賞し高い評価を得ていた。島田紳助が「俺はこの人を倒すためにこの世界に入る!」と決心したのも洋七とよしおのB&Bを見てからだ。だが、2年2ヶ月でケンカ別れ。その後、相方を探していた洋七に「おるで」と吉本の舞台で進行係をしていた洋八を紹介したのは、やはり三枝だった。「しゃべれますか?」という洋七の問いに涼しい顔で首を振る三枝。

「しゃべれんけど、顔がええ」

B&Bはいわゆる「ボケ」と「ツッコミ」の漫才ではない。ネタ振り、ボケ、ツッコミまで洋七が担っている。相方は浅いツッコミを入れるが、結局オチをつけるのは洋七だ。そんなB&Bの漫才に洋八はぴったりだった。

「あいつはその流れを乱さへんのよ。育ちがよくて金にギラギラしてないから、漫才でもそういう品みたいなものが出るねん」(※5)

こうして1975年9月、洋七と洋八による三代目B&Bが誕生した。

「1千万円」

紳助が研究の成果を書き記したノートの裏表紙にはそんな殴り書きがしていた。表紙に書かれたタイトルは「漫才教科書」。

「それだけの値打ちはある教科書だという意味なのだが、考えてみれば、その何十倍もの価値のあるものだった」（※11）

洋七をはじめ、先輩芸人たちの漫才が徹底的に分析して書き記されていた。良いと思う部分には青線を引き、悪いと思う部分には赤線を引く。それを続けていくことで、青線と赤線の量でその漫才師の成長の度合いが一目瞭然だった。

「18歳の僕がそのノートをつけていたのは、単純に青線だけを集めたら、完璧な漫才ができるんじゃないかと考えたからだ。同様に赤い線の部分も役に立つ。そこを見れば、自分が絶対にやってはいけないことがわかるのだ」（※11）

だからといって、青線の部分をそのまま自分ができるわけではない。自分には何ができて、何ができないのか。その自己分析も「漫才教科書」に書き込まれていった。

紳助はB&Bの漫才をすべて書き起こし、その漫才の何がおもしろいのか、他の漫才とどう違うのかを分析していった。

「そうすると、ひとつのパターンが見えてくる。

そのパターンに、僕はまったく違うネタを当てはめていったのだ。

ネタはまったく違うわけだから、誰も僕が洋七さんの真似をしているとは思わない。でも、さすがにあの人（洋七）だけは、僕がパターンをパクったということに気がついた」（※11）

紳助は、B&Bの漫才を徹底的に研究し、その「システム」を〝パクった〟のだ。

その上で、紳助はもうひとつの味付けをした。それが「悪役」という「キャラクター」をまとうことだった。

それを選んだのは同期の存在が大きかった。オール阪神・巨人の正統派漫才には絶対に勝てないと思った。しかも、巨人にはモノマネもあった。それも勝てない。徹底的に自己分析をしていた紳助にはそれが十二分に分かった。そして何より、明石家さんまの「華」は他を圧倒していた。

「あいつの天性の明るさ。生まれついてのスター気質。あいつには、何でもないトークで爆笑させる力が、例えるならサードゴロをファイン・プレーに見せる力があるんです」（※4）

勝てない勝負はしない。紳助が選んだ戦略が「悪役」だったのだ。

「キャラクターにはヒールというものがあるやないか」（※4）

当時、漫才師はちゃんとした格好をしなければいけないという風潮があった。髪型を整え、スーツをピシっと着る。それが漫才師だった。

だが、「もともとそんな奴違うやん、俺。京都の不良少年やんか」（※4）。紳助はそう思い至った。

だから、髪型をリーゼントにし、衣装はスーツからツナギに変えた。

もちろん、劇場に行くたび、「ナメてんのか」と怒られた。だが、紳助は変えなかった。そった。

れが「売れる」ための最短距離だと確信していたからだ。

「ヤンチャだけれど、ガラも悪いけど、その中にかわいさがなければいけないと自分なりに計算して、意図してそういうキャラクターを作った。

〝ヤンチャで怖い〟では駄目なのだ。

かわいさがなければ、人気は出ないだろうと僕は思った」(※11)

こうして紳助・竜介の〝ツッパリ漫才〟は誕生した。程なく、「ビールスセブン」からB&Bの代わりに紳助・竜介が『ヤングおー!おー!』のレギュラーに抜擢された。

その結果、関西のテレビの世界で、B&Bよりも先にブレイクしたのは島田紳助だったのだ。

その頃、30代を間近に控えた洋七の頭の中には既に大阪では頭打ちだから「東京で勝負したい」という思いがあった。

弟弟子の紳助に追い抜かれたことが、東京へ行く決心をつけさせてくれた。

「お願いだからやめて。なんとか食べていけるから、このまま大阪に住もう」

佐賀から大阪に移り住み、洋七の妻となっていた彼女は泣いて止めた。紳助も「兄さん、なんで行くねん」と泣いた。

だが、決心は固かった。

恐る恐る師匠に相談すると師匠は言った。

「若いうちになんでもやってみろ。吉本には二度と帰れんことになるかもしれんけどな」（※5）

そうして洋七と洋八の2人は吉本興業を辞め、上京したのだった。

2人の行動は早かった。

1979年8月、うめだ花月でB&Bのサヨナラ公演を終えると、翌9月には早くも浅草松竹演芸場に出演していたという。

B&Bはそこでも観客から大きな笑いをかっさらった。当時、会場でその漫才を目撃したというラサール石井は自著の中でこう評している。

「何よりも凄かったのは洋七さんのテンポで、その速射砲のような喋りとパワーあふれるツッコミで、会場全体が波打つように笑っていた」（※12）

客席の後方には出番でない芸人たちが並んでいたという。楽屋から出て客席からその漫才を見て大笑いしていたのだ。

4 『花王名人劇場』マンザイブームの息吹

そんなときに演芸番組の改革者が現れた。

その一人が澤田隆治。『てなもんや三度笠』などの演出を手がけた関西の大物プロデューサーだ。

彼は日曜夜9時に放送する『花王名人劇場』（関西テレビ）を制作していた。落語・漫才・コメディなど、お笑いの様々なジャンルの「名人」を集め、その芸を見せてもらおうという公開録画番組だ。その収録は主に国立演芸場で行われた。しかし、普通の公開番組と違ったのは客を〝選んだ〟ことだった。

「私は前説をしながらずっと客席を見ていて、番組に非協力的なお客さんがいると席をかわってもらったり、客席を撮るカメラにそのあたりのリアクションはロング以外撮らせない。帰りにアンケートをお願いして名前を調べて、その人には次から切符を売らない。『花王名人劇場』を有料でやっていたのは、そういうことをしたかったからです」（※13）と澤田は振り返る。「ずいぶん過激な思い上がった考え方だと私も思うんですが、番組のレベルをあげるのにはこれしかないと信じて」（※13）やり続けた。

そして、選別した客席を別のカメラでずっと追い続けた。あまりウケていないネタに別の場面で笑った客の映像をインサートするという『エンタの神様』（日本テレビ）などに継承された演出を最初に〝発明〟したのも澤田だった。そうでもしなければ、閉塞した演芸番組を変えられないと思ったのだ。

「〝こんなに大勢の人が笑っているんだよ〟と、そのステージをどういう人がどういうふうに楽しんでいるのかということを作為的に見せていこうと計算したんです」「客席にいるのは年配の人だと思っている視聴者に、若い客、特に若い女性をいっぱい入れて、その若い客がゲラゲラ笑っているところをみせたかったんです。本当に楽しんでいる顔を選ぶ。意識的にそういう番組づくりをしていった」（※13）

『花王名人劇場』が画期的だったのはそれだけではない。

実は公開収録と、実際に放送された番組内容が違っていたのだ。

どういうことか。収録を複数回するのだ。その中からウケが良かったものだけを編集して放送した。水物の演芸において、同じネタであっても同じようにウケるとは限らない。近年で言えば『爆笑オンエアバトル』（NHK）のように収録に参加しても放送されないという芸人もいた。だから、芸人たちも今まで以上に〝本気〟になったのだ。

「一度プレゼントしないといけないな、テレビ番組を」（※5）

吉本を辞め、戸崎事務所に所属したB&Bのお披露目パーティで澤田は2人にハッキリとそう約束していた。

もちろん、パーティでの社交辞令にすぎないと思っていた洋七だが、意外に早くそのチャンスがやってきた。

「『花王名人劇場』を撮るから、出演してほしい」

澤田からそんな電話がかかってきたのだ。

1979年12月22日。舞台は国立演芸場。題して「激突！漫才新幹線」。

やすし・きよしなどの大御所を除けば、同世代のセントルイスとの一騎打ちという様相だった。

B&Bが披露したのはあの大ヒットギャグ「もみじまんじゅう！」が出てくる「岡山と広島のお国自慢」ネタだった。猛烈なスピードでまくし立てるしゃべりとギャグの応酬は客席を大爆笑に包み込んだ。

翌年1月20日、この収録の模様が放送される。当初、漫才だけで日曜のゴールデンなんてという懐疑的な意見も局内には多かったが、蓋を開けてみると視聴率は15・8％。関西ではなんと、27％を超えていた。

一夜明けて、B&Bを取り巻く状況は一変した。すぐにCM出演も決まったほどだった。狂乱の季節が訪れようとしていた。

島田洋七に天国と地獄が同時に迫っていた。

B&B同様、『花王名人劇場』で注目を浴びたのはツービートだった。

79年11月4日、人気落語家・月の家円鏡（のちの八代目橘家圓蔵）と対決した「円鏡vsツービート」が放送された。たけし本人はこの番組についてこう述懐している。

「ネタに対する非難も意外となくて、キツすぎるというのよりおもしろかったという意見のほうが多くてさ。

ツービートのネタが茶の間に受け入れられた記念すべき番組だった」(※14)

ツービートが結成されたのは1974年。

「漫才がいちばん仕事あるぜ。背広ひとつで司会だってなんだってできるし…」(※14)

歌手志望で山形から上京してきた芸人仲間の兼子二郎(のちのビートきよし)に誘われたのだ。

「兼子は芸人仲間に顔が広かった。田舎者特有の図々しさで入りこんでっちゃう。だから、こいつとコンビを組んで引っぱりあげてもらおうと思ったんだ。それに一度フランス座を離れて何かやってみようという気もあったしね」(※14)

たけしときよしが出会ったのは浅草のストリップ劇場・フランス座。そこでたけしはエレベーターボーイをしていた。

「最初見た時、なんでこんな若いのがエレベーターボーイやってんのかなって不思議に思ってね。それが最初の印象ですよ」(※15)ときよしは振り返る。普通、エレベーターボーイはお年寄りがやるものだったからだ。

「今でも大学を辞めようと決めた瞬間のことを鮮明に覚えてる」(※16)とたけしは言う。

それはアルバイトをしていた新宿のジャズ喫茶に向かう途中だった。ふと見上げた空の色が驚くほど青かったという。

「それは今まで見たことのない色で、その青空を見て、なんだかスッキリしたんだよね」(※16)

その後、ビルの解体、羽田空港の荷役、スーパーの実演販売、ジャズ喫茶のボーイ、タクシーの運転手などさまざまなバイト[*7]をし、「フーテン族を笑えないほど、オレ自身もフーテンみたいな生活」(※14)をしていた。

「大学に行きたくない、働きたくもない、けれど何かをやりたいわけじゃない。それがこの頃のおいらだった。今だったら完全にニートだよね。人生において唯一、『何者でもなかった』という時期かもしれない」(※16)

とにかくこのひどい生活から抜けだそうと、まず初めに考えたのが芝居だったという。浅草の映画館に通っているうちに、フランス座の看板が目に入った。

「ああ、ここがコント55号が出た劇場か」

そう思ったたけしは、突然「オレもここに入って芝居の勉強してみようかな」(※14)と思い至ったのだ。

ちょうどその時に空いていたのがエレベーターボーイの仕事だった。

エレベーターボーイとして働きながら当時のフランス座の支配人兼座長でもあった深見千三郎に弟子入りする。

その頃のたけしの様子を、当時フランス座に座付き作家志望で入門していた井上雅義は証言している。

「フランス座にいたころのたけしは、ことごとく深見千三郎のやることの真似をしたし、欠点も長所も意識してまるごと同じになるように心がけていた」(※15)

たけしは深見に強い影響を受け、親子以上にそっくりだったという。

「とにかくすごい人だったよ」とたけしは言う。

「初めて見たとき泣いて笑ったもの。

オレが涙流して笑ったのは師匠とコント55号の出始めのころだけだね」(※14)

出演者が足りず深見から「お前が代わりに出ろ」と言われ、オカマ役[*8]で出た「チカン」コントが初舞台だった。

たけしが深見らと出演していた幕間のコントは次第に人が入れ替わり、深見、きよし、たけしの3人で演じることが多くなった。やがて「もうおまえら2人でやれ」と深見も出なくなった。

「そのあたりからですかね、いつまでもここにいてもしょうがない、そろそろなんとかしなくちゃって考えたのは」(※15)というきよしは、レオナルド熊の弟子と「松鶴家二郎次郎」を結成する。だが、実はその相方は熊に挨拶もせずに出てきてしまっていたため熊の怒りを買っていた。2人は大須演芸場[*9]の出番をもらっていたが、その出演前にコンビを解消せざるを得なかった。大須演芸場との約束は月10日ずつ1年間。当時のきよしにとってそれを捨てるにはあまりに惜しい契約だった。

「でも相棒いなくなっちゃった。もったいないじゃない。だからね、どうせ二郎次郎なんかまだ誰も知らないし別の相棒見つけて連れてっちゃえばいいやって。誰かいないかなって目を付けたのが今の相棒ですよ！」(※15)

だから、ツービートは最初、「松鶴家二郎次郎」と名乗っていた。その後、コロンビアライトから「空たかしきよし」という名前をもらい改名している。だが、一度はコンビを解消し、フランス座に戻った。たけしはそこで出会ったハーキー[*10]と「リズムフレンド」を名乗り地方を回った。2人はウマが合ったが、コンビとしては上手くいかず、結局、たけしはきよしと再びコンビを組んだ。

「それでコンビ名を変えようってなって、今の時代、古い名前じゃなくてもっと変わった名前つけようぜって。2人で名前考えたの。(略) そのうち相棒（たけし）がジャズ喫茶でバイトしてたから、ツービート、フォービートってあるって話になって。ぼくもずっと考えてたら、いい加減疲れちゃって『ツービートいいね〜、もうなんでもいいよ〜。売れたらいい名前になるんだから』って」(※15)

こうして、「ツービート」[*11]が誕生した。

大須演芸場は、名古屋にある老舗の演芸場である。当時、10日単位で出演メンバーが入れ替わり、楽屋で寝泊まりしていた。「とりあえず大須が決まれば、その間は何とか食えた」（※17）という。

「大須でB&Bを初めて見た時はショックだったな」

とたけしは漏らしたことがある。たけしはB&Bの漫才を見て衝撃を受け、それまできよしが書いて、きよしがボケていたスタイルを変更し、たけしがネタを書き、たけしが喋り倒すスタイルに変更した。

「最初のうちは一応、兼子が先輩だったから任せたんだよ。そしたら全然ダメで話になんねーからよ。仕方ねーから全部オレがやるようになったんだよ」（※17）

松竹演芸場などを主戦場としたツービートの革新的な漫才は評判を呼んだ。それは客席よりも楽屋にいる芸人仲間たちにだ。ツービートが舞台に立つと、立ち見席は楽屋から出てきた芸人たちで埋まってしまったという。

「ネタはバアさんいじめ、ガキいじめ、山形いじめの3本立て。

松竹の客にもよくうけたよ。

同じ漫才師仲間からも注目されたことはたしかなんだ。

仲間が客席にまわってオレたちの漫才聞いてたからね。

恐れられてたといってもいい。

そうなるとテレビ関係者もウワサを聞きつけて演芸場へ見に来る。

でもたいていオレのネタ聞くと『怖くて使えない』のひと言でＮＧ」（※14）

それでも翌１９７５年、『ライバル大爆笑』（テレビ東京）でツービートはテレビ初出演を果たす。三遊亭小圓遊と桂歌丸が司会の演芸番組だった。

「最初はあまりウケなかった。リハーサルとか、いろいろやらされ、ネタが危険だから、放送禁止だから、そこを外して、外して、スッカスッカの漫才になっちゃった。

それで大失敗。口惜しかった」（※14）

転機となったのは高信太郎[12]との出会いだった。高の勧めで78年「ツービート・マラソン・ギャグ・デスマッチ」という催しを開催したのだ。高田馬場駅前の芳林堂書店にて持ちネタのすべてを2時間にわたり披露した。これは大きな評判を生み、新聞や週刊誌が注目し、ツービートの特集を組んだ。

やがてツービートは、セントルイス、Ｂ＆Ｂと並ぶ「若手漫才御三家」などと呼ばれるようになっていった。そうして『花王名人劇場』に円鏡との対戦相手として抜擢されたのだ。

「これはツービートにしてみれば大抜擢なんだよ」と吉川潮は証言する。

「当時、月の家円鏡といえば超売れっ子だったから。俺たち評論家も、円鏡の落語をオモシロ落語、爆笑落語の第一人者と高く評価していた」（※18）

その落語にツービートは漫才で真っ向立ち向かった。そして「ツービートここにあり」というのを見せつけたという。

「落語vs漫才の異種格闘技にツービートは勝った。ノックアウトでね。これでツービートの時代が来たと俺は確信した」(※18)

5　『THE MANZAI』マンザイブーム到来

１９７９年末、澤田隆治による『花王名人劇場』の成功によって、「漫才」が注目を浴び始め、マンザイブームがやってくる足音がかすかに、しかし確実に聞こえ始めていた。

そしてブームを決定づけたのがフジテレビによる『ＴＨＥ ＭＡＮＺＡＩ』だった。

プロデューサーは言わずと知れた横澤彪である。

横澤は、東京大学卒業後、１９６２年にフジテレビに入社した。テレビ局に入るつもりはなかった。だが、どこよりも入社試験が早かったため「腕試し」に受けた。１００倍以上の高倍率ながら見事合格。だから、もったいないと思い入社した。配属されたのは制作部だった。初めてついた番組は演芸番組『お茶の間寄席』(フジテレビ)。ここで早くも横澤はプロデューサー的センスを開花させる。東京ぼん太に唐草模様の風呂敷を首に結ばせ、栃木訛り丸出しで喋らせたのは横澤の提案だったという(※19)。この「東京の田舎っぺ」キャラは一躍人気ものになった。

さらに、コント55号をはじめてテレビのレギュラーに起用したのも横澤だったという。

だが、思わぬ形で足を掬われた。1966年、フジテレビ[*13]に労働組合が結成される。委員長に就任したのはのちに吉永小百合と結婚する岡田太郎。横澤は教宣部長だった。二代目副委員長だった妹尾河童[*14]は当時の横澤についてこう回想する。

「横澤くんが編集する組合ニュースには、組合用語なんか一語もない。読んだらおもしろくてね、評判でしたよ。

こちらの言おうとすることを、他者に伝えるための発想力のすばらしさ。これは彼、このころから抜群でした」（※19）

だが、この組合での活躍が当時の上層部の逆鱗に触れてしまう。その頃、フジテレビは「経営の合理化」を名目に制作部門を分社化し、フジポニー、ワイドプロモーション、フジプロダクションなどの子会社に委託し始めていた。横澤はその流れで、関連会社であるサンケイ新聞社出版局に飛ばされてしまったのだ。しかも配属されたのは編集部でもなく営業部だった。

そこで出会ったのが神吉晴夫[*15]だった。神吉は当時の出版部の長。失意の横澤に言った。

「一流の制作者になるためには、自分が少年のように感動して、他人にこれを伝えたいと切望し、自分に賭けるピュアな心が絶対に必要だ。

しかし、それだけでは成功しない。もうひとつ、商売人のたくましさが必要なんだ。

きみは、ぼくのところにいるうちに、たくましい商売人根性を身につけなさい」（※19）

会社を辞めようか迷っていた横澤はこの言葉で奮起した。一心不乱に営業を続けていった。

「神吉さんに出会わなかったら、今日の僕はなかったでしょうね……」（※19）

「振り向けば12チャンネル」

70年代のフジテレビは視聴率で、ＴＢＳ、日本テレビ、テレビ朝日の後塵を拝し、そんな風に揶揄されていた。

そのフジテレビを改革したのが、１９８０年に35歳の若さで副社長に就任した鹿内春雄だった。

「１９７０年代まで、フジテレビの制作現場では、組合運動を理由に実力のある人が外部の会社に左遷され、番組作りに対するモチベーションが下がっていました。当然、視聴率もふるいません。春雄さんは機構改革を断行し、フジテレビ主導で番組を作ろうとしたのです」（※20）

と83年にフジテレビに入社した吉田正樹は解説する。

70年代に経営の合理化という名目で子会社化させた制作会社を次々に吸収していったのだ。

そうした流れの中で、横澤彪はフジテレビの制作部に復帰していた。

横澤は『ママとあそぼう！　ピンポンパン』や『スター千一夜』（ともにフジテレビ）のプロデューサー経験を経て、演芸部門に舞い戻った。

「12年ぶりにお笑いにもどったが、あまりにも変わっていないことに驚いた」（※21）

横澤はなんとか、演芸番組を変えたいと強く決心した。そんなとき、予定されていた単発の特別番組枠『火曜ワイドスペシャル』（フジテレビ）の企画が中止になった。年度初めの特番で各局強力な番組がラインナップされていたため、音楽班やドラマ班が尻込みする中、演芸班にお鉢が回ってくることになった。「漫才新幹線」の収録も会場で見ていた横澤は漫才が若者の間で盛り上がっているのを肌で感じていた。このタイミングしかない。横澤は以前から温めてきた「漫才の東西対決」というコンセプトの番組の企画を提出し、それが採用されたのだ。

その実質的な制作を担ったのが佐藤義和だった。

横澤と佐藤が初めて仕事を共にしたのは1980年の元旦に放送された『第13回初詣爆笑ヒットパレード』（フジテレビ）。佐藤の仕事ぶりを見て信頼を寄せた横澤は、演出を打診した。

佐藤は1971年、フジテレビ系制作会社「フジポニー」でアルバイトとしてテレビマン生活をスタートさせ、74年に正式に入社。76年、演芸番組『日曜テレビ寄席』（フジテレビ）でディレクターに昇格した。78年、フジポニーは他のフジ系制作会社と「フジ制作」に統合された。先に触れた通り、当時フジテレビは低迷していた。中でも「演芸の活気のなさは目を覆うほど」（※22）だったと佐藤は述懐する。

「制作子会社のディレクターである私に、この状況を打開する権限もチャンスも与えられてはいなかったが、とにかく私は、毎日のように浅草に通った」（※22）

担当の演芸番組に使うために、演芸場での芸を実際に見て、テレビ用に再構成する打ち合わせをする必要があったからだ。

そんな経験から「これからの笑いをつくっていくという役割をベテランの芸人さんたちが担うことはできない」(※22)と判断していた。同時に、凋落しているようにも見える浅草にも、ツービートを筆頭に新しい息吹が生まれてきていることを実感していた。演芸場通いでの最大の財産は「若い芸人さんたちとの出会い」だったのだ。

「その多くは、前世代のスターである師匠のトレースをする従順な弟子たちだったが、僕の目をひいたのは、前世代をまったく無視するかのように投げやりにしゃべりまくる連中だった」(※23)

彼らは当然、伝統的演芸場の多くの中高年の客にはウケなかったし、正統派演芸番組を作るテレビマンたちからも無視されていた。だが、佐藤は「自分自身の不遇を彼らの姿に投影」したのだ。

「エネルギーだけはひしひし感じた。そして旧体制に反発する姿勢に共感した。僕の『変えたい、変えたい』という鬱々とした心の叫びと同様なものを確かに彼らも訴えていた」(※23)

新世代の漫才師たちと様々な形で交流を持っていた佐藤は、横澤からの打診を受けて、この若い世代たちを中心とした番組にしたい、と考えていた。

「お前、そんなマイナーな連中だけで演芸番組をつくって大丈夫か?」

当然、先輩たちは訝しんだ。単発特番といっても、20時からの90分の枠。ゴールデンタイムである。

「テレビの世界に身をおいて9年目にして、初めてゴールデン枠を手にしたのだ。失敗したら二度と手に入らないビッグチャンスだ。

私にできることは、今まで地道に蓄積してきたノウハウを込め、さまざまな形で出会ってきた若手芸人を世に問うということだけである」(※22)

しかし、もう従来の演芸番組の路線は完全に煮詰まっていると感じていた佐藤は「〝失敗してもいい。思い通りの番組を作ろう〟」(※23)と決意していた。

東京側の出演者は佐藤のこうした意向に沿ってツービート、セントルイス、B&Bに決まった。

一方、関西には横澤が飛んだ。大阪からは、松竹のレツゴー三匹と、残り3組を吉本興業の芸人にしたいという意向で、吉本の木村政雄の元に相談に訪れていた。

木村は「やす・きよをスターにした敏腕マネージャー」で「ミスター吉本」など呼ばれた名物社員である。そんな相談を持ちかけられた木村はちょうど同じ店でラジオ番組の打ち合わせをしていた大崎洋を見かけ、声をかけた。

「ところで大崎、ここで何してるの?」

大崎は、木村の直属の部下である。現在は吉本興業の会長にまで登りつめた人物だ。

大崎洋が吉本興業に入社したのは1978年だった。大崎は木村の元でマネージャーのいろはを学んでいた。木村の厳しい指導に耐えながらも、大崎にとっては明石家さんま、島田紳助ら同世代の芸人たちとの出会いが新鮮な驚きをもたらした。

たとえば、紳助の自宅に招かれると、その部屋の壁には、番組の視聴率などがびっしり書き込まれた表や棒グラフが一面に張ってあったという。そして、大崎に紳助は「高卒を生かしたヤンキー・ネタでいこうと思う。大崎さん、どう思う?」と熱心に今後の戦略を語り、「映画も撮りたい」「そん時はプロデューサー頼む」と次から次へと自らの野心を語るのだ。

「売れている人も、売れていない人も、毎日を貪欲に楽しみながら生きていた。野心や決意を秘めた若い芸人さんたちがひしめく花月劇場の楽屋は、見るたびにそのボルテージの高さに圧倒された」(※24)

そのテンションの高さは遊びでも同様だった。なにをやるときも真剣で全力なのだ。

「凄い奴らやなあ、世の中にはこんなボルテージの高い人たちが、こんなにたくさんいてるんや」(※24)

いつしか大崎はそんな若手芸人たちに大きな刺激を受けていった。

その日、大崎は朝日放送ラジオのプロデューサーの岩本靖夫に声をかけられ、ラジオ番組の企画を練っているところだった。「漫才新幹線」が放送され漫才に注目が集まりつつあったが、まだまだブームの足音が聞こえてきた段階。そこで、新進気鋭の若手である紳助・竜介、ザ・ぼんち、のりお・よしお、中田カウス・ボタンなどを集めた漫才大会を開こうと話していたのだ。

木村にその旨を説明し、企画書を見せると、横澤の目が光った。

「これ、いただいていい？」

大崎も岩本も思わず承諾した（※24）。

その結果、大阪側の出演者は、やすし・きよし、紳助・竜介、ザ・ぼんち、中田カウス・ボタンに決まった。

「やす・きよを出すんだったら、大阪勢の４組とも吉本にしてください。もし、だめなら松竹さんでおやりください」（※25）

４組がすべて吉本のコンビになったのは、当時ナンバー１の漫才コンビやすし・きよしを切り札にした木村の半ば強引な要求があったからだった。この交渉がその後長く続く、吉本の天下の第一歩だったのだ。

新世代中心の出演者が決まれば、それに合わせ、その舞台も新しいものでなければならない。

そこで佐藤はディレクターに永峰明を誘った。

永峰は当時26歳。佐藤より６歳若く、ファッションや音楽に造詣が深かった。それ故、演芸部門のスタッフとしては異質で、不遇の扱いを受けていた。だから、佐藤は「彼なら、今までの演芸番組からは予想もつかない演出をしてくれる」（※23）と確信していた。

佐藤は永峰と構成作家を務める大岩賞介とともに「音楽はディスコミュージックがいい」「装飾も派手でバタくさいものにしたい」などと話し合った。そんな意図を伝え美術デザイナーに発注した佐藤が、あがってきたセット図面を見て驚愕した。中央に見慣れぬ電飾の文字が書き込まれていたのだ。

「THE MANZAI」

これだ！　と佐藤は直感した。当初はカタカナで『ザ・マンザイ』と考えていた番組のタイトルも『THE MANZAI』という表記に統一しようと決めた。

だが、新聞のテレビ欄で、番組名のローマ字表記は今までない。なんの番組だか分からない。営業からも「売れない」と猛反発された。「変えてくれ」と。

だが佐藤は「絶対嫌だ」と『THE MANZAI』というタイトルに頑なにこだわった。

セットやタイトルだけでなく、演出面でも革新的だった。「司会者を使わずテンポよくしてみれば」「CMをパロディにして、漫才師の紹介VTRを作ろう」（※26）などと大岩は提案。前者は司会の代わりに、小林克也がDJのように漫才師を紹介する演出になり、後者のアイディアは「角川映画の予告編」を模した今でいう「煽りV」のようなVTRが永峰の手によって作られることに繋がった。

客席も変えた。「笑い屋」のおばさんを雇うのをやめ、大学のサークルに電話して、約400人の学生たちを集めた。当時まだ学生アルバイトだった星野淳一郎のアイデアだった。

そんなスタジオの雰囲気と演出に、出演者たちの目に色が変わった。

この番組は今までの番組とは違う。

芸人たちは敏感にそれを感じ取っていた。佐藤は述懐する。

「その証拠にステージに上がると、どのコンビも、いつも以上のスピードで疾走した。機関銃のようにギャグを連発し、まさに息もつかせぬ迫力にあふれていた。これに観客席の若い観衆は、中高年の客では絶対ついてきてくれないハイテンポなネタにしっかりついてきてくれ、笑わせたいポイントで笑ってくれるのだ。出演者たちは、打てば響く快感を味わっていた」(※22)

そんな漫才師たちの躍動した姿を映すカメラアングルにも、工夫を凝らしていた。

これまでの演芸番組では真正面の引きとアップしかなかったが、左右や背後など様々なアングルから舞台を映し、ある種の「ドキュメンタリー性」を強調した。そうして『THE MANZAI』を象徴する、漫才師の背中越しの客席の映像が生まれた。さらにスピード感を強調するため、冗長な漫才は間を編集でカットしたという。

その結果、80年4月1日、ドリフターズによる『テレビ祭り 4月だョ!全員集合』の裏番組という悪条件で放送された『THE MANZAI』第1回(正式タイトルは『THE MANZAI 翔べ!笑いの黙示録東西激突!残酷!ツッパリ!ナンセンス』)は15・3%という予想をはるかに上回る高視聴率を獲得した。いや、この第1回の収録は間違いなく視聴率以上の成果を手にした。それは新たな時代に求められている「笑い」の方向をあきらかにしたことだった。横澤は述懐する。

「すぐ目の前で繰り広げられる若手漫才師たちのテンポに乗り、堰を切ったように笑いが弾けていった。会場の隅々まで、笑いの渦が広がっていく。若者たちはノリにノリまくった。彼らのリアクションの速さに、僕は圧倒された。ギャグをシャープに受け止めるし、面白くなかったらクスリともしない。大変厳しくて、正直。これはいままでお笑い番組をつくっていた僕たちの視野にないお客さんだと驚いた。

そのとき感じたのは、やっている間は大いに盛り上がりたい、参加したいという彼らの意識の強さだった。漫才をやる側も聞かせるという姿勢ではなく、言葉の機関銃のように自分たちの日常生活で感じたことをバンバンいう。

見上げる芸には参加する余地はない。芸を観賞することはできても、芸人と同じ立場で空間を共有することはできない。一緒に、同じ立場に立って笑いを共有する『笑いの共有関係』がないとウケないと実感した。

若者たちは、芸の深さには期待や興味を持たない。その代わりに、自分たちとの一体感を生み出してくれる芸人を求めている」(※21)

横澤たちには、ただちに2回目の制作が指示された。

それまで中高年が見るものになってしまっていた漫才はMANZAIとして若者の間でブームとなり、若者たちをテレビの前に引き戻したのだ。

佐藤にとって『THE MANZAI』はもはや〝演芸番組〟ではなかった。それどころか〝漫才〟とも考えていなかった。

「一種のトークショー」(※27)だと言うのだ。

「漫才じゃなくて、メッセージだよ。あなたたちのメッセージを若いお客さんに向けて発信してくれればいいっていう。歌の世界でもシンガーソングライターが、自分で曲を作って、自分で歌って表現するっていうのが、すごく若い人にウケてる。新鮮だったし。漫才もそうなんじゃないかな」(※28)

6 マンザイブーム絶頂

マンザイブームは瞬く間に世間を席巻した。

その最前線に立っていたのが、ザ・ぼんちとB&Bだった。

B&Bが所属していた戸崎事務所は社長とB&Bの3人だけの会社。最初は給料制で月15万だった。だが、1年たったら3人で三等分の歩合制にするというのが最初からの約束だった。洋七は不安もあり、家族も養わなければならなかったから不安定な歩合制は嫌だなと思っていた。しかし、歩合制に変わった最初の給料に「何や、これは!」と驚嘆した。

現金払いだったため、事務所に行くと21万円の入った封筒が洋七に渡された。「ちょっと上がったな」とホッとした洋七だったが、その傍らにはレンガのような紙包みが積まれていた。ファンレターか何かと思っていた洋七はその中身を見て目を疑った。それは500万円の束だった。

いきなりそれまでの30倍以上にもなる521万円もの現金を手にしたのだ。

それを妻に何の説明もなしに渡したら、洋七同様ファンレターだと勘違いした妻が押入れに無造作に仕舞ってしまっていて、知らぬうちに3億円近くたまっていて銀行が開くまで押入れの前から動けなくなった、というどこまで本当か分からない話は有名だ。

あるときなどは1日で稼いだお金が1800万円。三等分しても一人の取り分が600万はあったという。

「もみじまんじゅう!」と言うだけで、観客からは「ギャー!」と歓声があがった。

「ちょっとアブノーマルやったなぁ」と洋七は振り返る(※5)。

B&Bが振り落とされそうな猛烈なスピードと異常なほどのエネルギーを発散させた漫才で観客を圧倒し、その世界に巻き込んでいったように、狂った季節がものすごい勢いでB&Bを飲み込んでいった。

マンザイブームでもっともアイドル的な人気を集めたのが、吉本興業所属のザ・ぼんちだった。

「8分間の漫才で、人生がガラッと変わりましたね」(※26)

ザ・ぼんちの里見まさとはそう証言する。ぼんちおさむも続けて述懐する。

「デビューしてから『THE MANZAI』に出るまでの8年間は、年収が60万円くらいだったんですけど、ブーム中は信じられないくらい環境が変わりましたよ(笑)」(※26)

そんなチャンスに吉本が黙っているはずがなかった。

遂に1980年、吉本は東京事務所を設立する。事務所といっても、ワンルームマンションの一室。当時の吉本の考え方は「劇場にお客さんを集めるためにテレビやラジオで顔を売る」という「劇場主義」。仕事があれば東京にも行くが、あくまでも本筋は大阪の劇場だった。東京の事務所はあくまでも、連絡の窓口。だから正式名称は「東京連絡所」だった。

その責任者を任されたのは、先出の木村政雄。そして、木村とともに上京したのが大崎洋だった。こうしてたった2人で立ち上がった吉本の東京事務所によって、マンザイブームに乗って、一気にテレビの中心に吉本芸人たちを次々と送り込んでいったのだ。

木村は本社の劇場の仕事を優先する「劇場主義」の意向を無視して仕事を入れまくった。大崎は木村の「意地」だろう、と述懐する。

「ブームの追い風でひっきりなしに仕事の依頼があったことはもちろんだが、それ以上に木村さんの存在が大きかった。もともと、やす・きよさんのマネージャーを8年半もやっており、東京のテレビ局にも顔が広い。どんどん新しい企画を提案して仕事を開拓していったのだ」（※24）

〝連絡員〟などやるつもりはない。木村のプライドを賭けた戦いだったのだ。それまで「大阪の笑いは箱根の山を越えられない」というのが〝常識〟だったという。だが、新世代の漫才師たちの笑いは確実に東京で受け入れられ始めていた。また東京のテレビ局からの高額なギャラも木村を後押しした。「劇場主義」の吉本は、当時、それなりの人気とキャリアがあり、劇場さえ出ていれば、テレビや営業の仕事をしなくても生活に困らないほどのギャラを保証していた。また大阪のテレビ局にはギャラの高騰を抑えるためキャリアなどに応じて「ランク表」が存在し、それに準じてギャラが決められていたという。だが、東京のテレビ局にはそれがなかった。若手であろうと人気があればいきなりケタ違いのギャラが支払われた。

「マンザイブームは、大阪の伝統的なギャラ相場を一気に吹き飛ばしてしまった。ブームが加熱するにつれ、さらに『一組二百万、四組まとめて出演してくれれば、色をつけて総額一千万円』などと、青天井で上がり続けた」（※24）という。

だから、伝統や意向を無視する木村を苦々しく思っていても、本社は納得するしかなかった。

そして「東京連絡所」設立からわずか1年で、連絡所は「東京事務所」に格上げされた。

芸能界でダブルブッキングは最大のタブーのひとつだ。だが、木村は、ダブルブッキングどころか、トリプルブッキング、フォースブッキングも当たり前のように組んだ。売れるときはとことんまで売る。それが木村の正義だった。

テレビ局側も「暗黙の了解として大目に見てくれた」と大崎は回想する。

「テレビの収録が予定通りに進むことはほとんどない。特にこのマンザイブームでは、限られた数の漫才コンビがあちこちの番組で引っ張りだこになっており、現場でのスケジュール調整は、ほとんど不可能な無理難題だった」(※24)

オープニングとエンディングで出演者の顔ぶれが変わるのは少なくなかった。スタッフの怒号の中、タレントを大崎が強引に連れて帰ることも日常茶飯事だった。

「当時はピンク・レディーが1日3時間しか寝れないって言ってましたけど、僕らもそんなもんでしたよ。しかも寝られるのは飛行機や新幹線での移動中だけ」(※26)

とおさむは述懐する。ヘリコプターでの移動でギリギリ間に合わせたことも一度や二度ではなかった。

81年1月1日、ザ・ぼんちはレコード「恋のぼんちシート」をリリース。作詞作曲を務めたのは近田春夫だった。彼がプロデュースしたジューシィ・フルーツの「恋のベンチシート」のパロディで、「そーなんです」「A地点からB地点」「ポチッー、どこ行ったんや」など、ザ・ぼんちのヒットギャグを歌詞に散りばめた曲だった。これがまさかの80万枚の大ヒットを記録する。その勢いのまま、2人は沖縄からスタートする全国ツアーを決行。そのファイナルはなんと、1981年7月21日に開催された日本武道館コンサートだった。プロデューサーは澤田隆治、演出は久世光彦[*16]という豪華布陣。もちろん、吉本にとって初めての武道館ライブである。

「漫才師がそこでコンサートするなんて想像もつかなかったですよ。開演の瞬間まで不安で仕方なかったですね」(※26)

そんなおさむの不安を他所に、幕が開けば超満員。1万人の観客がペンライトを振って熱狂した。

だが、現場でこのコンサートを準備していた大崎は周囲の熱狂とは裏腹に高揚感を感じることができなかった。

「酷な話だが、すでにザ・ぼんちの音楽面での人気はピークを過ぎていた。ライブ直前に出した2枚目のシングルは思ったほど話題にならず、チケットの売れ行きも厳しかった。旅行会社を通じて大阪からファンのバスツアーを組むなどしてなんとか格好を付けたが、終わった後には言いようのない寂しさだけが残った」(※24)

振り返ってみると、これがマンザイブームの終わりの始まりだった。ブームはこれを境に急速に下火になっていくのだ。

「東京連絡所」から格上げされた「吉本東京事務所」のメインとなっていた仕事は、いち早く東京事務所に籍を置くことになったさんまと紳助・竜介のブッキングだった。

大崎は彼らと同世代だったこともあり、「ツレ」のような存在だった。特にさんまとは彼がピン芸人だったこともあり、親密な関係になっていった。

「これからどんな仕事をしていくのか、芸や方向性まで含めて、一緒に悩んで考える楽しさもあった。業界ではよく『ワンアーティスト、ワンマネージメントが理想だ』と言われるが、僕にとっては初めて仕事を超えて、タレントさんとの触れ合いを実感した関係でもあった」（※24）

そんな大崎から見て、マンザイブームの頃のさんまは「ブームから取り残されていた」ように映った。

「マンザイブームはピン芸人のさんまとは無縁だったのだ。『芸風が舞台よりテレビ向きやろ』という上層部の判断でいち早く東京に拠点を移し、79年からはニッポン放送『オールナイトニッポン』の木曜2部を担当するなど、それなりに頑張ってはいた。しかし紳助・竜介やザ・ぼんちなどの漫才コンビに比べると、東京での人気には大きな差が出ていた」（※24）

紳助も必死だった。同期のライバル・明石家さんまに勝つためにはこのマンザイブームというチャンスで差をつけるしかない。誰よりもさんまの実力を知る紳助はブームの最中もそんな危機感を持ちながら『THE MANZAI』に挑んでいた。だから「僕たちの世界戦だ」（※4）と思って取り組んだ。

当時、舞台でやる漫才は15分。だが『THE MANZAI』は約7分だった。その収録に向けて紳助はまず3分のネタを考えた。

「(竜介が)アバウトに覚えたら、舞台に出るんです。さっきのネタをいつやるかは決めないままに。その日、『今、今日いちばんウケてるな』と思った瞬間に合図して、そのネタを試してみる」(※4)。そこでのウケ具合で修正し、それを繰り返して、7分のネタを完成させていった。「収録の3週間ぐらい前になったら、その7分のネタを、いちばんウケてる時にもってこないで、その前にもってきて、ちゃんとひとつのネタとして完成してるかを確かめるんです。いちばんウケてる時にもってきたら、勢いでウケてるだけか、本当にウケてるのかわからないですから」。そして1週間前になるとそのネタを封印する。自分たちの中で新鮮味を取り戻すためだ。収録前日の夜と当日の朝の舞台にもう一度、ネタをかけ、いよいよフジテレビの収録に向かうのだ。まさに「ボクシングの世界チャンピオンが世界戦をやるために調整していって、本番、みたいな感じ」(※4)だった。

そんな風に紳助が自分を追い抜いていった状況でもさんまは決して弱音を吐かなかったという。

「どんどん先を走ればええ。俺はお前らが息切れして倒れたとこに、ゆっくり行かせてもらうわ」(※24)

と紳助に対し、笑い飛ばしていた。

「弱みや強がりを決して表には出さず笑いにする明るさはズバ抜けていた」と大崎は言う。

「これまでたくさんの芸人さんを見てきたが、あの世代で誰が男らしいかといえば、さんまがダントツだ」（※24）

「明石家さんまは漫才師ではないのに、漫才ブームに乗った唯一のタレントである。当初ひとり芸のため漫才よりインパクトが弱く、不利だと思われたが、東京の水に合ったのか、いつのまにかブームの中に入りこんでしまった」（※25）と木村政雄は回想する。

さんまの知名度を全国区にしたのは意外にもドラマだった。

1980年放送の鎌田敏夫脚本ドラマ『天皇の料理番』[*17]（TBS）である。主演は堺正章。堺との共演はさんまの念願だった。関西弁の若手料理人の役で当初は3回だけというオファーだった。だが、さんまの演技を見て「面白い」と思った鎌田は、さんまの出番を増やし、結局26回も出演。さんまがメインの回まで作られた。

翌年には『五瓣の椿』に出演し、大原麗子とも共演。これでさんまが芸能界に入る時の「5つの夢」がすべて叶ったのだ。その夢とは前述した、『ヤングおー！おー！』、『ヤングタウン』、『オールナイトニッポン』という3つの番組への出演に加えて、堺正章、大原麗子との共演だった。それが、25歳、テレビデビューからわずか5年余りで実現したのだ。

マンザイブームで苦しむ中、独自の道で活路を見出し先頭集団の後方にぴったりと追走していたさんま。

「自分がキテる」と実感した瞬間はいつだったかを問われると、意外にも苦心したはずのマンザイブームの最中を挙げている。

マンザイブームの頃、舞台で、ザ・ぼんちのアイドル的な人気は絶大だった。若い女性からの黄色い声援や紙テープが飛び交い、ぼんちの持ち時間が終わると一斉に若い観客が動き、いなくなってしまっていた。だから、他の芸人たちはザ・ぼんちの後に出るのを嫌がった。あるとき、さんまは仕事のスケジュールの都合上、ザ・ぼんちの直後に出番を迎えることになった。

ほんの数年前、自分は逆の立場だった。アイドル的な人気を誇っていたのはさんまだった。さんまの後に立つ先輩芸人たちに迷惑をかけていた。だから「俺もやってきたことやし、これで帳尻合うわ」(※7)と覚悟を決めた。

舞台端の「ザ・ぼんち」と書かれた演者を示すめくりが「明石家さんま」に変わり、さんまが舞台に立った。一斉に客が立つという予想に反して、客は動かなかった。

「あっ、俺はまだいける」(※8)

さんまは確信した。

「評価は様々だろうが」と前置きした上で、大崎はマンザイブームに関しては関西勢が「圧勝」だったと分析している。

「紳助・竜介のスピード感、ザ・ぼんちのアイドル性、オール阪神・巨人の安定感、のりお・よしおの爆発力、太平サブロー・シローの器用さ。対する東京の笑いは、どこか難解で格好つけているように見えたし、多くのコンビは『演芸場の匂い』が色濃く漂っていた」（※24）

その中にあって「誰もが認める例外」がビートたけし率いるツービートだった。

「2人は、というよりは、たけし一人が『毒』と『スピード』で関西勢に立ち向かった。その代表例が良識派の物議をかもした『赤信号、みんなで渡れば怖くない』である」と横澤も分析する。「こうした『毒ガス』漫才はまず若者の心を捉えた。管理されるのは嫌だ、抑えつけられるのはまっぴらだ、と思っていた若者たちから大いにウケた」

80年6月に発売した『ツービートのわッ毒ガスだ』（ベストセラーズ）はネタ本に関わらず、異例の大ベストセラーとなった。

「昔からのネタをやってるだけなのに、『漫才のニューウェーブ』とか、『ホンネ漫才』なんて言われる。

オレはちっとも変わっていない。

時代のほうから近づいてきた。勝手にね」（※14）

ザ・ぼんちが「恋のぼんちシート」をリリースする2日前の1980年12月30日、フジテレビで5回目となる『THE MANZAI』が放送された。

博品館劇場でのライブを生中継する形で放送されたため、ウケなかった場合も編集されることもない。だから、多くのコンビが手慣れた鉄板ネタで安全策をとった。だが、ツービートだけは違った。

「ツービートはつかみから前半にかけて他の出演者同様、持ちネタを並べてきたが中盤になってから異様なテンションに切り替わる。新ネタだった。CMを突っ込むネタに入ってからは会場は拍手喝采を喚起しツービートの独壇場と化した。観客の反応は素直だった。見かけたことのあるネタではやはり物足りなかったのだ。それはツービートが博品館を一人勝ちし、『THE MANZAI』を初めて制し、ブーム集団の中でトップに立った瞬間となった」(※3)

正月三が日のツービートのテレビ出演はなんと27本。1日平均9本という異常な状況だった。

「なんだったんだろうなあの騒ぎは……」とたけしは振り返る。

「でもみんながブームだブームだと浮かれてるときに、オレだけはシラけてたよ」(※14)

たけしはブームの最中、漫才人気は長くは続かないといち早く察知し、次の一手を模索していた。

そしてビートたけしの人気を決定づける『ビートたけしのオールナイトニッポン』(ニッポン放送)の放送が始まる。奇しくも、ブームのピークを象徴する「恋のぼんちシート」発売日当日の1981年1月1日深夜に漫才とは別の新たなビートたけしのステージを作った〝伝説〟が始まったのだ。

＊1　このオープニングは桑原茂一と小林克也によるプロジェクト「スネークマンショー」のパロディと言われている。伊武雅刀本人もプロジェクトのメンバーのひとり。「スネークマンショー」は75年頃からエドウィンの店頭BGMとして始まり、76年4月からラジオ大阪『エドウィン・ロックン・ロール・ショー』に発展。その後、ラジオ関東やTBSラジオに〝移籍〟。YMOとのコラボレーションなどが大きな話題を呼んだ。曲の合間に政治や麻薬、過激な下ネタのコントやMCが挟まれる形式。このコントの傑作選が収められたカセット『スネークマンショー海賊盤』のOPトラック「スネークマンショー・イントロダクション」が『ひょうきん族』同様、「ウィリアム・テル」序曲に伊武雅刀のナレーションを乗せたものである。

＊2　80年代初頭に起きた漫才を中心としたお笑いブーム。「漫才ブーム」「MANZAIブーム」など様々な表記を使うが本書では便宜上「マンザイブーム」に統一している。

＊3　「京子ちゃん、パンツはいてないの?」「いやっ、なんでわかんの?」「スカートはいてないもん」といった高校時代付き合っていた恋人をモデルにした小噺。もちろんほとんどが実話ではなくさんまの創作。

＊4　20歳の若手芸人が集められた中のひとりとして出演。落語家にもかかわらず松之助の助言もあり赤いスーツで出演。観客から爆笑をとるが司会の藤本義一からは下ネタを本番中に咎めらた。一方、共演した横山やすしからは気に入られそのまま朝まで一緒に呑んだという。

＊5　「アトム・スリム」というコンビ名も内定していた。

＊6　笑いは「喉発声」だという信念を持っているため、喉を絞り続けている。医者からは「2ヶ月誰とも喋らなかったら元に戻る」と言われたという。

＊7　新宿のジャズ喫茶「ビレッジ・バンガード」でも働いた。ここでは、のちに連続射殺事件を起こす永山則夫がたけしと同時期に働いていたという（たけしが早番。永山が遅番）。
また羽田空港では中上健次と一緒に働いたとたけし本人が語ったことがあるが真偽は不明。

*8 奇しくも明石家さんまの舞台デビューもオカマ役だった。

*9 愛知県名古屋市にある演芸場。さんまも下積み時代に出演しており、テーブルの机の裏に「きょうも客なし 明日は？」と落書きを残している。経営難による1年の閉鎖を経て2015年9月に再開した際にはたけし、さんまがビデオメッセージを寄せた。

*10 たけしによる小説『浅草キッド』では「マーキー」として登場する人物。笑いのセンスは高かったが、それ故、たけしの才能に打ちのめされ精神を病み廃業。

*11 由来については「ビートニク」から来ているなど諸説ある。

*12 漫画家。芸能評論家。『オールナイトニッポン』のパーソナリティも務め、初期のタモリにも深く関わっている。

*13 結成のきっかけは昇給などの経済闘争ではなく、女子社員の25歳定年制度撤廃を目指した人権闘争だったという。

*14 フジテレビ時代は美術部に在籍し、『夜のヒットスタジオ』、『ミュージックフェア』などのセット美術を担当。後者では第1回伊藤熹朔賞テレビ部門を受賞。その後、舞台美術家として独立。作家としても『少年H』がベストセラー。映画化もされ古巣フジテレビでもドラマ化された。

*15 「ベストセラーづくりの神様」などと呼ばれた出版界の大物。

*16 『寺内貫太郎一家』、『時間ですよ』などをてがけたテレビドラマ界を代表する演出家。『ムー一族』の打ち上げの席で樹木希林に不倫を暴露された騒動がきっかけでTBSを退社し、80年に製作会社「カノックス」を設立した。

*17 実在の人物・秋山徳蔵を描いた杉森久英による同名小説原作のドラマ。主演の堺正章と当時のさんまは兄弟のようにそっくりだった。ちなみに、『天皇の料理番』は佐藤健主演で2015年にリメイク。さんまが演じた辰吉役は柄本佑。

第2章

ひょうきん族の時代

1980

B&B、『お笑いスター誕生!!』出場

『笑ってる場合ですよ!』開始

1981

『ビートたけしのオールナイトニッポン』開始

『オレたちひょうきん族』特番開始→レギュラー化

1982 『THE MANZAI』終了 『笑ってる場合ですよ！』終了

1983 B&B解散

1984 明石家さんま、『笑っていいとも！』レギュラーに

ビートたけし
33歳〜35歳

明石家さんま
25歳〜27歳

片岡鶴太郎
26歳〜28歳

山田邦子
20歳〜22歳

島田洋七
30歳〜32歳

タモリ
35歳〜37歳

横澤彪
（フジテレビ）
43歳〜45歳

三宅恵介
（フジテレビ）
31歳〜33歳

高田文夫
32歳〜34歳

1　ビートたけしの「道楽」

「この番組はですね、ナウいきみたちの番組ではなく、私の番組です！」

1981年1月1日深夜に「元旦や　モチで押し出す　二年グソ」という第一声で始まった『ビートたけしのオールナイトニッポン』。そのオープニングでたけしは、堂々と宣言した。それまで深夜ラジオといえば、若者である「きみたち」に語りかける番組がほとんどだった。それこそが深夜ラジオの魅力とされてきた。だが、たけしは最初からそれを拒否したのだ。

「別に他人のためにやってるわけじゃない。言うなれば私の道楽！」

この初回放送の番組の途中、井上陽水の「なぜか上海」がかかっている。実はこの時の流れた曲は原曲よりも2分長い。なぜか。この日の放送は12月28日に収録で行われた。ほぼ放送時間尺同様の時間で収録されたが、ディレクターの森谷は過激すぎる部分をカットしたのだ。だから放送時間よりも尺が足りなくなった。苦肉の策で曲を長くしたのだ。

「歌が3番までいってから、もう一度1番に戻るという編集をして、放送時間を埋めました」（※29）

そんなカットされている状態にもかかわらず、放送は衝撃的なほど過激だった。

「放送禁止用語に愛の手を！」と目標を掲げ、放送禁止用語を連発。「たけしのテレフォンシヨッキング」という〝人生相談〟コーナーでは、当時世間を騒がせていた「金属バット事件」[*1]を引き合いに出し、「実を言うと僕も親を殺そうと思って金属バットを買った」「近いうちに計画を実行しようと思いますが、まったく同じことをしたんじゃつまりません」と悩む二浪中の予備校生[*2]に、殺し方のアイディアを指南。「とにかくですね、計画が完璧に行くことを陰ながら祈っております」と答え波紋を呼んだ。もちろん、相談者は完全な仕込みだったが、クレームが殺到。なんと真に受けたテレビ朝日の『アフタヌーンショー』（NET・現：テレビ朝日）から取材まで来たという。『たけしのオールナイト』はよく「今では放送出来ない過激な放送だった」と言われるが、当時としても本来放送してはいけない過激な内容だったのだ（※30）。

この日はゲストにダディ竹千代が出演していた。彼はたけしが入った木曜1部の前任のパーソナリティである。

元々、たけしの番組起用のきっかけはダディ竹千代の番組『ミュージックフレンドショップ』（ニッポン放送）だったという。この番組にツービートはゲスト出演。そのときのギャラ交渉のため当時チーフプロデューサーを務めていた岡崎正道が太田プロダクションの磯野泰子副社長の元を訪れた。

「オールナイトニッポンの枠空いてないの？」

その場で岡崎は磯野から、そう尋ねられた。実はツービートは裏番組である『パックインミュージック』から出演の打診があった。だが、磯野は『中島みゆきのオールナイトニッポン』の大ファンである娘から「ツービートがラジオをやるときは絶対オールナイトがいい」と勧められていたのだ。ちょうど『ダディ竹千代のオールナイトニッポン』が終わることになっており、1月から3ヶ月間は空いていた。だが、ネックはギャラだった。岡崎が提示したギャラは、磯野が考えていたものよりも桁がひとつ違っていた。そこで岡崎は妙案を思いつく。ツービート2人ではなく、たけしだけならどうか、と言うのだ。それならギャラは半分で済む。もちろん磯野は難色を示した。「片方だけ働かせてその間片方だけ休んでてギャラ半分じゃ効率悪いじゃないの」と。それでも岡崎は利点を丁寧に説明し、ビートたけし一人の起用が決まったのだ。これが、漫才コンビをピンでラジオに起用するというエポックメイキングな英断の始まりだった。

「結局、ギャラの話が発端みたいなもんで、たけしさんをひとりで使うべきとかの威張れるような発想じゃなかったんだよね」(※3)と岡崎本人は自嘲している。

たけしにとってもこのオファーは渡りに船だった。

「マンザイブームの次に何やろうかなと考えているときで、ラジオやるなら一人でやろうと思っていた。きよしさんには悪いんだけど、ラジオで『よしなさい』とやってもしょうがないからね。それだったら意味ねえなあ、一人でやった方がいいかなと思って」(※16)

当初は女性アシスタントと2人でという話だった。だが、たけしは「女なんかヤだよ」と拒否した。

「高田さんとやりたいよ」

たけしは当時から飲み仲間の一人だった放送作家の高田文夫をパートナーに指名したのだ。

「2人で飲むと聞いてるみんながゲラゲラ笑ってるわけ。高田さんって聞き方が一番うまいというか、日本で一番いい客なんだよね。大したことないのに大笑いしてくれるわけ（笑）。そいで、こっちにも火がついてくれるわけ。じゃんじゃんじゃんじゃん調子乗せてくれるわけ。『あ、これがラジオだったら金貰えんじゃねえか』ってことになって、そのまんまでラジオやっちゃったの、飲み屋の会話と同じ調子で。そう、だから、あれは飲み屋の会話だよ」（※31）

たけしをピンに起用したことももちろん画期的だったが、高田文夫をパートナーにつかせたのも、この番組の重要なポイントだった。

「高田さんがいいのはね、俺が喋るじゃない？　喋って、足りない部分を補ってんの、いつの間にか。『ああ、それは浅草のあんなとこみたいな』とかね。要するに俺の台詞をマジックで囲って、フキダシをつけてくれるみたいな感じがあるんだよね」（※31）

高田文夫が初めてたけしを見たのは、浅草の演芸場でのツービートの漫才だった。当時、関武志とポール牧のコンビ・ラッキーセブンのコント台本を書いていた高田はポール牧から「たけしって、ものすごい漫才師がいる」と紹介されたのだ。

「こいつら一生テレビには出れないな」
それが第一印象だった。「危なすぎる」と。
「おれたち放送屋はすぐ自分で線を引くんだよ。これ以上はやっちゃいけないって……。それがたけちゃんのは、そんなことなんにも関係ない。それはもう心地よかったですね。でも、やっとオレと同じセンスで笑わせてくれる奴が出て来たって、それはうれしかったね」(※32)
たけしと高田はすぐに意気投合した。同じ東京育ち、年齢も1歳しか違わない同世代、笑いの感性が同じだった。ほとんど毎日のように飲み歩くようになった。
「僕は渋谷生まれで彼は下町ですけど、吸ってきた空気が同じなんで、あんなことがあったとか、あれが流行ったとか、こんな悪さしたとかでもゲラゲラ笑って馬鹿な盛り上がり。それから毎日会うようになったんです、意味もなく。『明日何してる?』って、それじゃ恋人同士だよ」(※33)
高田文夫は1948年生まれ。小学校の卒業文集で「青島幸男になりたい」と書いたという。「政治家になる前の青島幸男さんが好きだったのは、ホントにいい加減だったんだよ。とにかく軽くて。あのスタイルが大好きだった」(※34)。大学では落語研究会で落語をやったが、「噺家になってヘタなヤツに頭下げるの嫌だ」と思い、小学校時代からの夢を思い出し、放送作家になろうと、『夜のヒットスタジオ』(フジテレビ)などの作家で知られていた塚田茂のもとに師事する。そこで最初に塚田に命じられたのは「俺の字にそっくりになれ」ということだった。

いわば、高田は塚田の〝ゴーストライター〟のような存在になっていった。

「塚田先生は週に何十本ってレギュラー番組やってたからね。そのほとんどを俺が台本書いてますよ」（※34）

高田は塚田が次々に行う打ち合わせに同行し、そこで塚田がしゃべることをまとめ、それを一冊の台本に仕上げていった。毎日のように4〜5本の締め切りが迫り、家に帰る暇さえなかった。「死ぬほど鍛えられた」という。

「だから、この人（たけし）と出会うまでは地獄だったもん、ホントの話」（※34）

と高田はしみじみと回想している。

『オールナイトニッポン』開始当初、マンザイブームは関西芸人たちが主役だった。その中で東京勢として孤軍奮闘していたのがツービートだった。だからたけしと高田は『オールナイトニッポン』をやるにあたってひとつのことを決めた。

それが「オールナイトニッポンは東京の言葉だけでやろう」ということだと高田は証言している。「東京の昔っから使われている下町言葉ね。最初は、こんな言葉で聞いてる奴、わかるかなぁ？　なんてちょっと不安だったけどね。いいや、やっちゃえ！　てなもんで、でも結局それがよかったみたいだな」（※32）

たけしは「一番のってやっていた」（※14）番組だと語っている。

「ツービート、漫才師としては、（ブームの）流れの中で、たしかに人気はあった。だけど、オレがほんとうの人気者となって、ファンをつかんだのは、ラジオじゃないかな」（※14）とたけし本人が語っているように、ビートたけしの人気を決定づけたのはこの番組だ。ただの人気ではなく、カリスマ的な人気を掴んだのだ。

「ラジオやってた時に、調子いい時は一人でしゃべるのは天才だと思ってた」（※18）というたけしのトークに多くの若者が魅了された。

放送終了時刻には、深夜3時過ぎだというのに数百人の出待ちが溢れかえった。爆笑問題や浅草キッドを始め、この番組で人生が変わったと語る人は芸人のみならず数多い。ニッポン放送からは、聴取率1位で毎回のように表彰された。番組をまとめた本もベストセラーになった。

「要するに『オールナイトニッポン』の頃って、基本的に一番テンションが高いときで、なおかつ客も一番若くて、ワーッて熱狂してるときでさ。全盛期のバンドだよね」（※31）

この『たけしのオールナイトニッポン』での「コンビ解体」の成功が、その後の『オレたちひょうきん族』などのヒントになっていった。同様に『天才・たけしの元気が出るテレビ!!』（日本テレビ）は、「ラジオ的な発想から、テレビで『オールナイト〜』やったらどうなるか」（※31）という番組だった。また、たけしは漫才をする必要がなくなった。ツービートがテレビで漫才を披露するのは『花王名人劇場』や『THE MANZAI』などごく限られた番組になっていく。マンザイブーム以後の方向性を模索して始めたラジオが、次のステップを示しただけでなく、「ツービートのたけし」[3]から「ビートたけし」という個を確立し、それどころか、たけしを時代の寵児に押し上げたのだ。

2　B&Bとタモリ

洋七は、「素人の出る番組に出てどうするんだ」と強い口調で反対する戸崎事務所の社長に強い意志で反論した。

「そうじゃないよ、社長。素人の前で、プロはこんなにおもしろいんやということをみせつけてやったらええやないの」（※5）

それはマンザイブームの初頭の1980年4月に産声を上げた『お笑いスター誕生!!』（日本テレビ）だった。気になった洋七はすぐに企画書を取り寄せると、出場資格に「プロはもちろん、素人も参加可」と記されていた。B&Bは当時、既に『スター千一夜』（フジテレビ）にも3回も出演していた文字どおりの「スター」。今更、素人も出る大会に出る必要なんてない。それどころか、万が一、素人に敗れようものなら、その地位を失いかねない。リスクしかなかった。社長の猛反対は至極当然だった。だが、洋七の意志は固かった。

「素人が出るからってカッコつけて出ないって言うたって始まらんよ。出よう出よう。10週勝ち抜いたらええんやろ。大丈夫、勝てるって」（※5）

番組側はもちろん諸手を挙げて歓迎した。

井原高忠が企画した『お笑いスター誕生‼』はその名の通り、山口百恵や森昌子らを輩出し一世を風靡した『スター誕生‼』（日本テレビ）のお笑い版である。だが、本家と違うのは前述のとおり出場資格。本家は表向きは完全に素人に限られていたのに対し、『お笑いスター誕生‼』はプロでもOKだった。だから、様々な芸人たちが参加している。出世頭で言えばなんといっても、とんねるずだ。当時、〝素人参加番組荒らし〟の「貴明&憲武」として様々な番組に出場していたが、この番組の途中から井原高忠の提案で「とんねるず」に改名し、本格的にプロの世界へ足を踏み入れることになる。他にもイッセー尾形、コロッケ、九十九一、小柳トム（現：Ｂｒｏ．ＴＯＭ）、シティボーイズ、そしてウッチャンナンチャンなど錚々たる顔ぶれが並んでいる。審査員には実はまだデビューして数年しか経っていなかったタモリがいたことでも有名だ。

「俺が30歳で（芸能界）入って4～5年で『お笑いスター誕生‼』の審査員やってたからね。出て来る人みんな俺より芸歴上なのに俺が審査して〝なりすまし〟がうまいことといってたの」(※35)

1975年にテレビデビューしたタモリは「どうやって本流にすわーっといって同輩ヅラ、また先輩ヅラするかっていうのが70年代の一大命題だった」(※35)という。それが「我ながらうまくいったと思った」と実感したのが『お笑いスター誕生!!』の審査員への抜擢だった。

タモリの芸人デビューに至るエピソードはあまりにも有名だ。

タモリがまだ福岡で会社勤めをしていた72年、博多で山下洋輔と渡辺貞夫のコンサートが行われた。公演後、学生時代、早稲田大学でモダンジャズ研究会に所属していたタモリは、渡辺貞夫のマネージャーを務めているジャズ研時代の友人と、宿泊先のホテルの一室で呑んでいたという。そして午前2時頃に帰宅すべく部屋を出て廊下を歩いていると、どこからかドンチャン騒ぎと笑い声が聞こえてきた。それが山下洋輔バンドの部屋だった。

「無茶苦茶な歌舞伎をやってるんですね。『(歌舞伎口調で) オォゥオォォ』とか言ってるんですよ。それで、こうやって (ドアごしに) 聞いてて、『俺はこの人たちとは気が合うな』と思ったんですよ (笑)。気が合うんだから入ってもいいだろうと。で、ドアを開けようと思ったら鍵が掛かってないんですよ」(※36)

タモリはドアの隙間から様子をうかがうと、浴衣を着たサックス奏者の中村誠一が底の抜けた藤椅子を頭に被り、でたらめな歌舞伎を奇声を上げながら演じていた。

「そん時に神様が降りてきて、『今、お前の出番だ』って言ったんです。そのまま『(歌舞伎口調で) この世の~』って (入っていった)」

「それで、もうドンチャン騒ぎになりまして、夜明けまでやって『あ、いけね、帰ります』って言ったら山下さんが『ちょっと待て。あんた、一体誰なんだ?』って。『あ、森田と申しま

す』って帰ったんです」（※36）

この出会いに衝撃を受けた山下洋輔は新宿ゴールデン街のバー「ジャックの豆の木」などで、ことあるごとに「九州に森田という、すごい面白い奴がいる」と喧伝し、やがてバーのママ・A子女史の発案で、「伝説の九州の男・森田を呼ぶ会」が常連客により結成された。

ちょうどその頃、以前から「30歳になったら仕事を辞めて将来をじっくり考えよう」と考えていたタモリは75年の年明けに仕事を辞めていた。それから程なくして山下たちから連絡が入り、75年6月に「森田を呼ぶ会」によって集められた東京行きの新幹線代[*4]がタモリの手に渡り、ついに上京を果たすことになるのである。

そしてタモリは赤塚不二夫と運命的な出会いをする。

タモリがバーで常連客相手に芸を披露しているところに赤塚が入ってきた。赤塚はタモリの芸を絶賛、福岡に帰してはならないと思い「お笑いの世界に入れ」と誘う。8月に放送される予定の自分の番組に出ること、さらに「それまで住む所がないなら、ぼくのマンションにいろ」と提案するのだった。

そこは当時でも家賃17万円、4LDKの高級マンション。冷暖房完備、台所にはハイネケンのビールが山積みにされ、服も着放題、しかもベンツも乗り放題、こづかいまで与えられた。

そこにタモリは毎晩のように友人を呼び宴会をして、贅沢三昧を繰り広げる。そんな宴会生活の中でタモリは〝密室芸[*5]〟を磨き上げていく。

そして約束通りタモリは75年8月30日、赤塚不二夫が特集された『土曜ショー』（NET・現テレビ朝日）の「マンガ大行進！赤塚不二夫ショー」でテレビデビューを果たしたのだ。そこでインチキ牧師の芸を披露したタモリの姿は衝撃を与えた。たまたま見ていた黒柳徹子が、すぐに自ら赤塚に直接連絡を取り、自分の番組にオファーしたほどだった。翌年10月には『タモリのオールナイトニッポン』が開始。テレビで見せるアナーキーな芸と相まってカルト的人気を誇るようになっていった。また、山下や赤塚、筒井康隆といった、文化人圏に評価されていたのが大きかった。ブリーフ一丁で変態チックな芸をする一方でどこか知性を漂わせていた。その結果、デビュー間もないペーペーの芸人ではなく、文化人的側面も持つ知性派芸人に「なりすまし」することに成功したのだ。だから、デビューしてわずか5年で『お笑いスター誕生!!』の審査員に抜擢されたのだった。

タモリとB&Bは79年に出会っている。名古屋の学園祭で一緒になったのだ。その時に見た「四ヶ国麻雀」[*6]などの芸を見て「東京にはこんな芸があるんや！」と衝撃を受けたと洋七は言う。「僕らとはまったく逆ですわ」（※37）

『お笑いスター誕生!!』でB&Bは、審査員の一部から「なに、君ら背広じゃなくてTシャツ着てるんだ」などと批判を浴びた。だが、タモリは一貫してB&Bを評価した。

「タモリさんは僕らのやってることごっつ誉めてくれましたし。背広うんぬん言う人には、俺らは『ダメだったら田舎帰りますからいいですよ』って言ったけどね。カットになったけど。

会場は爆笑やった（笑）」（※37）

『お笑いスター誕生‼』は10週勝ち抜くとグランプリ獲得になるというシステムの公開放送である。B&Bは番組開始第4週目の80年5月24日に初出場した。同年4月に『THE MANZAI』がスタートし、まさにマンザイブームが興った直後である。だから、ブームの盛り上がりをこの番組の客の反応で、洋七は肌で感じ取った。

「1週ごとにお客さんの反応が目に見えて上がっていくんです。3週目からは歌手みたいにテープが飛んだもんな」（※38）

B&Bは宣言どおり、ストレートで10週を勝ち抜き、見事、初代「グランプリ」獲得者となったのだ。

3 笑いの発信地

B&Bが『お笑いスター誕生‼』初代グランプリを獲得後程なくして、B&Bにフジテレビからまた大きな仕事が舞い込んだ。帯番組だ。

「なんですか、オビって⁉」

キョトンとする洋七に社長は興奮して言った。

「帯いうのは、毎日やる番組のことだ。昼間の12時から1時まで、おまえらが総合司会をやる

んだよ！」（※5）

Ｂ＆Ｂは80年10月からスタートすることになる『笑ってる場合ですよ！』の司会に抜擢されたのだ。

『笑ってる場合ですよ！』のプロデューサーもやはり横澤彪だった。

帯番組をやるにあたり、横澤は5人のディレクターを集めた。それが『ＴＨＥ ＭＡＮＺＡＩ』をともに作った佐藤義和、永峰明、そして三宅恵介、荻野繁、山縣慎司だ。だが、いきなり脇からクレームが入った。「あんな若いやつをディレクターにするとはけしからん」と。まだ20代だった山縣と永峰に対してである。横澤はそれに対し〝理屈〟を思案し反論し、半ば強引に納得させた。

「彼はＡＤなんですよ、本当は。ＡＤだからセンターに座りますよ、でも人がいないからディレクターをやりますよ」（※20）

横澤はこうして自分の考える最高の布陣を整えたのだ。

しかし、横澤の企画書を見た佐藤は愕然とした。

ターゲットを10年前の主婦に想定したような古臭い内容だったのだ。『ＴＨＥ ＭＡＮＺＡＩ』の成功を受けて自信を深めていた佐藤は、三宅と永峰とともに企画を練り直した。

「コント55号がやっていた『お昼のゴールデンショー』[*7]の現代版のイメージで、コント55号の

代わりになるのはB&Bじゃないかってね」（※39）

マンザイブームの渦中にいた関西芸人の中にあって、唯一、東京に住んでいたB&Bは帯番組の司会はうってつけだったのだ。

当時、お昼の時間帯は既に主婦層をターゲットに取り込んだテレビ朝日の『アフタヌーンショー』など強力な裏番組があり、フジテレビは何をやっても視聴率を獲れずにいた。主婦を相手にしても勝てない。だから、ターゲットから主婦層は大胆に捨てた。

「たまたま家にいる女子大生とか、銀座や六本木の（水商売の）お姉ちゃんをターゲットにして、彼女たちが目覚めて起きたときに観る番組にしようと。とにかくそこから火をつけようと考えてましたね」（※39）

佐藤の証言を補足するように三宅も、主婦以外に昼間テレビを見ている人はどんな人たちかと考えたとき、「水商売の人たちだ！」と思い当たったと振り返り、その意図を冗談交じりに解説している。

「どうせ昼間の俺らの番組なんて会社の上層部は観てないだろうと。でも、その人たちが銀座のクラブに遊びに行った時に、若いホステスたちが『笑ってる場合ですよ！』は面白いと言ってくれたら俺たちも出世できるんじゃないかと（笑）」（※40）

佐藤たちが改めた企画を横澤は、そのまま採用した。番組のタイトルは会議室にいたディレクター、作家、AD、すべてが参加し、無署名で案を出し、多数決を取って決められた。当初は『奥さん、笑ってる場合ですよ！』だったが、横澤が『奥さん』をカットしたという（※41）。

だが、会社の幹部はまずこのタイトルに難色を示した。

「なんだ、このタイトルは意味不明だ。我が社は業績最低で笑ってる場合じゃない！」

フジテレビは『THE MANZAI』が成功したとはいえ、全体で言えばいまだ「振り向けば12チャンネル」と揶揄されたままで、視聴率は低迷していた。「これではスポンサーに説明できない」と反対された。だが、横澤は押し通した。

「ぼくが企画書です！」

そう叫ぶ横澤の熱意に幹部たちが折れ企画が通ったのだった。

今考えると想像がつかないが、それまでフジテレビのコンセプトになっていたキャッチフレーズは「母と子のフジテレビ」だった。朝は子供番組、お昼は奥様番組。フジテレビの〝顔〟ともいえる看板番組は『スター千一夜』や『ザ・ヒットパレード』をはじめとする歌謡番組。『THE MANZAI』と『笑ってる場合ですよ！』はそんなフジテレビのイメージを「若者向け」に一新した。そしてフジテレビは『場合ですよ！』開始翌年には、「楽しくなければテレビじゃない」というキャッチフレーズを打ち出すことになるのだった。

『笑ってる場合ですよ！』が新宿のスタジオアルタで生放送することは最初から決まっていた。言うまでもなく、のちに『笑っていいとも！』の舞台になる場所だ。前身の番組である『日本全国ひる休み』を引き継いだものだった。番組が始まる前、アルタを見学しにいったディレクター陣は想像以上に狭いことに驚いた。だが、彼らはその狭さを逆手に取った。舞台に対して、客席を階段上にして観客がステージを見下ろす形にしたのだ。これにより、出演者と観客の垣根をなくし、あたかも「クラスの仲間」を見ているような錯覚を与え、会場に熱気を生んだ。『THE MANZAI』のときに学んだ「笑いの共有関係」をより推し進めたのだ。

「アルタを笑いの発信地にしよう！」

ディレクター陣はそう約束し、「アルタにくれば今風の笑いが見れる」という空間にするのが『笑ってる場合ですよ！』のコンセプトになった。

レギュラー出演者は司会のB&Bを筆頭に、『THE MANZAI』の中心メンバーで固められた。

月曜日は、山縣が担当し、ザ・ぼんち、火曜は三宅担当でツービート、水曜は永峰担当で紳助・竜介、木曜は佐藤担当で春風亭小朝、金曜は荻野担当でのりお・よしおという布陣でスタートした。

初回視聴率は約2％。そこで横澤は「5％取ったら賞金を出す」と宣言した。その代わり「2％以下なら千円罰金」と決め、その罰金が賞金にあてられたという（※40）。

「勝算の乏しい枠で勝負して、玉砕する可能性は大」だった。本社のスタジオではなく、社外の狭いスタジオ。「二度と本社に戻れないのではないか」、佐藤はそんな不安を抱いていた。けれど「このラインで勝負をかけるしか道はない」と覚悟を決めた（※22）。

三宅も言う。「みんながこの番組に賭けていた。（ディレクター）5人のエネルギーが集結していた」（※40）と。

だから企画も挑戦的なものが多かった。その最たるものが、ツービートが司会をした「勝ち抜きブス合戦」だろう。

「たけしさんだから成立したんだよね。『ブスは悪い』と言ってるわけじゃない。『ブスに光を当てよう』というたけしさん一流のやり方で、ブスを2人出してどっちが勝つか決めるトーナメント戦。だから、本当のブスは出せないんです。明るいブスじゃないと」（※40）

そのオーディションに応募してきたのが山田邦子だ。そこで披露したモノマネ芸を見た三宅は「きみが出るべきコーナーはここじゃない」と別のコーナーに参加させた。それが、「お笑い！君こそスターだ」。視聴者の電話投票による審査で5週勝ち抜きを目指すオーディションコーナーだ。

81年10月から小朝に代わりレギュラーに加入した明石家さんまは、『減点パパ』（NHK）のパロディコーナー「減点マネージャー」の司会を担当した。毎週、芸能人のマネージャーをゲストに招き、担当する芸能人についての質問を浴びせるというコーナーである。

毎日、時事ネタを盛り込んだコントを披露するコーナー「日刊乾電池ニュース」というコーナーもあった。ここに起用されたのが当時まったく無名だった、ベンガル、高田純次をはじめとする劇団「東京乾電池」の面々だった。横澤は会議は短いほうがいいという方針で、早く終わった分、ディレクターや作家たちに映画や芝居を見るように薦めていた。そうして面白い役者がいると知ると必ず本人が会いに行ったという。「東京乾電池」もそんな経緯でレギュラーに抜擢されたのだ。

「毎日毎日新ネタを作るようなもの。これは、正直、大変でした」と高田は振り返る。毎朝、放送作家が選んだニュースをもとに、本番までの数時間でコントを作らなければならない。しかも、スタジオの設営があるので、スタジオ内でのリハーサルはできなかったという。スタジオアルタの狭い会議室のような部屋で稽古をして、本番に臨む。それが月曜から金曜まで連日繰り返された。それにも増してツラいのは観客にまったくウケないことだった。無理もない。他の出演者たちはほとんどがマンザイブームに乗って人気絶頂の芸人たちばかり。対して東京乾電池は無名。観客に目を向けさせるのは簡単なことではなかった。

次第に「もうこれ以上『東京乾電池』を出すのは、逆にかわいそうなんじゃないか」という空気が流れだしたという。だが、横澤は、彼らを使い続けた。

「そうすると、2ヵ月くらい経った時からですかね。だんだんウケるようになってきて、視聴率のグラフを見ても、僕らのコーナーで上がるようになってきた。そういうのがあると励みになりますから。そこからですよね、おぼろげながら、テレビでの手ごたえを感じ始めたのは」

（※42）

10月から始まった『笑ってる場合ですよ！』は、年を越し、成人の日の放送で初めて5％を超えた。やがて、2ケタを超すオバケ番組へとなっていった。

その勢いのまま、同年4月、同じスタッフ、ほぼ同じ出演者で、『オレたちひょうきん族』が誕生する。

フジテレビの時代がやってきたのだ。

4 『ひょうきん族』という「遊び場」

前述の通り8回のお試し特番を経て、同年10月にレギュラー化が決まった『オレたちひょうきん族』の最初の至上命題は、出演者の確保だった。

『ひょうきん族』の最大のライバルはもちろん裏番組であるザ・ドリフターズの『8時だョ！全員集合』であったことは間違いない。だが、裏番組は他局にも当然ある。その中で大きな障壁となったのが日本テレビの『ダントツ笑撃隊!!』だった。この番組は『ひょうきん族』とほぼ同時期、81年10月にスタートするお笑いバラエティ番組。したがって出演者がカブることが予想された。とんねるず、小柳トム、コロッケ、でんでん、アゴ＆キンゾーら『お笑いスター誕生!!』出身者で固められたレギュラー陣を率いる司会に起用されたのはなんと特番時代のは今までの起承転結がハッキリした伝統的な笑いをする芸人たちと、たけしや紳助、さんまたった解釈で取り上げ、新しい価値観を持たせ」（※43）てしまったのだ。プロデューサーの横澤時、「ひょうきん」という言葉は死語に近かった。景山民夫が評すように「昔の言葉を全く違きん者」というフレーズから発想されたのではないかと作家を務めていた高平哲郎は言う。当ひょうきん族』と改変された。東京乾電池のベンガルが芝居の中で使っていた「町中のひょうり、そこから多数決で選ばれた。元々は『我らひょうきん者』という案だったが、『オレたち『ひょうきん族』というタイトルは、横澤の他の番組同様、スタッフたちから無記名で案を募クター、三宅恵介、佐藤義和、荻野繁、永峰明、山縣慎司が務めた。

ディレクターは特番時代と変わらず『笑ってる場合ですよ！』でも起用された5人のディレ

ザ・ぼんちの人気は急速に下火になっていくのだ。

んちは『ひょうきん族』に復帰する。だが、皮肉にも、『ダントツ笑撃隊‼』の司会を選んだ集合』『ひょうきん族』を相手に遠く及ばず、わずか3ヶ月足らずで打ち切り。やがてザ・ぼザ・ぼんちを除く大半の特番レギュラー陣が残留。その結果、『ダントツ笑撃隊‼』は『全員助、明石家さんまの3人は是が非でも確保する必要があった。その必死の交渉が実を結び、これ以上の〝流出〟は許されない。特に特番時代、存在感を放っていたビートたけし、島田紳『ひょうきん族』のメンバーであり、マンザイブーム最大のアイドル、ザ・ぼんちだったのだ。

ちのように、「日常性感覚」のある新しい笑いを作るものたちを総称するような言葉をずっと探していたという(※43)。それが「ひょうきん」だった。そして、それをやる〝軍団〟だから〝族〟を加えたのだ。高田文夫が言うようにこの「オレたち」には、「演者・スタッフ・作家、すべてをひっくるめてのオレたち」(※44)だった。

「当時、ディレクターとタレント、作家の関係が三すくみだったことが良かったんだよ。そのどこかが突出しちゃうと番組のバランスっていうのは崩れるんだけど、実に良かった」(※45)というのはディレクター三宅の弁だ。

一方、「制作者の視点から見ると、『ひょうきん族』は極めて特異な番組」(※20)だったという、番組でADを務めた吉田正樹の証言もある。

なぜなら「8年半も続いたのに、直接的には誰一人として後継者を育てなかった」からだ。のちに『夢で逢えたら』や『ウッチャンナンチャンの誰かがやらねば!』などウッチャンナンチャンと組んでヒット番組を作ることになる吉田の他にも、『めちゃ×2イケてるッ!』の片岡飛鳥や、『ピュア』『バージンロード』『バスストップ』などの人気ドラマのプロデューサーとなった栗原美和子など「『ひょうきん族』出身」のテレビマンは数多くいるが、実はあの番組内でADからディレクターに昇格した人は誰一人いない。番組開始から終了まで、『笑ってる場合ですよ!』からともに汗を流した5人の「ひょうきんディレクターズ」は固定されたのだ。

逆に言えばそれは「育てる」という発想が起こらないほど、ガムシャラで強固な『ひょうきん族』というチームができあがっていたことの裏返しかもしれない。

出演者全体を「ひょうきん族」という〝軍団〟で捉えたという発想は、コンビの解体に繋がった。同じ軍団なのだから、元々のコンビにこだわる必要なんてないのだ。

「『THE MANZAI』があって、マンザイの演者であるツービートとかを日替わりのバラエティにしたのが『笑ってる場合ですよ』。そこから、コンビの枠を外して、一人一人のキャラクターを活かす方向性にしたのが『オレたちひょうきん族』」（※3）と三宅は分析する。

そうして最初に生まれたのが「うなずきトリオ」だった。B&B、ツービート、紳助・竜介3組のツッコミを担っていた島田洋八、ビートきよし、松本竜介の3人がトリオを組んだのだ。

「ふだんはうなずいているだけの3人が組んで漫才をやったらどうなるのか？　という期待感で誕生した」とディレクターに三宅は回想する。「そういう新鮮なユニットが、見る側の期待というか、われわれも演者も楽しめるわけですよね。基本でしょうけど、自分たちがおもしろくないと、見ているほうもおもしろくない。自分たちが楽しめるかってことにこだわって、ものを作っていったように思います」（※3）

この、「自分たちが楽しめること」へのこだわりは徹底されていた。

「この時間帯のメインターゲットである主婦や子供は関係なしに、とにかく自分たちの面白いものが今一番おもしろいんだっていう姿勢だった」（※45）と高平も言う。

「好きなことをやろうということで、テレビの持ついろんなジャンルを詰め込んだんです。じゃあ、ニュースをやろう、歌もやろう、ドラマもやろう、ドキュメンタリーもやろうとか」（三宅）（※3）とそれぞれ担当を決めていった。

佐藤がライヴ担当で「スペシャルマンザイ」やのちに「ひょうきんプロレス」を、荻野が歌担当で「ひょうきんベストテン」を、永峰がニュース担当で「ひょうきんニュース」、山縣が企画もの、三宅がドラマ担当で「タケちゃんマン」を作っていくことになった。

当時のバラエティ番組は1週ごとに担当ディレクターが代わり、それを回していくというのが一般的だった。だが、『ひょうきん族』の場合は、違っていた。5人のディレクターがそれぞれのコーナーを演出し、一番面白いと思う長さに編集したものを持ち寄ってた。だから当然、一時間の放送尺に収まらない。それを一時間にまとめる役割を担っていたのがチーフだった三宅である。

「よくケンカしましたよ。僕が『ひょうきんベストテン』を切っちゃうから」（※45）

「なんでだよ⁉」と「ひょうきんベストテン」を演出した荻野が三宅に食って掛かる。

「そっちのほうがつまんねえじゃねえかよ！」

「タケちゃんマンのほうが面白いから長くするんだ！」

そんな切磋琢磨しあうケンカはしょっちゅうだったという。

「だから、演者も編集で残してもらおうと思って必死になるわけです。たけしさんでもさんまさんでも、『これをやれば絶対にカットできないだろう』とか、そういう真剣勝負でしたから。そこで、カメラマンも音声さんも、演者がそうやって必死にやっているのを撮り損ねちゃいけないと思うわけで、スタジオ内は緊張感ありましたね」（※40）

そうした緊張感は漂っていたが、現場は力の抜けた「楽しい」雰囲気が維持されていた。楽屋はもちろん、本番中でさえ笑い声が響く和やかなムードだったという。

なぜならプロデューサーの横澤が『ひょうきん族』のスタジオは「遊び場」だと宣言したからだ。

「結局、スタジオを遊び場と考えようじゃないか、仕事の場と考えないぞ、ここでみんな遊ぶんだということです。出演者もスタッフもみんなで楽しんでやろうじゃないかという、半ばやけっぱちというか、居直りというか、ふてくされというか、そういうようなことですね」（※13）

その〝居直り〟は、時間がなかった、という悪条件の中で生まれたという。

『ひょうきん族』は水曜日終日を使って収録されていたが、出演者はもうみんな売れっ子。なかなかスケジュールがもらえなかった。

「そこで、ぼくら制作側は考えたんです。どうせ完全なものが作れないなら、いっそ発想を変えようじゃないか。現場で簡単な打ち合わせをして、あとはカメラを回してしまえ、と。ですから、番組の中で、スタッフとタレントが遊んでしまうことにしたわけです」（※46）

従来の番組作りでは、台本の読み合わせから始まり、簡単な動きをつけるドライリハーサル、次にカメラリハーサルをやるのが一般的だ。さらに、ランスルーと呼ばれる通し稽古をやることもある。それからようやく本番になる。だが、そんな時間はない。また、芸人の生理として、何度も同じことをやると、鮮度が落ちてしまうということもあった。だから『ひょうきん族』では、段取りだけを決めていきなりカメラを回した。「面白いということが『本番』の本当の意味だとすれば、それが最善の道だと思ったからだ」（※21）という。逆転の発想だった。だから「さんまが吹いちゃって、しゃべれなくなったり、たけしがオナラをしたりしても、NGとして切らないんです。そのまま出しちゃう。これが、いちばん新しかったと思うんですよ」（※46）

これこそが「テレビというメディアにふさわしい表現方法だったんだ」と横澤は発見したのだ。

同じ発想で会議もやらなかった。

通常、週1回のレギュラー番組ならば、週1回はプロデューサー、ディレクター、作家たちが集まって会議をする。だが、横澤はそれすら排除した。なぜなら「遊び場」だからだ。三宅も会議がなかったことを「いちばん良かった」ことに挙げている。

「もしも会議があったら、その（思いついた）面白さを他のディレクターやプロデューサーに説明しなきゃいけないけど、〝面白さ〟って説明すればするほどモチベーションが下がるんだよね」（※45）

「とりあえず、思いついたらやってみよう、という作りは、あったんですよね。会議をしないで、思いついたおかしそうなことを〝とりあえず、やってみる〟というスタンスでものを作れていた感じがします。思いつきと実行力重視」（※3）

無駄な会議の排除、リハーサルなしの一発本番、NGさえもそのまま活かす演出。そんな「遊び場」という環境づくりが功を奏し、思わぬアドリブを生んだり、アクシデントが笑いに変わり、それがヒットギャグになっていくことも少なくなかった。

そこが『ひょうきん族』のいちばんすごいところだった、と出演者のひとりである島崎俊郎も口を揃える。

「楽屋でのバカ話とか、呑みながらしゃべっていたこととか、毎回そういうところからネタを作っていたんですよね。放送作家やプロデューサーが会議室で額を寄せあって、みたいな作り方はしていない。で、そうやってネタをどんどん試してみて、面白かったらまたやればいいし、面白くなかったらやめればいいだろう、というスタンスなんです」（※39）

島崎俊郎扮する人気キャラクター「アダモちゃん」もそんな風にして生まれた。最初は「アダモちゃん」などという名前はなかった。ただのポリネシアン・ダンサーの役だった。

その役にしても楽屋で世間話をしていた、たけしが言った一言が発端だった。まじまじと島崎の顔を見据えたたけし。

「島崎、お前、よく見るとポリネシアン・ダンサーみたいだな」

それを面白がった三宅は、「じゃあ来週、本当にポリネシアン・ダンサーやろうか？」と「タケちゃんマン」の中に登場させたのだ。島崎はもちろんポリネシアン・ダンスの知識などまったくない。だから、めちゃくちゃなフレーズを叫びながら踊り続けた。

やがて、たけしが舞台から出て行って、島崎ひとりが残された。台本上ではそこで終わりのはずだったが、「OK」の声が一向にかからない。つまり、最後に島崎がなにかおもしろいことをやって締めろということだった。どうしたらいいかわからず、唸りながら、苦し紛れに叫んだ。

「ペイッ‼」

それがアダモちゃんの原型となった。

「俊ちゃん、最高だったよ！　来週もやろう！」

三宅は重責を果たし、疲れ切っている島崎に駆け寄った。

「アダモちゃん」という名前もそうした苦し紛れの絶叫「ア〜ダ〜モ〜ス〜テ〜！」から採ら

れたものだった。

「ホタテマン」はアクシデントが生んだ。「タケちゃんマン」でさんまがヤクザの組長を演じ、その組長よりも強そうな子分役ということでキャスティングされたのが安岡力也だった。「タケちゃんマン」はホラ貝を吹くと飛んでくるという設定。力也は「ホラ貝」というところを、「ホタテ貝」と間違って言ってしまったのだ。当然通常なら「NG」になるシーンである。だが、周りが爆笑。「バカヤロウ、ホタテじゃないよ！」と、みんなに笑われキレるというギャグが偶然生まれた。三宅たちはそこで終わらせない。これを次週に持ち越して「おまえ、まだ先週のことやってんのかよ！」とキレさせた。それをだんだんエスカレートし、遂にはホタテの格好をした「ホタテマン」というキャラクターに落とし込んだのだ。安岡力也扮するホタテマンが歌う内田裕也作曲の「ホタテのロックンロール」は大ヒットした。

レコードデビューといえば、「ひょうきんディレクターズ」として、番組に出演していた三宅、佐藤、永峰、荻野、山縣の5人のディレクターたちも「ひょうきんパラダイス」でデビューを果たした。「あれは番組宣伝の一環だから」と三宅は言う。そもそも「ひょうきんディレクターズ」の出演は収録が深夜まで及ぶことが多かったため、エキストラを待たせるよりも自分たちが出てしまうほうが早いという苦肉の策だった。

「当時はテレビのディレクターが花形職業っぽく思われていたので、実際はこんなバカなこと

をやってるんだという落差を利用して、いろいろやるようになっただけ」(※40)
それが、今では珍しくない「シロートである番組スタッフがテレビ画面に登場する」という前例を作ったのだ。
シロートの名物キャラ「吉田くんのお父さん」はアドリブが生んだヒットキャラクターだ。漫才をうまくなりたいとやすこ・けいこがたけしの扮する教授のもとを訪れるというコントだった。漫才で人を笑わすには動物も笑わせなきゃいけないと用意されたのが、牛だった。だが、たけしはその牛よりも、牛を連れてきたおじさんのほうに目がいった。強烈なキャラクターをしていたのだ。即座にたけしは牛に「吉田くん」という名前をアドリブでつけ、おじさんには「吉田くんのお父さん」という〝名前〟を与えた。そこから、一気に人気キャラクターになっていくのだ。吉田くんのお父さんはその後、「ひょうきんベストテン」にも登場。ジャズシンガーの真梨邑ケイとデュエットをするまでつながっていく。
手応えのあったものは、仮に本来脇役だったものでも、すぐに次も使う。コーナーをまたいでも構わない。そんな柔軟性こそが『ひょうきん族』最大の強みのひとつだった。三宅は言う。
「俺らバラエティのディレクターは、笑いを作るのが仕事じゃねえなってこと。面白いことは作家と演者が考えればいい。ディレクターは、それをどう視聴者に伝えるか、面白いものが撮れたときにそれを次の週にどう伝えていくか、という流れを作るのが仕事なんだ」(※40)
高田文夫は『ひょうきん族』の魅力のひとつをこう分析している。

「現場の勢い一発、そこで面白いとなればどんどん入れていっちゃう乗りのよさ、これがひょうきんの魅力だった」（※44）

キャラクターだけではない。ギャグもそんな風にして生まれることが多かった。

「昨日行った風俗店、とんでもないサービスする店で、『いらっしゃいませ』も言わへんで」

さんまはいつものように出演者たちと、楽屋で下ネタ話に興じていた。

「すぐサービスが始まるねんで。〝いらっしゃいま、ほー〟」

さんまがその風俗嬢の仕草を模して、男の下半身の位置にかがんで口を開くようにすると、楽屋は爆笑に包まれた。彼らがする楽屋話をスタッフは音声やカメラといった技術スタッフも含めよく聞いていたという。時には、ソーッとガンマイクを近づけてタレント同士の雑談を聞いていたという。なぜなら、『ひょうきん族』は、本番一発のアドリブのおもしろさが番組を支えていたからだ。『ひょうきん』の場合、そのアドリブはその直前まで喋っていたタレント同士の雑談から出てくる場合が多かった。だからソーッと聞いていて、どんな展開になるのか予想をつけて」（※12）いたとラサール石井は述懐する。

本番で突然さんまが「いらっしゃいまほ」と言う。

それに爆笑し、それを生かすことができたのは、そうした楽屋話をスタッフも聞いていたからだ。その結果、「いらっしゃいまほ」は流行語になるほどのヒットギャグになった。

「ほとんど下ネタ。〝いらっしゃいまほ〟なんて、子供たちが使うから罪悪感で……」（※47）とさんまは当時を振り返り苦笑いを浮かべた。

内輪ネタも積極的に取り入れた。

さんまの「洗濯女」など女性関係は格好のネタになった。出演者たちの私生活が次々と暴かれ、彼らのテレビでの顔と素顔が地続きになっていった。スタッフもテレビ画面に登場したし、その笑い声もそのまま放送された。いわゆる「スタッフ笑い」である。今でこそ当たり前になったが、当時スタジオでスタッフが声を出すなんていうのはタブーだった。だが、あまりにもおもしろくて思わず声を上げて笑ってしまった音が入った編集前のVTRを見て、佐藤はおばさんたちの「笑い屋」を使うよりも「ああ、これでいいんじゃないか」（※22）と思い、そのまま使った。「スタッフ笑い」の〝発明〟である。これにより、作り手も一緒に楽しんで作っているということも伝える効果も生んだ。そしてそれはスタジオとお茶の間も地続きであるというような錯覚を与えることになった。これまでテレビカメラが撮ってはいけないとされていた、楽屋裏の人間関係や人間模様が映し出されるようになっていったのだ。

それまでのテレビにも「楽屋オチ」のような内輪ネタはなかったわけではない。けれどそれは本来、大衆向けの娯楽としては批判の対象になるものだった。だが、『ひょうきん族』は、そもそも「大衆」に向けて作られてはいなかった。その結果、「内輪ネタ」をエンターテイメントに昇華させることができた。言い換えれば、「内輪」の範囲を広げ、視聴者も「内輪」に取り込んでいったのだ。

番組開始当初から人気だったコーナーが「ひょうきんベストテン」だ。

もちろんこれは、当時絶大な人気を誇っていた『ザ・ベストテン』のパロディである。横澤によると、「『ザ・ベストテン』の権威主義的な匂いを壊すこと」(※3)を目指していたという。だから歌が上手くもなんともない芸人たちに無理やりモノマネをさせて当時のヒット曲を歌わせた。歌うといっても、そのままマイクの前で歌うわけではない。水をかけられたり、粉まみれにされたり、とハチャメチャな演出が加えられた。

当初司会は明石家さんまと黒柳徹子のモノマネをしていた栗山順子が担当していた。栗山順子は福岡に住んでいたOLだった。そのため、特番時代はともかく、毎週のレギュラーでは難しい。そこで考えられたのが、女性アナウンサーの起用だった。そうして、司会は島田紳助と山村美智子アナウンサーに交代となった。山村は劇団で女優経験もあり、やる気満々だったという。しかし、『ひょうきん族』の猛者たちはそんなに甘くはなかった。

進行しようすれば邪魔をされ、後ろからイタズラもされ、果ては首まで絞められる。目の前で全裸になられたり、スカートをめくられたり、セクハラも当たり前だった。

「小学生の頃、スカートめくりとか叩きあいとかやったでしょ。みんながあんなふうになっち

ゃうんです。一度は柱のようなもので頭をバーンバーンと叩かれて、もー、涙が出るくらい痛かった」（※48）

陰で泣いている山村アナに横澤はこうアドバイスした。

「いたずらに負けないで、美智子も、テレビ画面に向かって大声で叫んだらいい。学校でいたずらされた女の子が、教室中に響くような声で言うじゃない。『先生、○○クンがいたずらするんです～！』って」（※21）

すると実際に山村が叫んだ。

「津のお母さ～ん！　助けて～！」

この絶叫が大いに受け、彼女の人気がアイドル化していった。やがて、結婚を機に退社した山村に代わり、寺田理恵子や長野智子が「ひょうきんアナ」の座を引き継いでいく。

「アナウンサーは原稿を読んでいればいい」

そんな常識を大きく覆し、これまでの「女性アナウンサー」とはまったく違う「女子アナ」が誕生したのだ。

このコーナーで一気に人気を獲得したのが片岡鶴太郎だった。

高校卒業後の73年、声帯模写（ものまね）の片岡鶴八師匠に手紙を書いて押しかけ、弟子入り。やがて太田プロの先輩であるビートたけしに可愛がられ『オールナイト』などによく出演するようになっていった。ピン芸人でマンザイブームに乗れなかった鶴太郎にとって『ひょうきん族』への出演は大きなチャンスだった。

「はじまった当初は、まだ自分の役割もよくわからなくて、手探り状態だったんですけど、これでスタートラインに立てたかな、とは思ったんですよね」(※39)

そんな鶴太郎にスタッフから思わぬ申し出があった。

「鶴ちゃん、マッチやって」

当時、人気絶頂だった近藤真彦のモノマネで「ひょうきんベストテン」に出てほしいというのだ。

「来週までにこれおぼえておいて」

と「ギンギラギンにさりげなく」のテープを渡された。今となっては意外だが、それまで鶴太郎は近藤真彦のモノマネなどやったことがなかった。

「だからとりあえず必死におぼえて、それで収録日にスタジオに行ったんです」(※39)

台本を開くとそこにはこう書かれていた。

「マッチ、セットを壊しながら歌い続け、最後に死ぬ」

スタッフに確認する間もなく、本番がやってきた。鶴太郎は必死におぼえた曲を歌っていると、周りでは爆竹がパンパン鳴る。ニワトリが出て飛び回る。もうめちゃくちゃだった。そして、台本通り、鶴太郎扮するマッチは死んだ。スタジオは大爆笑だった。

「きたね、鶴ちゃん！　このチャンス逃しちゃダメだよ」

その回のオンエアの翌週、『笑ってる場合ですよ！』の本番を終えた鶴太郎に横澤が握手を求めにやってきた。ちなみに鶴太郎と横澤には強固な縁がある。じつは鶴太郎が小学5年生で初めてテレビ出演した『しろうと寄席』（フジテレビ）で横澤はADを務めていたのだ。当時、「荻野（鶴太郎の本名）くん、じゃあ、ネタ作ろうか」と一緒にネタ作りもしていた（※49）。

「ひょうきんベストテン」の反響はすごかった。『笑ってる場合ですよ！』のオープニングに出ただけで、「ギャーーー！」とものすごい歓声があがったのだ。当初、別のモノマネを披露する予定だったが、急遽ネタをマッチに変えて「ギンギラギンにさりげなく」を歌った。もちろん、大ウケだった。そうして鶴太郎はブレイクしたのだ。

「全人格を肯定されたような感覚です。やっぱり世の中を見る目は変わりますよ。なにも言わなくても周りが私のことを知ってくださって、肯定してくださるわけですから。有頂天にもなります。気をつけなければならないんですが、昇り調子の最中に自制するのはとても難しいことで。私の場合も無理でした（笑）」（※49）

今ではダチョウ倶楽部のお家芸になっている「熱々おでん」も元々は太田プロの先輩である片岡鶴太郎が『ひょうきん族』で生み出したものだ。

たけしが父、鶴太郎が祖母という設定の冬のお茶の間を舞台にしたコントでのことだった。

「まぁまぁお婆ちゃん、おでんでも食べて」

たけしは小道具であった鍋に目をつけて突然アドリブで言った。フタを開けると、本当におでんがぐつぐつと煮立っていた。

そうなるともう食べないわけにはいかない。鶴太郎は意を決してアツアツのおでんを口に入れた。

「熱～っ‼」

それが「おでん」芸誕生の瞬間だった。

以降、鶴太郎の参加するコントでは毎回のようにおでんが登場するようになっていった。

これがリアクション芸のルーツのひとつであることは間違いないだろう。

鶴太郎同様、この番組で大ブレイクしたのは山田邦子だ。

時事ネタを風刺したニュース番組のパロディコーナー「ひょうきんニュース」の二代目キャスターを明石家さんまとともに務め、「ひょうきん絵描き歌」ではひとりでコーナーを担当していた。

「『ひょうきん族』っていう番組があるんだけど、レギュラーにならない？」

そう横澤に声をかけられたのは、「渡してないギャラがあるから、ちょっと会わない？」と誘われ、フジテレビ近くの商店街でステーキをごちそうになっているときだった。

山田邦子は『TVジョッキー』でデビューすると、次々と他の素人参加番組にも出演し、前述のとおり『笑ってる場合ですよ！』の素人参加コーナー「お笑い君こそスターだ！」に出演していた。さらに81年5月から放送されたドラマ『野々村病院物語』にも看護婦役で出演するという〝素人〟とは言えないような売れっ子ぶりだった。にも関わらず、その当時まだ、事務所に入っておらずフリーだった。

「何にも知らずにテレビに出ていたから、芸能人が事務所に所属するっていうことすら知らなかったのよ」(※26)

だから出演依頼は全部実家の電話にかかってきていたという。

そんな時、スタッフに「事務所入る気ある？」と言われ、〝仕組み〟を説明され、ようやく芸能事務所の存在を知ったのだ。ドラマのプロデューサーの武敬子からは浅井企画を勧められていたが迷っていた。

横澤の誘いはちょうどそんな頃にあった。だから、どこの事務所がいいかと相談したら、「メインのたけしさんが太田プロなんだから、君も太田プロがいい」と言われた。

「20万でどう？」

太田プロの社員からの申し出に「それなら行かない」と突っぱねた。

新人芸人としては好条件のように思えるが、当時、3分のネタで5万程度は貰っていた〝売れっ子〟としては、納得のいくものではなかった。

10分後、すぐに「30万で!」と言われ「それなら……」と渋々了承した。

それでも、事務所に入る前よりも手取りが少なくなってしまったという。

「『ひょうきん族』も最初は軽い気持ちで出てたのよね」(※26)

当時は、「チャンネルの番号は人気の順番」などと言われていた。4チャンネル(日本テレビ)の『TVジョッキー』出演がきっかけで、1チャンネル(NHK)にスカウトされ『ひるのプレゼント』などに出ていた山田邦子にとって、8チャンネル(フジテレビ)は「ペーペーなイメージ」だったのだ。

だが、そんな山田邦子にとっても、回を追うごとに大きくなっていく『ひょうきん族』はもちろん大きなターニングポイントになった。

「とても大きいですね。タレントとしてのノウハウを教えてもらったし、『ひょうきん族』に出ることで知名度もあがったし」(※26)

「あの時はとにかく忙しくて」と山田は述懐する。ようやく苦労しておぼえたものまねも収録した途端、次の課題が用意された。だから「正直、あんまり番組で何やったとか覚えてないのよね」(※26)

彼女は『ひょうきん族』の根幹は「ものまね」だと分析している。

「なんと言っても番組の企画そのものがパロディなんだからね」(※26)

だからこそ、元々芸風そのものがパロディの山田邦子は、数少ない女芸人として『ひょうきん族』の中で存在感を放っていたのだ。

特番時代、「ひょうきんベストテン」とともに番組を引っ張っていたのは前述の「うなずきトリオ」も生まれた「スペシャルマンザイ」だった。うなずきトリオの他は、おさむ、のりお、洋七で組んだ「やかましトリオ」やさんまと太平シローのコンビ「ザ・さんシロー」などが組まれた。さらにビートたけし・北野幹子の「ひょうきん夫婦」と名付けられた〃夫婦漫才〃もあった。それは81年8月29日、特番最終回で放送された。

出て来るなり幹子夫人が「コマネチ」を披露。「何やってるんだ！」とツッコむ中、「林家彦六です」と矢継ぎ早にボケていく。ツービートとは逆で幹子夫人がボケでたけしがツッコミだ。

幹子夫人は元漫才師。大阪でミキ&ミチというコンビで活躍していた。当時大阪では、上沼恵美子がいた姉妹コンビ、海原千里・万里が人気絶頂だった。ミキ&ミチは、このコンビには勝てないと上京。そこで牧伸二らが所属する佐藤事務所に入り、牧伸二司会の『大正テレビ寄席』（NETテレビ）でアシスタントをするようになっていた。

「ツービートさんの漫才が好きなんです」

ツービートが、『大正テレビ寄席』に出演した際に、ミキがたけしに囁いた。

「オレがネタ作ってるんだよ」

とたけしは振り返っている。

あのころのことは、今思い出しても笑っちゃうね」(※14)

「うちに着いてふたりで大笑い。

と凄んで、結局、1日で辞めたという。

「あんた、うちの女房に何するんですか」

しかし、たけしは客が彼女に触るのが許せない。

ミキがホステスをやり、たけしがボーイをやったこともあったという。

金がなくなりゃ自分で仕事さがしてパートタイマーでもスナックでも勤めちゃう」(※14)

「(カミさんは) 貧乏してもグチこぼさないほうでさ。オレとおんなじで貧乏を苦にしない。

解散した。

まだツービートが満足に仕事もない78年に同棲を始め、程なく相方の結婚もあってコンビを

しょんなるはめになっちゃった」(※14)

最初はその程度の軽い気持ちだったのに、結局カミさんのほうがウワテで、つかまっていっ

よし、遊んじゃおう……。

「こりゃオレに気があるのかな。

そんな会話を交わしていた。

「じゃあこんどあたしたちのネタも作ってください」

「なんだテメー、この野郎！　人の女房にちょっかい出すな！」(※21)

横澤彪とビートたけしの出会いはそんな電話口の罵声だったという。

プロダクションのマネージャーから女性漫才師を紹介され、行きつけのバーで飲んでいた。その女性漫才師がミキだった。ひとしきり飲み終わると、帰る方向も同じだったため「送っていってあげるよ」と軽い気持ちで言った。だからミキは「フジテレビのプロデューサーの方に送ってもらうから心配しないで」と家に電話を入れた。すると、たけしは、どうしても代われ、という。そして、横澤が電話口に出ると、べろんべろんに酔っていたたけしは横澤に矢継ぎ早に罵声を浴びせたのだ。横澤にとっては散々な出会いだった。

そんな横澤彪は、ビートたけしをこのように評している。

「ビートたけしの存在そのものが、テレビなんです」(※21)

『ひょうきん族』で最大の人気を誇ったキャラクターのひとつが「タケちゃんマン」だろう。そのキャラクターのテーマは「ダサイ」だった、と横澤は言う。

「『スーパーマン』のどんでん返しを狙ったわけで、たけしが扮するタケちゃんマンは、弱い者には強く出るが、強い者にはまったく歯向かわない。正義の味方どころか、自分さえよければいいという卑怯なアンチヒーロー」(※21)だった。衣装は沢田研二が「ＴＯＫＩＯ」を歌った時のコスチュームを流用。これを提灯ブルマーのように「ダサく」改良した。

「こういうとき、たけしはそのキャラクターである『ダサイ』という意味をサッと呑み込むばかりか、自分をアンチヒーローに思い切りよく落とし込むことができる。人間は誰しも多少の屈折感は持っているが、たけしの場合は、その屈折とか反骨精神をバネにできる、仕事に結びつけられる。ここが勝負なのだ」（※21）

その「タケちゃんマン」の演出を担当したのが三宅だった。

三宅は前述のとおり「ドラマ」担当。特番時代は、紳助の「ゴルゴ17」、さんまの「カメとサラリーマン〜大人の童話より〜」、のりお・よしおの「ザ・シネマ『七人の恋人』」などを撮っていた。そして特番時代、最後の「ドラマ」が「2001年THE・TV」。「売れない芸人がスーパーヒーローになってテレビでもてはやされる」という話だった。ここに「タケちゃんマン」が登場したのだ。

番組がレギュラー化するにあたって、毎回イチから「ドラマ」を作るのは難しい、ということになった。そこでもっとも手応えのあった「タケちゃんマン」をメインにコーナー化することに決めたのだ。当初、タケちゃんマンの相手役の多くは東京乾電池の面々が務めた。そうして、あの「ブラックデビル」が生まれる。このキャラクターの発案は萩本欽一の座付き作家集団「パジャマ党」出身の作家・詩村博史だったという。最初、ブラックデビルは高田純次が演じたというのは有名な話だ。

「この関係性が面白いからもう1回やろうってことになったんだけど、当時は作家が6人いて、次に詩村さんが書く回は6週間後になるんです。そしたら、その6週間後、高田純ちゃんがたまたまおたふく風邪で休んでしまったので、さんまさんにブラックデビル役をお願いして」（※40）

当時、さんまは「ひょうきんニュース」や「ひょうきんベストテン」にも出演していた。もし「タケちゃんマン」にも出演するとなったら、番組の3本柱すべてに出演することになる。

「とても無理でっせ」

さんまは体力的にも時間的にも限界だったため固辞したが、「ごめん、1回だけ！」という声に押されて渋々了承した。

「クアッ！」

全身が黒で、大きな耳と触覚を持つ「悪魔の子」を名乗るブラックデビルの衣装を身にまとったさんまが発した〝鳴き声〟で、スタジオは爆笑した。ブラックデビルに新たな生命が吹き込まれた瞬間だった。

実は、この鳴き声は、松之助のネタをオマージュしたさんまの「仮面ライダー」漫談のネタの一部だった。『仮面ライダー』のショッカー役が来たが、「台詞が『クアッ、クアッ、クアッ！』だけでした」というネタだ。そのショッカーの台詞をブラックデビルの鳴き声に使ったのだ。

「どうせ代役やから、遊びで『クアッ！』っていうのをやったら、スタッフが『面白い！』っ

てなったんですよ」（※50）

タケちゃんマンとブラックデビルの対決はみるみる人気となり、番組を牽引していった。

「たけしさんは8歳も年上の方ですし、どう向かっていけばいいか最初は分からなくて。もちろんマンザイブームの中で会ってはいたんですけど、2人きりでからむのは初めてで。たけしさんは普段ワーワー喋る人じゃないんで、僕がワーワー喋っているのをニコニコしながら聞いてらっしゃる感じで、『俺のことどう思ってはんのかな？』って最初はすごく不安でした。だからもう、とにかくぶつかっていこうと。きっと懐の深い人だから大丈夫だろうと。この人にぶつかって自分の思うことをさせていただこうと。一所懸命やらしていただいたら、たけしさんのほうでうまくリードしていただいたのは覚えてますね」（※40）

とさんまは回想する。

「番組開始当初は、漫才の連中がベースだったから、ピンのさんまちゃんは脇だった。東京のたけしさんと、大阪でコテコテの新喜劇とかをやってたさんまさん、2つの笑いを番組でドッキングして成立したのは、番組にツキがあったからだと思います」（※45）

と三宅は言うように、当初、番組のクレジットでも最後に紹介されたさんまは、次第に〝主役〟の一人となっていき、82年10月以降、たけしと並び、最初にクレジットされるようになっていった。

「テレビ向きのセンスという点では、さんまちゃんは群を抜いている」と横澤は評している。

「動きやアドリブが柔軟なんですネ。そして彼のキャラクターを受けとめてくれる人間がいた場合、さらに磨きがかかる」（※51）

それが『ひょうきん族』でのビートたけしであり、『笑っていいとも！』でさんまと「雑談」[*8]コーナーを受け持ったタモリである。

当時のさんまはたけしやタモリから「どっちの味方なんだ！」と責められる「コバンザメ」的ないじられキャラで人気を博していた。それは大阪時代、若くから先輩芸人の中に放り込まれ、鍛えられたものだった。さんまは当意即妙の受けで笑いを次々に取っていった。

「さんま、お前いくら貰ってるんだ？」

いつものように本番前にバカ話をしているうちに、いつしかたけしとギャラの話になったことがあった。尋ねられたさんまはたけしに給与明細を見せた。

「これ、1日？」

それを見たたけしが驚いて言う。もちろん、1日分ではなく、1月分の明細だった。

「え？」たけしは絶句した。

『ひょうきん族』は吉本興業の芸人のギャラは、吉本全員でいくら、という形で支払われていた。だから、一番後輩のさんまに分配されるギャラは、ほぼすべてのコーナーで主役級の活躍をしているにも関わらず、極めて少ないものだった。

「さんまちゃんにギャラ、あげてあげて」

そんな状態はおかしいと思ったたけしは、そう三宅に進言した。その結果、「構成作家：杉本高文」としてのギャラが別枠で支払われるようになった。

たけしはさんまにこう最大限の賞賛を贈っている。

「TVをやっていて本番中に何人かこいつには負けたと思う奴がいる。その何人かのだいひょうはこいつです」（※18）

マンザイブームで始まった『ひょうきん族』は、やがてマンザイブームの枠を超え、マンザイブームの構造を自ら破壊し、新たなバラエティ番組の形を作りだしたのだ。

その象徴が、マンザイブームのトップを走っていたザ・ぼんちとB&Bの失速と、ビートたけし、島田紳助、明石家さんまの躍進だ。

5　マンザイブームの終焉

82年6月15日。マンザイブームを牽引した『THE MANZAI』が11回目の放送で幕を閉じることになった。

マンザイブームは下火になってきてはいたが、いまだに漫才は各局にとって視聴率の見込めるコンテンツだった。そのブームの象徴である『THE MANZAI』ならなおさらだ。だが、まだ勢いが残っているうちに、終わらせてしまおう、という判断がされたのだ。

もちろん芸人たちにとってもこの番組は特別だった。番組後期からヒップアップの一人として出場した島崎俊郎は『ひょうきん族』との楽屋の雰囲気の違いを証言している。

「『オレたちひょうきん族』の楽屋って笑い声が響いている和やかな雰囲気だったんですけど、反対に『THE MANZAI』の楽屋って誰ひとり会話をしていなくて、ピーンって空気が張り詰めているんですよ。それを見た時、『これだけ面白い人たちが、これだけ本気でやってるんだから、そりゃ面白くなるわけだ』って納得しましたね」(※26)

島田紳助は前述のとおり「世界戦だと思って」3ヶ月に1回の『THE MANZAI』に向け、ネタを研鑽していったように各々のコンビが死力を尽くして番組に挑んでいた。

あのビートたけしでさえ、ナーバスになっていた、と高田文夫は振り返る。

「ナーバスになっちゃって、楽屋から出てこない。リングの上に上がる前のボクサーみたいでさ」

ピリピリしてスタッフは誰も声をかけられなくなるほどの緊張感だった。

「笑いというのがあれほど繊細な神経を持たないと生まれないもんかと思ったもんね。ガラスのような神経だと思ったよ、あのときは」(※32)

そうやって、漫才師たちが神経をすり減らして起こしたマンザイブームが終わろうとしていた。

「ツービートの時代の漫才で一番よくないのは、ネタ先行だったことだよ」(※52)

とたけしは分析する。同様のことは三宅も語っている。

「ネタ勝負の時代っていうのも、芸人さんにとってかわいそうだなとも思いますけどね。ネタやギャグはどうしても飽きられちゃうでしょ。(略)『ひょうきん族』は、細かいネタやギャグもありつつ、基本はキャラクターで見せていくから長続きした」(※45)

やすし・きよし以前の漫才には「芸」があった。けれど、マンザイブーム以後の漫才には「芸」がなくなったというのだ。マンザイブームを経て、『オレたちひょうきん族』に至り、テレビは「演芸」の時代から、「ネタ」の時代をも飛び越え、「テレビ芸」すなわち、「人」そのものを楽しむ「キャラクター」の時代へと突入していく。

「笑いの質」が変わったのだ。そんな時代の変化に敏感に反応し生き残ったのは、マンザイブームの先頭を走った中ではビートたけしと島田紳助だけだった。横澤はこう語っている。

「笑いの質が変わったのはどういうことかといえば、『芸よりもキャラクター』の時代になったということだ。若い人は、芸よりもキャラクターやセンスに共感するのだ。芸にはどうしても正統性といったものや権威の匂いがする。若者たちはそうした匂いをうさん臭いものとして感じてしまう」(※21)

もちろん、『ひょうきん族』以前も芸人たちには「キャラクター」があった。だが、それらの多くは、ネタを前提にした作られた偶像のようなものだった。その本人の本質とかけ離れた「キャラクター」であることが少なくなかった。だが、『ひょうきん族』以降、その芸人の「リアル」な部分を反映した「キャラクター」を見せるようになっていったのだ。さんまも当時、このように分析している。

「リアルなもんがウケるんちゃいますか。（略）私生活からアイデア出して、それをどう脚色していくかが勝負やと思いますよ」（※51）

B&Bもまた、その波に乗れないまま沈んでいった。

B&Bの漫才の「システム」を〝パクった〟島田紳助は「絶対に勝てる」と思ったからパクったのだという。なぜなら、島田洋七には「欠点」があったからだと。

B&Bのネタは今やったとしてもおもしろい。それは普通ではあり得ないほど凄いことだ。まさに「ネタ」の完成度は群を抜いていたのだ。

だが「B&Bを観ると、皆、ネタが面白いと思う。ただ洋七さんが面白いとは思わないんです。これが欠点」（※4）

「キャラクター」の時代へ向かっていったテレビに消耗しきった島田洋七の居場所はなくなっていったのだ。

B&Bはマンザイブーム最盛期にはレギュラー19本。生放送の帯番組を3本掛け持ちしていた。

「『笑ってる場合ですよ!』が1時からあって、その次、翌日の打ち合わせがあるでしょ。それでまた5時からのナマ番組があって8時からもある。それも全部打ち合わせもあるんですよ。しかも他にもレギュラーやゲストで出てる。これはもう、まともな神経なんて保てませんよ」(※38)

そんな状況の中、「もっと新しいギャグが見たい」という際限のない視聴者の要求に応えなければならなかった。マンザイブームの最前線に立っていたB&Bは、それ故に、消耗も激しかった。82年10月には『笑ってる場合ですよ!』が終了。『ひょうきん族』では主役のたけしやさんま、紳助の脇に回ることが多くなった。

ブームが完全に終息した83年、B&Bは解散を発表した。精神的な理由もあり、数年間、洋七は表舞台から姿を消すことになった。

＊　＊

「何しに来やがった!」

たけしは洋七の姿を確認するなり、嬉しそうに悪態をついた。

沖縄の石垣島。たけしはコテージでたった独り、寂しそうに貝殻をボールに見立てゴルフに興じていた。

86年12月9日未明、たけしは『フライデー』編集部にたけし軍団数名を引き連れて〝襲撃〟した。愛人への過剰な取材攻勢に抗議するためだった。いわゆる「フライデー事件」である。

裁判の判決が下るまで、たけしは石垣島に身を寄せていた。

「やっぱり寂しかったんだと思うよ」

当時のことを思い浮かべながら、洋七はたけしの心境をそう慮った。独り時間を持て余していたたけしが知り合いに電話をかけても、実際に石垣島まで何度も足を運んでくれたのは、親友の洋七だけだった。

「優しいんだよ」

洋七の良さを尋ねられたたけしは、そう言って照れくさそうに笑った。

「洋七、刑務所ってどんなところだ?」

「知らん!」

恋人たちが佇むようなボートが浮かぶ港で2人は佇み笑い合っていた。

波打ち際で膝くらいまで海水を受けていた。

やがて夕日が沈んでいった。

2人は、無言でその風景を眺めていた。

仕事のために東京に帰るという洋七に「いつくるんだ？」と名残惜しそうにたけしが訊く。

「また来るよ」

「来週来いよ」

「そんなしょっちゅう来れるか！」

洋七はそう言って石垣島を後にした。

そして、仕事を終えた洋七はすぐに石垣島に戻った。

「朝から待ってたよ、コノヤロウ！」

たけしは親友をそう言って迎えた。

「オレも芸人やめようか……」とふとたけしは漏らした。

「がんばればいいんや。どうにかなる」

オレがどうにかなって、こっちがどうにかならなかった、とたけしはあたかも自嘲するように苦笑いを浮かべた（※53）。

2004年に大ベストセラーとなった島田洋七の『佐賀のがばいばあちゃん』（徳間書店）はたけしの薦めで書かれたことは有名な話だ。

2人で飲んでいるときに話したのがきっかけだった。大笑いしながら涙をこぼしたたけしは、そのエピソードを本にすればいい、と進言したのだ。

それを受けて実は、『佐賀のがばいばあちゃん』は当初、別のタイトルで87年に自費出版されている。

そのタイトルはたけしが付けたものだ。

『振り向けば哀しくもなく』

かつてマンザイブームという現象があった。

それは閉塞したテレビに風穴を開け、ビートたけしや島田紳助といったスターを作り上げ『ひょうきん族』という金字塔を打ちたてた。

その中でB&Bは最前線に立ち、暴風を一身に浴びながら疾走した。

そんな駆け抜けた青春を振り向けば哀しくもなく――。再結成したB&Bは今も劇場で漫才を披露している。

「あいつは大阪出てくるとき、かみさんと2人泣いて出てきたヤツなんだよ。東京で一旗揚げるって言って、かみさんが大阪駅で泣いたっていう。それだけの根性で、子供も背中におぶって出てきて一旗揚げたヤツに向かって『B&Bは落ちた』じゃさ、なに言ってやんでえ」とたけしは吐き捨てた。

「B&Bの最高のとこ見てさ、それでいいんだよ。『B&Bは最高だった』で」(※18)

＊1　80年11月29日に20歳の予備校生が両親を金属バットで殴打し殺害した事件。学歴社会で加熱する受験が引き起こした事件として社会問題となった。

＊2　「海野白太郎」と名乗り、父親は東大出身の大蔵省官吏で兄も銀行に勤めるエリート、つまり金属バット事件を起こした犯人と同じ境遇という設定を語った。正体は高田文夫の後輩作家・小高氏。

＊3　それまでたけしが「ビートたけし」と名乗ったことはなく、単に「たけし」だったという。高田文夫でさえ、この放送のラテ欄を見て初めて「たけし」の芸名が「ビートたけし」だったことを知った、と語っている。

＊4　タモリの上京を促すかのように、ちょうどこの年、75年の3月に福岡—東京間の新幹線が開通した。

＊5　当時のタモリの持ち芸は「四ヶ国麻雀」、「ターザン・シリーズ」「特別教養番組・白磁の伝来」「明日の農作業の時間」「ジャズの変遷」などがあった。それを「恐怖の密室芸」と名付けたのは詩人の奥成達。

＊6　各国の人物がデタラメ外国語で麻雀をする様子を描写したネタ。オリジナル版は天皇も〝臨席〟する。

＊7　1968年から前田武彦を司会に据えて始まったお昼の帯番組。アシスタントにコント55号が起用された。前田、55号双方にとって出世作となった。

＊8　さんまがレギュラーになった84年から「日本一の最低男」「日本一のホラ吹き野郎！」「もう大人なんだから」などと名前だけを変えながら、さんまが降板するまで13年にわたって放送された人気コーナー。

第3章

土8戦争

1968　志村けん、ザ・ドリフターズの付き人に

1969　『8時だョ！全員集合』開始

1974　志村、ドリフターズに正式加入

1975　『欽ちゃんのドンとやってみよう』開始

1981 『オレたちひょうきん族』開始

1985 『全員集合』終了
萩本欽一、休養

1986 『カトちゃんケンちゃんごきげんテレビ』開始

1989 『ひょうきん族』終了
萩本欽一、全てのレギュラー番組が終了

志村けん
18歳〜39歳

いかりや長介
37歳〜58歳

加藤 茶
25歳〜46歳

居作昌果
（TBS）
34歳〜55歳

萩本欽一
27歳〜48歳

常田久仁子
（フジテレビ）
40歳〜61歳

1　月とスッポン

『オレたちひょうきん族』の最大のライバルとなっていたのは、ザ・ドリフターズによる『8時だョ！全員集合』だった。１９６９年にスタートしたこのオバケ番組は、開始から10年以上経っても国民的な人気を誇っていた。『ひょうきん族』にとって高すぎる壁だった。

そんな『8時だョ！全員集合』が始まる1年前の１９６８年2月に時計の針を戻してみたい。

志村はいかりやの自宅を苦労して調べ、新宿から30分トボトボ歩いて、その自宅を訪ねていた。

しかしいかりやは仕事で留守。仕方なく志村は玄関口で12時間待ち続けた。雪の降る寒い日だったという。

ようやく現れたいかりやの顔の迫力に驚きながらも、弟子入りを志願した志村にいかりやは「ボーヤで苦労する気があるのなら」と答えた。「ちょうど辞めそうなのがいるからその時連絡する」と。

志村のもとに連絡が入ったのはそれからわずか1週間後のことだった。

後楽園ホールに呼び出された志村は新しいボーヤとしてメンバーに紹介された。

まだ高校の卒業を控えていた志村は「4月からやらせていただきます」と言うと、「バカヤロウ、明日からだ！」とさっそくいかりやの雷を浴びたのだ。

志村けんが芸人を志したひとつの要因は父親への反発だった。

志村の父は小学校の教頭を務め、柔道5段で堅く封建的で厳格だった。だから家庭内で志村は笑いに飢えていた。

そしてそんな父親を見て、毎日決まった時間に職場に行って帰ってきて、同じような生活をするのは耐えられないと思っていたという。

そうして「人を笑わせる仕事につきたい」と思うようになった中学の頃、父親は交通事故に遭い、その後遺症で痴呆が始まってしまった。

「あの頃のオヤジは、校長の試験を受けるといって、学校から帰ったらすぐに自分の書斎にこもってた。でも、だんだん記憶がおかしくなってイライラしてきて、そのうち僕のことも誰だかわからなくなってきた。（略）『どちらさんですか』っていうのと、もう飯を食ったのに『飯はまだかい』っていうのと、それしか言わなくなってきて、みんながあまり近寄らなくなると、今度はおふくろに乱暴するようになった」(※54)

そんな症状だったから志村が「ドリフターズの付き人になる」と言っても父親は反対をしなかった。

ちなみに志村の本名は志村康徳。芸名である志村けんは父親の本名「志村憲司」からとったものである。そしてのちに彼の代名詞となる「変なおじさん」はボケ始めた頃の父親がモデルだという。

そんな志村が新しい〝親〟として選んだのがいかりや長介だったのだ。

『全員集合』開始前の土曜8時はフジテレビの『コント55号の世界は笑う』（フジテレビ）が視聴率30％を超える人気を誇っていた。そんな状況で新番組作りを任されたTBSプロデューサーの居作昌果はハプニングとアドリブの笑いを得意とするコント55号の笑いに対抗して、時間をかけて徹底的に作り上げた笑いを作ろうと考え、設定ごとに徹底的にギャグを考えるのが好きないかりや長介が率いるザ・ドリフターズをその主役に選んだのだ。

しかし当時のコント55号とドリフは因縁浅からぬ関係だった。終了したドリフの番組（『進め！ドリフターズ』『突撃！ドリフターズ』など）の後番組はことごとくコント55号が務め、成功を収めていた。明らかに勢いはコント55号にあった。

だから当初、いかりやをはじめドリフのメンバーはコント55号の裏番組を始めることに難色を示していた。

はじめから失敗することばかりを考えるいかりやに居作は思わず言ってしまう。

「たしかに55号とドリフじゃあ、今は、月とスッポンかも知れない。だけどスッポンが月に勝

てないと決まってるわけじゃない」（※55）

そんな言葉に奮起したのか、いかりやは『全員集合』の開始を決意する。世に言う「土8戦争」の始まりである。これは同時に、芸人同士が〝真剣〟で斬り合って争う「お笑い戦国時代」の幕開けを告げるものでもあった。

この番組開始から程なくして志村は一度ドリフのボーヤから〝脱走〟した。居作によれば芸人を志したのにいっこうにお笑いをさせてもらえない状況に「あせり始めた血気盛んな志村」が「ボーヤ仲間を誘ってドリフターズを離れ、旗揚げしようと考えた」（※55）行動だったという。しかし、誘った仲間のボーヤが裏切りついて来なかった。結果、その後1年間、サラリーマンやバーテンなど職を転々とすることになった。

しかし、志村本人から言わせるとやや事情が違う。

高校を出てすぐに付き人になったから、世の中のことを何も知らないことに対する不安があった、のだという。当時のコメディアンは、みんな職を転々として苦労しているという話を耳にしていた志村は自分も「1年間他の仕事をやってみたい」といかりやに申し出る。しかしいかりやは「必要ない」と相手にしない。だから別の付き人に「1年で帰ってくるから」と言い残し、一旦ドリフの付き人から〝家出〟した。

約束通り1年で戻ろうとしたら「志村は逃げた」ということになっていたため、信頼していた加藤茶に頼み口利きをしてもらいドリフの付き人に復帰。そのまま加藤のもとで居候生活を始める。

志村がいなかった1年間でドリフと『全員集合』は大ブレイク。同番組は視聴率で『世界は笑う』を抜き、コンスタントに30～40％を記録するまでになっていた。特に加藤茶の人気はものすごく「1、2、3、4、やったぜ加トちゃん！」「ウンコチンチン」「チョットだけョ」などのギャグが次々と流行していった。

この成功をいかりやは「ドリフの笑いの成功は、ギャグが独創的であったわけでもなんでもなくて、このメンバーの位置関係をつくったことにあると思う」と冷静に振り返っている。「私（いかりや）という強い『権力者』がいて、残り4人が弱者で、私に対してそれぞれ不満を持っている、という人間関係での笑いだ。嫌われ者の私、反抗的な荒井、私に怒られまいとピリピリする加藤、ボーッとしている高木、何を考えているんだかワカンナイ仲本。メンバー5人のこの位置関係を作り上げたら、あとのネタ作りは楽になった」（※56）

居作も同様に「荒井注がいた時代は、加藤茶が主役ではあったが、加藤のひとり舞台というコントはなかった。5人のアンサンブルの中で、加藤が笑いを取るという形だった」と分析している。

しかし、ドリフ絶頂の1973年、荒井注が「体力の限界」を理由に引退を申し出る。いかりややスタッフらが必死で説得するが決意は固く、翌年3月まで引退時期を延ばすのがやっとだった。

困ったいかりやが荒井の代役として白羽の矢を立てたのが志村けんだった。

当時志村はボーヤ仲間とマック・ボンボンというコンビでドリフの前座をしていたのが認められテレビにレギュラー出演もしていた。しかし、ネタの数も乏しかった彼らは出番をどんどん削られ、失意の相方が蒸発。志村は二代目の相方を同じくボーヤの中から選びマック・ボンボンを続けたが、やる気があるかないか分からない相方に翻弄された挙句、解散したばかりだった。

志村は73年12月から「見習い・志村けん」として『全員集合』に出演を始め、74年3月、荒井注の引退に伴って、ドリフターズに正式に加入した。

しかしドリフの笑いはいかりやが分析するように「メンバーの個性に拠りかかった位置関係の笑いだから、荒井の位置に志村けんを入れたからといって、そのままの形で続行できるものではなかった」（※56）。

その結果、志村は加入から2年近くにわたって苦しむことになる。当時を志村はこう述懐している。

「お客が身を乗り出して見てたのに、僕が出たとたんにサーッと引いて、シーンとなる。それが手にとるようにわかるから、つらかった。どうしても荒井さんと比べられるから、何をやってもダメで、悲惨だった。とんねるずの石橋貴明も、あのころ公開収録を見に来て、『つまんないよ、あの髪の長いやつ』って言ったそうだから」(※54)

それと呼応するように『全員集合』の視聴率も徐々に低迷(もちろんそれでも高視聴率だが)していった。それに追い打ちをかけるようにフジテレビで『欽ちゃんのドンとやってみよう!』がスタート。遂に視聴率で抜かれるようにもなった。

2 コント55号の敵討ち

「いかりや長介と萩本欽一を引きずり下ろすことしか考えてなかった」

ビートたけしは、自らの若手時代を振り返り、そんなセンセーショナルな言葉を口にした。

「萩本さん大好きだよ。ドリフも好きだよ。だけど出て行くためには、この2人の牙城を崩さない限り、『ひょうきん族』なんかありえねぇと思うから。あと萩本さんが、コント55号大好きだったんだけど、〝いい人〟になってきたじゃない。あれはお笑いにとっては、〝いい人〟は嫌だってなって、俺の性に合わないということがあって。それがもし萩本さんの番組がずっと続くようだったら、これお笑いの危機だと思ったわけ、俺にとってのね、自分の危機だから。

それの反目の俺は悪いことばっかりしてるから、そっちの時代が永久に来ないぞっていうから。あとドリフも子どもたちに生で、『〇〇すんなよ』、とかするじゃん。もうもっと毒のあることができなくなると思ったから、この2チームはどうにかしたいと思った」（※57）

80年代前半、萩本欽一は数々の冠番組を抱え、ファミリー層から支持を集め、「視聴率100％男」などと言われていた。いかりや長介率いるザ・ドリフターズもまた『8時だョ！全員集合』が「オバケ番組」などと言われ、子どもたちから絶大な人気を誇っていた。「毒」を武器に若者のカリスマになりつつあったたけしにとって、お笑いが家族のもの、あるいは子どものものになってしまうわけにはいかなかった。だから、「引きずり下ろす」しかなかったのだ。

また萩本欽一についてはこうも語っている。

「俺は萩本さんは認めてんだよ。（コント）55号ですごいんだから。坂上さんのリアクションがすごくておもしろくて、これほどおもしろい人はいないと思って認めてる。だけどいつの間にか〝いい人〟になり始めたんだよ。お笑いってのは毒なんだから。（略）だから萩本さんはいい時代もあるけど、いつの間にかテレビのお笑いで、すごいファミリーなアットホームな雰囲気で笑いをとりだしたことに、イラついたんだよ。違う、絶対っていうか、萩本さんのやり方はおかしい、つって。いい人になりすぎてる」（※58）

そう、たけしはかつての萩本欽一、すなわちコント55号に最大限の評価を捧げているのだ。

また別のインタビューでも「やっぱりコント55号はテレビで見たよ。出てきたときは面白くてしょうがなかったなあ。（略）55号をやっていたときは、坂上二郎さんをイジメまくってたのがかなり面白かったな」（※59）とも語っている。

前述のとおり、彼がフランス座に入ることになるのもコント55号が出た劇場だということが少なからず影響していたほどなのだ。

「ごめんなさい！　ごめんなさい！」

まだ中学生だった萩本欽一の目の前で母親が土下座して何度も何度も床に頭をつけていた。彼女の目線の先には借金取りがいた。父親が作った借金だった。

萩本は涙が止まらなくなった。なんだか無性に泣けて「母ちゃんをこの姿から解放してあげたい」（※60）と強く心に刻んだ。

「お金もちになりたい！」（※61）

その日から、萩本の頭にはそのことばかりが支配した。「借金をぜんぶ返して、30歳で大きな家を建てたい」（※61）。それが中学3年生の萩本の〝夢〟になった。

その手段として選んだのが「コメディアン」だった。

大金を稼げる職業として浮かんだのが、野球選手とヤクザと映画スター。いずれも自分にはなれないと思った萩本は映画俳優ならなれるかも、と思った。伴淳三郎や花菱アチャコなど脇役ながらおもしろいことをやって存在感を示している「コメディアン」だ。近所にあった森繁久彌の自宅に行くと、大きな豪邸だった。それを見て、コメディアンは金を稼げると萩本は確信した。目指す道が決まったのだ。

「あのなあ、コメディアンをこれまでたくさん見てきたけど、早いやつなら一週間もするとコメディアンらしい雰囲気を見せるんだよ。遅いやつでも一ヶ月やってれば、ああ～こいつにもコメディアンらしい笑いのセンスがあるな、と思わせるようになる。珍しいよ、お前は。3ヶ月経っても、コメディアンの気配も漂わないもんな。やめるんなら早いほうがいい。はっきり言ってお前はコメディアンに向かないと思う」(※61)

高校を卒業した萩本は浅草のストリップ劇場・東洋劇場に入団したが、一向に上達せず、演出の緑川史郎は彼に最後通告を下した。萩本も自分がまったく上達しないことに悩んでいたため、納得し、師匠である池信一に辞めることを伝えると、池は緑川に「あいつをやめさせないでくれ」と掛け合い、それを止めた。

萩本の「はい！」という気持ちいい返事を気に入っていたのだ。

「この世界で大事なのは、うまいとかへたじゃない」と緑川は萩本に言った。「お前のようなドンケツを、劇場のトップが『やめさせないでくれ！』って言ってきた。こういうのが芸の世界では大事なんだ。あいつを応援したい、助けたいって師匠に思わせたんだから、お前、きっと一人前になるよ。一人でも応援してくれる人がいたらやめるな。生涯やめるんじゃない

ぞ！」（※61）

東洋劇場入団から5ヶ月ほどが経った頃、萩本の家族は、「一家解散」を決めた。父親の住んでいた家の火事がきっかけだった。父はいったん次兄の家に身を寄せたが、次兄にばかり負担がかかっている状況からそれぞれが自立し独立するということに決まったのだ。萩本は、家族の連絡先を誰一人聞かなかった。

家族のためにコメディアンを目指した萩本だったが、まだデビューもままならない状況なのに、その家族がなくなってしまったのだ。だからといってコメディアンの夢を諦めるわけにはいかなかった。池を始め仲間たちに支えられていたのだ。その恩を返すためには自分が一人前にならなければならない。東洋劇場近くに下宿することになった萩本は、コメディアンの道に邁進することになった。

池信一は東八郎と石田映二の3人で「丁稚トリオ」を組んでおり、彼らが東洋劇場の看板だった。萩本に大きな転機が訪れる。なんと、萩本欽一はこの3人に加わる形で「丁稚フォー」の一員になったのだ。一流の先輩たちを間近で見ることで一気に萩本の芸は上達していった。

やがて、池が東洋劇場を去ると、萩本の面倒を東八郎が見るようになった。

「コント55号で僕がやってたツッコミ、あれを覚えたのも東さんのおかげなんです」（※61）というように萩本は、東のツッコミをコピーしていった。後に「欽ちゃん走り」と呼ばれる萩本の代名詞も元々は東の動きを〝パクった〟ものだった。

萩本欽一は22歳になると自らの劇団「浅草新喜劇」を旗揚げした。これは22歳で劇団を作った榎本健一[*1]を模したものだった。それがきっかけになり、テレビから声がかかった。TBSでドラマのエキストラなどをやるようになったのだ。遂に夢へと一歩近づいた。萩本はそう思った。しかし、スタッフの対応は冷たかった。それはそうだ。名も無きエキストラのことなど丁寧に扱っていられない。収録してもカットされてしまうことも少なくなかった。

そして、有名なNG事件が起こる。歌番組の公開放送での生CMで、19回連続のNGをしてしまうのだ。

失意の萩本は追われるように浅草に帰っていった。

「麻雀でもやんない？」

約2ヶ月間熱海のホテルで専属のコメディアンとして舞台に立った後、浅草に帰った日に坂上二郎から電話を受けた。

坂上二郎と萩本欽一が出会ったのは浅草フランス座だった。東洋劇場と浅草フランス座は同じ建物の別フロアにあった。芸人の間ではフランス座のほうが格上という認識がひろがっていた。東洋劇場から〝昇格〟する形で主役待遇でフランス座に迎えられた萩本に対し、先輩でリーダー格だった坂上二郎。お互いがライバル意識むき出しの緊張関係にあった。だが、その日はなぜか坂上が萩本を麻雀に誘ったのだ。

萩本は熱海での2ヶ月の間に新ネタの構想を固めていた。麻雀の最中、それを坂上に話すと、そのネタは一人でやるよりかは2人でやるほうがいい、自分が相手をやろうか、と坂上は提案した。「なにがあってもこの人だけとは組みたくない」(※61)と思っていた相手だったが、確かにそのネタは2人でやったほうがウケるのは明らかだった。

それがのちにコント55号の代表作と呼ばれるコント「机」[*2]だった。

その瞬間、コント55号が誕生した。1966年のことだった。2年前、王貞治が55本ホームランを打ったのがコンビ名の由来だ。

コント55号は結成後まもなく一気に駆け上がっていった。

すぐにテレビからもお呼びがかかった。68年に放送された『大正テレビ寄席』である。舞台には真ん中にマイクが一本立ち、その周りにガムテープで印がついていた。

「ここからでるとテレビ画面に入らないからな」

そう説明を受けたが、コント55号は舞台狭しと動きまわるのが特徴。テレビの決まり事はまっぴらだった。

「二郎さん、やっぱりテレビってやだ、今日は会場のお客さんにだけ楽しんでもらえばいいよね。印からはみだしちゃおう」

「いいねえ、欽ちゃん、それ最高！　テレビに敵討ちだ！」（※61）

怒られるのを覚悟で暴れまわった2人だったが、反応はまったく別のものだった。再び『大正テレビ寄席』に呼ばれると、今度はテレビカメラが必死に2人の動きを追うようになった。定点カメラが当たり前という演芸番組の常識を変えたのだ。そうして瞬く間にコント55号は時代の寵児になっていった。

コント55号が規格外だったのは激しい動きだけではない。なんと彼らは「同じネタを二度使わない」と宣言したのだ。

当時は、芸は何度も繰り返し行うことで洗練させるのが常識だった。その芸人観すら破壊してしまったのだ。実際に、68年に始まった帯番組『お昼のゴールデンショー』にレギュラー出演していたが、ほとんどが新ネタだったという。現在から見てもあまりに驚異的なことだ。

それを実現できた要因は、2人の天才性はもちろんだが、コント55号のネタのシステムにある。彼らのネタの台本は、登場人物の設定とシチュエーションのみのものがほとんどだったという。いわばすべてアドリブだったのだ。なぜそんなことができたのだろうか。それは2人が「浅草芸人」だったからだ。

「コントには天丼、仁丹、丸三角と呼ばれる基本形があるのね。浅草の芸人はみんなそれを知ってるから、演出家が本番前に『お前とお前、今日は天丼でやれ。衣装は出してあげるから』

と言えばそれでいいわけ。そう言われたコメディアンたちは役割と設定を決めて、アドリブで笑いをとる。コント55号もほとんどは天丼と丸三角の応用だったね」（※62）

コント55号が新しかったのは動きやシステムだけではない。その内容も革新的だった。従来の漫才やコントでは、いわゆる与太郎的なボケが登場し、それを常識的なツッコミが正しく訂正することで笑いを生んできた。この形は現在もほとんどのコンビで継承される基本的なものだ。しかし、コント55号のコントは違っていた。

ボケである坂上二郎が常識人で善良な市民、ツッコミである萩本欽一のほうが変人で言いがかりに近い偏執的ツッコミを浴びせ続けるのだ。そうして繰り返しツッコまれることで本来正常だったはずの坂上が、無理やり常軌を逸した行動に出るように仕向けるのだ。異常が正常を凌駕し、すべてが異常の世界へと変わってしまう。

「コント55号のコントにあるのは、2人の決定的な対立であり、断絶である。正気の世界にいる坂上二郎のところに、狂気の世界からきた萩本欽一が現れて、徹底的に小突きまわす。それは、とうてい、マスコミが名づけたような〈アクション漫才〉というようなものではなく、イヨネスコ的世界であり、その狂気は主として萩本の内部から発していた」（※63）と小林信彦は評している。

まさに不条理劇。コント55号は数々の常識をぶち壊したパンクなコンビだったのだ。

そんな55号にポップな要素を加えていったのが、『お昼のゴールデンショー』の常田久仁子だった。萩本が「テレビ界のおっかさん」と慕う名物プロデューサーだ。常田は文化放送からフジテレビの社会教養部に移りバラエティ担当になった。当時、フジテレビは「報道」、「歌番組」、「ドラマ」の順で地位が高く、「演芸」はずっと下の立場だった。事実上の「左遷」だと常田は考えていた。けれど、常田はそんな状況にも腐らず、「女親分」然として男ばかりのスタッフを仕切っていた。

「あんたたち、もっときれいな服着なさい！」

男の客ばかりの当時の舞台と違って、テレビの視聴者は女性中心。「女はね、いくらコントがおもしろくても、汚いかっこしてると見てくれないわよ」というのだ(※61)。萩本にとってそれは目からうろこの発想だった。常田の萩本への指導は言葉遣いにも及んだ。浅草の劇場出身ということもあり、荒々しい口調だった萩本に「ていねいな言葉をつかわないと、女の人に嫌われるわよ」とそれを改めるように助言したのだ。

萩本独特の「～なのよお」などという女性的な柔らかいツッコミは、常田によって作り出されていったのだ。

パンクな芸風とポップな風貌と口調。それにより男性からも女性からも支持を受け人気を獲得したコント55号はその勢いのまま、68年に「土8」枠で『コント55号の世界は笑う』が開始。高視聴率を叩きだし、それまで歌番組やドラマしかなかった時間帯を一変させた。

コント55号はテレビで引っ張りだこになった。

ようやく母を迎えにいける。大きな家を建て母を楽にしてあげられることができる。母親の消息を掴んだ萩本は「良かったね!」「頑張ったね!」とやっと褒めてもらえると思った。

「母ちゃん、俺やったよ!」

10年ぶりの再会を喜ぶ萩本に母親は言った。

「昼間帰ってくるんじゃありません! 夜帰ってらっしゃい!」

その言葉の意味が分からない萩本に追い打ちをかけるように、母は言った。

「近所にバレたらどうするの!」(※60)

その言葉は忘れられない、と萩本は言う。

当時はまだ「芸人」が蔑称でもあった時代。母親は萩本をお金のために「恥ずかしい職業」に就いた息子と見ていたのだ。

彼が母に認められるのはそれから20年余り、長野オリンピックの司会を務める時まで待たねばならなかった。

萩本欽一が〝大衆〟に魂を捧げるように「いい人」になったのは、母親に認めてもらうためだったのか、それとも見返すためだったのか。

彼はコント55号を実質的に解消し、ピンでの司会業にシフトしていくのだった。

「同じ屋根の下にいても、スターと君たちとは住む世界が違う。俺から5メートル離れてろ。歩くときも真ん中は通るなよ。お前たちはゴキブリと同じなんだから。はじっこで向こう向いて座ってろ。スターに視線を向けるな。それが芸能界のしきたりだから」(※61)

萩本は自らのもとに集まった作家志望者たちを前にそんな理不尽な宣言をした。コント55号を事実上解消した萩本は、ピンで『スター誕生!』などの司会業などに活躍の場を広げていった。そんな中、今度は自らの名前を冠した番組を作りたいという野望が芽生えてきた。それまでコメディアン個人の名前をつけた番組は日本にはなかったのだ。そのための準備として萩本は自分のブレーンとなる放送作家を育てることを思いつく。

「君、大学どこ？　早稲田？　いいねえ〜、うちにきて放送作家にならない？　作家は儲かるよ〜」

などと声をかけ、最初にその一員となったのが大岩賞介だった。その後、『THE MANZAI』でメイン作家として大きな役割を果たすことになった男である。大岩は『シャボン玉ホリデー』などを手がけた放送作家の第一人者である、はかま満緒の運転手をしていたことがきっかけになりラジオ台本などを書き始めていた。やがてはかま満緒門下で、萩本の座付き作家をしていた岩城未知男に出会った。その縁で、萩本に声をかけられたのだ。
そんな風にして集めた作家見習いたちと萩本は寝食をともにした。具体的な作家のノウハウを教えることはできないから、コメディアンの生活を身近で見せるという方法で教育するようにしたのだ。だから合宿制[*3]にした。みんながパジャマだけを持って萩本宅に集まったので、「パジャマ党」と名付けられた。

パジャマ党結成から約5年。萩本はいよいよ動き出した。パジャマ党を連れてニッポン放送に向かったのだ。
「うちの作家たちはまだな〜んにも知らないんで、本の書き方から教えてほしいんだよね。一つのことをずっとやる企画じゃなく、毎週いろんなことをやる構成がいいな。その代わり僕はいっさい口をださないで、ディレクターに言われた通りやるから」(※61)
それが72年4月から始まった『どちら様も欽ちゃんです』(ニッポン放送)だ。そしてその中の人気企画が単独の番組へと成長したのが、同年10月からの『欽ちゃんのドンといってみよう!』(ニッポン放送)だった。
「ハガキ職人」という言葉を生み出した(※62)ほどのこの番組企画に萩本は手応えを掴んでいた。その台本の表紙だけをポケットに入れ常に持ち歩き、「ぜったいにこれをテレビにする」と意気込んでいた。

駆け込んだのはやはり萩本をテレビで最初に見出した常田久仁子のもとだった。

「投稿はがきを読む番組をテレビでやりたいんです」

萩本の申し出に常田は「いいよ！　特別番組の枠で放送してあげる」と快諾するとディレクターの竹島達修に言った。

「タケ、あとは任せたよ」

竹島は唖然とした。正直言って、「テレビではキツい企画だ」(※62)と思ったからだ。はがきの投稿を映像にするのはどうしたらいいのか、竹島たちディレクター陣は「七転八倒してアイデアを捻り出した」という。こうして生まれたのが74年9月21日に放送された『欽ちゃんのドンといってみよう！　ドバドバ60分‼』だった。その苦労のかいなく視聴率は一桁だったが、萩本は確実に手応えを掴んだ。そこで、萩本はレギュラー化に向けて動き出す。最初は日本テレビに話を持ち込んだ。だが、その話を聞きつけた常田が当然激怒した。

「とんでもないやつだ！　私がフジでレギュラー番組にするから、よその局へもってくんじゃない！」(※61)

その結果、『萩本欽一ショー・欽ちゃんのドンとやってみよう！』(フジテレビ)がスタートするのだ。ついに日本のテレビ史上初めて、コメディアンの個人名を冠した番組が始まったのだ。それも「萩本欽一」と「欽ちゃん」、二重で入るというオマケつきだった。

実は当初は特番と同じく60分番組になる予定だった。土曜8時からの1時間。それは隆盛を極める『全員集合』と真っ向から戦うことを意味していた。

「ドリフと戦うのは嫌だ」

萩本はフジテレビ側に言ったという（※64）。元々ドリフターズとは仲間意識があった。ずっと同じ舞台で「がんばろう」と言い合った仲だったのだ。一緒に遊んでいた「友だち」でもあった。だから、萩本は番組を30分伸ばすことはできないかと申し出た。『全員集合』と戦うのではなく、大橋巨泉が司会していた『お笑い頭の体操』（ＴＢＳ）と戦っているという意識で番組をやりたかったのだ（※64）。

こうして、『欽ちゃんのドンとやってみよう！』は1975年4月5日、土曜夜7時30分からスタートする。

もちろん、萩本のこうした意識とは裏腹に、世間はドリフvs萩本欽一の「第2次土8戦争」と囃し立てた。初回視聴率は17％と予想を上回る高視聴率を獲得。

「よ〜し、こうなったら『全員集合』に勝つ！」（※61）

萩本の意識も変わった。『欽ドン！』が始まる前年、萩本は胆石の手術で入院した。それまで多忙でまともにテレビを見れていなかったが、初めてじっくり『全員集合』を見た。そのとき、どうして『世界は笑う』が『全員集合』に負けたのが分かった。

「いかりや長介さんたちはさ、1週間、たっぷりと番組の企画を考え、きちんとリハーサルをして本番にのぞむのね。だからおもしろいの」―（※65）

だが、『世界は笑う』のとき、番組のプランを2〜3時間程度しか考えていなかった。それでは勝てるわけがないのだ。だから、今度は自らの〝頭脳〟となるパジャマ党を総動員し、番組を丹念に作り上げた。

そしてわずか半年で『欽ドン！』は『全員集合』の視聴率を抜き去ったのだ。

「勝ちましたよ！」

フジテレビの担当者から電話を受けた萩本は言葉が出なかった。出てきたのは涙だけだった（※65）。

「坂上二郎は芸達者だし、歌もうたえる。でも萩本欽一にはなにもない。萩本はダメだろう」

コント55号コンビ解消当時、萩本に聞こえてくる評価の大部分はそんな声だったという（※65）。そんな声を払拭し、萩本欽一はテレビの王様になったのだ。

4　志村けんの覚醒

加藤茶はコント55号を「本当のライバルだった。55号がホームラン打てば、こっちもホームラン打つ。コント55号という良いライバルがいたのでドリフも頑張れた」と絶賛していた。そして、コント55号が事実上解消され萩本欽一がひとりで活動し始めたのも「嬉しかった」と言う。「やっぱり欽ちゃんたちがやってくれないと俺たちも燃えないよなって。だから欽ちゃん

がいなかったらドリフもそんなに頑張らなかったんじゃないかな」（※66）

『欽ドン！』に追い詰められたドリフの窮地を救ったのは、志村けんだった。

苦戦の続いたドリフは1975年夏に「夏休み」と称して1ヶ月半活動停止をし、メンバーで合宿を敢行。リフレッシュの末、やがて志村が認知され、「笑いに関しては素人の集まりでしかなかったドリフだったが、今思えば、この志村だけが、本格的なコメディアンの才能をそなえていたのかもしれない」（※56）といかりやが評する志村の才能がいよいよ開花し始める。

1976年3月、ちょうど志村がドリフに正式加入して2年が経とうとしていた。「東村山音頭」[*4]の誕生である。

これをきっかけに志村の快進撃が始まった。「ディスコ婆ちゃん」「ヒゲダンス」「カラスの勝手でしょ」などを次々とヒットさせ、ドリフは再び息を吹き返したのだ。〝後輩〟にエースの座を脅かされた加藤は「ずいぶん刺激された」と言う。けれどそれが嫉妬などには向かわなかった。

「志村の人気が出てきて、そんとき『どーなのよ？』って人に聞かれたことあったけど、僕は凄い楽だったのね。ドリフが変わる、また面白くなるって言われるのがウレシイんだ。志村がウケるってことは、ドリフターズが面白いって言ってもらえるのと同じだから」（※67）

しかし一方で、この志村のブレイクは、ドリフの笑いそのものを大きく変えることになった。

前述のとおりこれまでメンバーの「関係性」で笑いを作っていたドリフが、個性と動きで笑わせる志村が主役のキャラクターコントに変わっていった。

「コント全篇が志村けんのひとり舞台」となり、その中でギャグが展開されていた、と居作は分析する。

「荒井が抜けたとき、ドリフの笑いの前半は終わったという気がする」といかりやは述懐する。「志村加入以後は、人間関係上のコントというより、ギャグの連発、ギャグの串刺しになっていった」(※56)。

そしてこの志村のブレイクはメンバー間の人間関係にも微妙な変化をもたらしてしまった。ボーヤあがりだったため「おい、志村」などと呼ばれていた志村が、「けんちゃん」「志村くん」と呼び名が変わり、やがて「志村さん」と呼ばれていく。

お笑い芸人として成長し、芸人としての自我と自信を持ち始めた志村と、いかりやとの間に笑いのギャップが生まれるようになってきた。今まで、言われたとおりにやってきた志村が、子どもが思春期に親に反抗するように、いかりやの意見に背くようになっていった。

そして遂に決定的な決断が下される。1984年頃だったという。

フジテレビの『オレたちひょうきん族』が、『全員集合』の視聴率を追い越し始めていた頃だった。

いかりやが「俺はもう疲れた」「まかせるから、そっちで何とかやってくれないか」と告げたのだという。

それを受け居作は、毎週木曜日に行われていた会議からいかりやを休ませることにしたのだ。他のメンバーも異存はなかった。しかし、仲本工事だけは「絶対モメると思うよ」「長さんって、そういう人だから」と、反対した。

その不安は的中する。

「疲れた」と口にするのはいかりやの口癖のようなものだった。疲れているのは分っている、けど、頼れるのは貴方だけだ、そう言われてまた奮起する。それがいかりやにとっては心の拠り所だったのだ。しかし、この時は、額面通りに受け取られ、「休め」と言われてしまう。今まで子どものように自分を頼ってきていたメンバーやスタッフから〝肩たたき〟にあった。いかりやはそう感じたのだ。

「わかったよ。みんな、俺がいらないって言うんだな」

以降、ドリフのコントは加藤茶と志村けんが中心となって作られていくようになった。ちなみにフジテレビで放送されていた『ドリフ大爆笑』でも、この時期から「いかりや・仲本・高木」と「志村・加藤」それぞれのコントが多くなり5人揃ったコントがほとんどなくなっていった。

やがて『ひょうきん族』の勢いが加速し、遂に1985年『全員集合』が終了。総集編を挟み、加藤茶、志村けんによる『加トちゃんケンちゃんごきげんテレビ』（TBS）が既定路線のようにスタートしていった――。

もちろんザ・ドリフターズはこの後も活動を続けるが、以前のような結束が戻ることはなく、各自のソロ活動、ユニット活動に移行していった。いかりや長介はその後、子離れするかのごとく、お笑いの世界から離れ、性格俳優として大成していく。

ドリフの窮地を救った志村は、やがてドリフを変え、ドリフに引導を渡すこととなった。

新しい親としていかりやを選び、芸人として育てられた志村は反抗しながらやがて親を越え、親殺しするかのようにドリフを巣立ち自立していったのだ。

5 欽ちゃんの休養

「それに気がついたときに辞めたんじゃない?」(※64)

萩本欽一は80年代前半、土8から枠を変えた『欽ドン!良い子悪い子普通の子』(フジテレビ)、『欽ちゃんのどこまでやるの!』(テレビ朝日)、『欽ちゃんの週刊欽曜日』(TBS)といった各番組が視聴率30%を超え、各番組合計で100%に達していたため「視聴率100%男」と呼ばれ、テレビ界の「頂点」に立っていた。その頂点に気づいたときに辞めようと思ったのだという。30%の次は40%を目指さなければならない。それは無理だと思ったのだ。

「やっとね、全部のテレビ局と話しあいがついたのね。3月いっぱいで全部のテレビ番組を降

り、しばらく休養することを納得してもらったの」（※68）

85年1月、週刊誌の取材を受けた萩本はそう答えている。

83年7月に過労による三半規管障害で倒れたのも一つの要因だった。翌年の夏頃から「体はガタガタだし、それにともなっておもしろいアドリブも出てこない」と感じ始め、自分の満足の行く番組ができなくなっていた。

「それよりも運だね」と当時を振り返って休養を決意した理由を語っている。55号時代から萩本を支えてきた常田や、『欽どこ』の一杉丈夫が番組を離れ、マネージャーの佐藤宏榮も独立し会社[*5]を立ち上げるため萩本の元を去った。「あ、潮が引き始めた」と感じるようになった。

「考えてみれば僕は16年貧乏して、その後16年収入があった。ということはちょうど運を使い果たしたわけ。それに40代半ばで女性や子供向けの笑いを作っていくことにも限界を感じていた。だからこの辺で一回休んで、大人向けの番組を作るための勉強をしようと思ったのね」（※62）

各テレビ局に休養を申し出たが、答えはもちろん「ノー」だった。無理も無いことだ。全番組が30％を超えていた最盛期ほどではないにしろ、20％前後をコンスタントに獲れるドル箱番組ばかり。やめさせるわけにはいかなかった。だが、萩本は粘り強く交渉を重ねた。

「しかたありません。でも、他の局も全部休んでください。1局でも出てもらっては困ります」（※68）

そんな〝条件〟で、85年3月で萩本欽一は休養を宣言した。

萩本は休養から4ヶ月後、復帰。だが、わずか数ヶ月の休養が与えたダメージは予想を上回るものだった。視聴率が急落したのだ。「終わった人」。そんなイメージが蔓延してしまったのだ。その後も休養、復帰を繰り返し、ますますその求心力を失っていった。

当時まだ学生だった爆笑問題・太田光がこの頃の萩本の番組で強烈に印象に残っていると振り返るのが、明石家さんまがゲスト出演した『欽ドン!』だった。『欽ドン!』はリニューアルを繰り返し、87年2月16日から『欽ドン!スペシャル』と番組タイトルを変えた。その第1回のゲストが明石家さんまだった。

「完全に欽ちゃんをやっつけに行った」

太田はその光景を見て、そんな風に思ったという。「いつもの『欽ドン!』のやることを全部スカして。自分の方に持っていくんですよ。さんまさんが。これはね、僕は見ていて、震えましたね。なんて恐ろしい人なんだ!って」(※64)。太田の目にはさんまが萩本のやりたいツッコミ芸をすべて自分のボケで潰し、客の笑いを全部かっさらっていっているように見えた。

「子供心になんてヒドいやつだと思った」(※69)と笑い混じりに振り返る。

萩本はさんまに対し、「ぼくのデビューした最初のころに似てるなぁ」と思ったという。「とにかくテレビに出るのが楽しかったの」と(※70)。

「ウワーッ！っとしゃべってきた時、『負けるもんか！』ってなるのね。それをね、さんまちゃんの場合、『ああ、こいつに負けてもいい』っていう気がしたの。だから俺、ウッと黙って。もう徹底的にさんまちゃんやってもらって帰ったっていう。でもね、そういうことが嫌じゃないっていうのは、これ、さんまちゃんっていうのは大した奴だな、後が楽しみだって」（※64）

その時の心境を萩本はそう語っている。

マネージャーの佐藤は「昔のように殺気だったところがない。だいたい、欽ちゃんが怒らなくなった」（※71）という。すでに萩本にはお笑い芸人としてテレビの第一線で戦うというモチベーションがなくなっていたのかもしれない。

88年、唯一のゴールデンタイムの枠に放送されていたレギュラー番組[*6]『欽ちゃんの気楽にリン』（日本テレビ）は、あまりの不振ぶりにわずか2ヶ月で打ち切り。「これ以上迷惑をかけられない」という萩本側からの申し入れだったという（※71）。『いいとも』の裏番組として始まったお昼の帯番組『欽ちゃんのどこまで笑うの⁉』も低視聴率を続け、遂には坂上二郎を招き、コント55号復活と煽ったが、それでも鳴かず飛ばずだった。

「山登ったらすぐ降りるじゃないですか。だから登るのに時間をかけて、帰りはできればヘリコプターで帰りたい。そうじゃないとまた次登れないじゃないですか。だから僕はそれを続けてるだけ」（※72）

萩本は自らの人生を振り返ってそう語る。テレビで栄華を極め、それをあっさり捨て、その後は社会人野球、大学進学など様々な挑戦を続けている。

現在のテレビバラエティのフォーマットの多くは間違いなく萩本欽一が作り上げたものだ。関根勤や小堺一機らを始め、芸人・タレントも数多く育てた。そして、パジャマ党やその後作ったサラダ党からは多くの放送作家たちが巣立っている。中でも大岩賞介はいまや明石家さんまの重要なブレーンのひとりだ。その他のメンバーも『ひょうきん族』や『笑っていいとも!』、『SMAP×SMAP』（フジテレビ）などの作家として大きな成果をあげた。君塚良一はドラマの脚本家の道に進み『踊る大捜査線』（フジテレビ）などのヒット作を生み出した。萩本の蒔いた種は確実にテレビ界に息づいている。

1989年5月21日、『TVプレイバック』（フジテレビ）が終了。そして9月29日には『欽ちゃんのどこまで笑うの⁉』の後継番組『欽どこTV‼』（テレビ朝日）が終了。

1989年、萩本欽一はすべてのレギュラー番組を失った。

6 加トケンの〝独立〟

「『オレたちひょうきん族』よりも、『全員集合』の方をすごく意識した」（※54）

『8時だョ!全員集合』の後継番組として、ザ・ドリフターズのエース格である加藤茶と志村けんのコンビによる『加トちゃんケンちゃんごきげんテレビ』が86年1月11日に立ち上がった。その時の心境を志村けんはそう振り返っている。『全員集合』を打ち破った『ひょうきん族』よりも、〝敵〟は、『全員集合』という幻影だった。この2人で組んで失敗したら大きなイメージダウンは免れない。だからこそ、『全員集合』の、ドリフターズの、加トケンというイメージを脱却する必要があった。同じ公開収録の形にすると同じ番組のように見られてしまうし、単純に〝縮小〟したものになってしまう。だからスタジオコントを中心に据えた。しかも、約25分にわたる長尺のコントだ。それを前半で見せておき、番組内の〝遊び〟の部分としてホームビデオの投稿コーナーを設けた。そして最後はゲストと一緒に演じるショートコントという構成だった。

「僕は、自分たちが本当にやりたいこと、これを見て欲しいというのを、番組の頭できっちり見せておかないと気がすまないタイプだ」(※54)という。そういう「芯」の部分があるからこそ、他のコーナーが生きてくるというのだ。

事実、『ごきげんテレビ』では、合間のホームビデオの投稿コーナーが人気を呼んだ。ビデオカメラを持っていない家庭のためにカメラの貸出まで行ったコーナーは、大反響。そこで紹介された「〝だるまさんがころんだ〟をする猫」や「モップをくわえて掃除をする犬」などが、テレビCMに〝スカウト〟されたりもした。その後、このコーナーは『ビデオあなたが主役』など多くの類似番組、類似コーナーが作られた。それは国内にとどまらず海外にも波及し、アメリカの長寿番組『America's Funniest Home Videos』をも生み出した。現在のいわゆる「YouTuber」誕生の遠因と言っても過言ではないだろう。番組コーナーは2013年にフランス・カンヌで行われた国際テレビ番組見本市・MIPTVによる「テレビの歴史を変えた50番組」に日本からアニメ作品以外で唯一選出された。

それでもやはり最大の見所は前述の長尺コント「探偵物語」だ。加藤と志村演じる私立探偵が毎回珍事件に巻き込まれるというのが基本のストーリーライン。それを『全員集合』仕込みの鉄板ギャグを盛り込みながら、公開収録では絶対にできない、ド派手なカーチェイスや、へリを使ったアクション、CCDカメラの使用や水中撮影など、お金と手間と最新技術をふんだんに用いて、作りこんでいった。

「スタジオでもロケでも、演出、美術、技術とも、すべてのスタッフは、できることはあらゆる手を尽くして準備する。そうすればおふたりが必ず面白くしてくれるのをみんな分かってた」とプロデューサーの高橋利明は言う。800人の会場が満員になる画がほしければ、800人のエキストラを用意した。工夫すれば、何十人で満員にしたように見せることはできる。だが、番組はスケール感とリアリティを重視する。「それがスタッフの意地。対して、その800人を使って最高におもしろくしてやるぜっていうのが、おふたりの意地なんです」(※73)

加藤と志村のコンビは抜群だった。コントのアウトラインは基本的に志村が考え組み立てていた。そこに加藤がネタを付け加えていくという作り方だったという。

「加藤さんがすごいのは、僕が多分加藤さんがこんなことするだろうなと思っていると、現場では必ず予想以上のリアクションを返してくることだ。それで、僕がツッコむと、もっとすごいことをして、跳ねてくる」（※54）

そんな中で生まれた最大のヒット作が「だいじょうぶだぁ教」だ。志村演じる教祖が「だいじょうぶだぁ～」と唱えながら三叉の太鼓を叩く。そのフレーズが子どもたちに大流行した。

それがそのままタイトルになったのが、87年11月16日からフジテレビに局をまたいで始まったコント番組『志村けんのだいじょうぶだぁ』だ。先に『全員集合』から生まれたキャラ「バカ殿」が発展して86年に始まった『志村けんのバカ殿様』と併せ、志村けんの二大看板となる番組が出揃った。

『だいじょうぶだぁ』は、『ごきげんテレビ』とは対照的にショートコントを主体とした番組構成にした。「1時間に何本できるか試してやろう」（※54）という気持ちだったという。そこで、第1回から生まれたのがその後の志村けんの代名詞となる「変なおじさん」だ。さらに「ひとみばあさん」や「デシ男」、「イエイエおじさん」など数多くの名物キャラを量産していった。

これまでの番組とコントの雰囲気を変えたかった志村は、出演者もガラリと変えた。ミュージシャン出身の田代まさしや桑野信義、アイドルだった石野陽子、松本典子といったお笑い畑ではない人材を抜擢したのだ。

一人の強力なリーダーのもと、それぞれが自分の持ち場と役割を理解し、その関係性で笑わせる。

それはまさに初期ドリフターズの笑いの構造だ。しかも、メンバーもドリフと同じ5人。

「今思うと、やっぱり僕の笑いの原点はドリフのパターンだったのだ」（※54）

志村けんは〝親殺し〟をするようにドリフを巣立っていった。だが、その原点にはドリフの血が脈々と流れていたのだ。

ドリフ流の古典的笑いと革新的手法を高度に融合させた『ごきげんテレビ』は、やがて『ひょうきん族』の人気を凌駕していった。

そして1989年、遂に『ひょうきん族』を終了に追い込んだ。

『全員集合』の幻影と戦いながら、『全員集合』のリベンジを果たしたのだ。

7 『ひょうきん族』の終焉

「『全員集合』が終わって『加トちゃんケンちゃん』になったのだけど、あの時『ひょうきん族』も一緒に終わっていたら最高にカッコよかったな、という気が、今でもしてるんですけどね」（※3）

三宅はしみじみとそう述懐している。

「『全員集合』がいてくれたから、オレたちもいい番組になれたな、と思う」(※3)

『ひょうきん族』の収録現場に一度だけ志村けんと加藤茶が訪ねてきたことがあったという。『ひょうきん族』が『全員集合』の視聴率を捕らえ始めていた、まさに「土8戦争」が激化していた時期だ。ちょうど「タケちゃんマン」を撮影しているときだった。志村と加藤、そしてたけしとさんまの4人で何やら言葉を交わしていた。三宅はさすがにその輪には入れずに遠巻きにその光景を眺めていた。

『ひょうきん族』開始当初、コンスタントに視聴率30％を獲るオバケ番組『全員集合』は〝巨大な壁〟だった。その壁を乗り越えるのは不可能だと思われていた。ましてや、同じお笑い番組である。それはある種の「暴挙」だったと佐藤は言う。そこで佐藤たちがまずとりかかったのは『全員集合』の分析だった。

「そこでつくられている笑いは確かに完成度が高かった。ドタバタにしか見えないコントやギャグも、よく見ると十二分な計算がされていることがわかる。ショーとしての完成度も、さすがにナベプロ帝国の実力を見せつけるものだった」(※22)

当時の『全員集合』がいかりや長介による綿密で徹底した会議と稽古の賜物だったのは前述したとおりである。

「その成果として舞台で演じられるのは、子どもにも高齢者にもわかりやすいオーソドックスな笑い」（※22）だった。

そこで導き出された「攻略法」が、「ならばこちらは、インテリジェンスがあって、毒の効いた、子どもや高齢者にはついてこられないような笑いにしよう」（※22）というものだった。

実際に後に「ドリフ（『全員集合』）は小学校低学年までに全員が通る道で、その後に『ひょうきん族』に移ってくる」（※45）などと言われていた。

同じことをやっても勝てるわけがない。だったら、正反対のアプローチで挑むしかない。作り込んだものではなく、アドリブを重視したのもそんな発想からだ。

公開生放送、ドリフターズという決まった特定の人気グループ、練り上げられたコントという『全員集合』のスタイルのすべて逆を目指した。

即ち、「スタジオ収録、特定の主役を持たない、キャラクターを生かしたギャグを中心」（※21）といったものだ。同じチームプレーでもドリフはいかりやがワントップの完全に統制がとれたものだが、『ひょうきん族』は個人技重視だった、と三宅は言う。

「だからわれわれ、ディレクターとすれば、それが活きる組み合わせで何かやれば、と言うことですよね。セッションだからアドリブが生きてくる」（※3）

このような作り方ができたのは、作り手の意識の変化だけではなく、技術的な革新も一因だった。『ひょうきん族』以前の番組は台本どおりに順番に収録していく完パケが主流だった。だが、79年ころから「電子編集」が登場した。これにより、めちゃくちゃな順番で撮っても編集が格段に容易になった。

「だから『こんなこともできるようになりました』って新しい方法を教わると、面白がってそれにとりくむ。そういうテレビが変わっていく時期と一致したんでしょうね」（佐藤）（※39）

テレビの側だけではない。横澤は視聴者の趣向が変わっていくのも感じていた。

「テレビを見ることにかけて、視聴者はプロフェッショナルだということを忘れてはいけない。視聴者は、ブラウン管に映る映像と音声からはみ出している部分や背後関係に異常に敏感だ。それに、『完成されたもの』や『あまりにつくられすぎたもの』に対し、辟易していることも見逃してはならない。半完成品でも、粗雑なものでも、つくっている人間たちのセンスとか意気込みが感じられるようなものに敏感に反応する」（※21）

『ひょうきん族』によって萩本欽一やドリフターズのように「動き」を重視した笑いから「言葉」を重視した笑いが主流になっていった。「あれは、あの時代にマッチしてたと思う」と加藤は『ひょうきん族』を評価する一方で、「だけど今見ると面白くないでしょ。でも『ドリフ大爆笑』は今ビデオで見ても、自分でも笑っちゃうもんね」（※67）と自身の笑いへのプライドを覗かせる。それはドリフの笑いが「言葉」の意味を徹底的に削ぎ落としたからだ。実際、加藤の使うギャグは意味のないものばかりだ。「いまでも子供さんにウケるっていうのは、意味がないからだと思うんですよ。簡単に口に出していえる」（※74）。だから彼らは時事ネタはやらなかった。

『ひょうきん族』が初めて視聴率で『全員集合』を上回ったのは、82年10月9日だった。しかし、翌週にはあっさり追いぬかれてしまう。

互角の戦いになってきたのは83年頃から。84年には、『ひょうきん族』が『全員集合』を上回ることが多くなった。そして遂に85年に『全員集合』が終了。『ひょうきん族』は「打倒『全員集合』」の目標を実現したのだ。

しかし、志村が「結局、トータルでは負けてなかったと思うのね。ただ、あっち（『ひょうきん族』）のはこっち（ドリフ）の作りこんだ笑いがあるからこそのもので、その反対をやればいいんだから。その証拠に『全員集合』がなくなったら、最後はただの悪ふざけになっちゃった。適当にやったと言えば語弊はあるけど、物事を壊せばよかったわけだからね」（※67）と言うように、最大のライバルを失った『ひょうきん族』は、急速にパワーを低下させていった。

やがて、『ごきげんテレビ』という新しい波に押され、また、ユニットとなっていた出演者たちがそれぞれひとり立ちしたことで、『ひょうきん族』は役割を終えたように終焉が決まった。それが1989年のことだった。

『ひょうきん族』は間違いなくフジテレビを変えた。「楽しくなければテレビじゃない」の旗のもとに、「軽チャー」路線を突き進む先導役になった。

ラサール石井は、こうした変化をフジテレビ全体が『ひょうきん族』化した、と評している。

「フジテレビ全体が『ひょうきん族』的発想を持つようになってきた。その流れの中でアナウンサーのタレント化、スポーツ番組やニュース番組のバラエティ化（『プロ野球ニュース』など）、そしてドラマのバラエティ化、深夜帯や早朝の時間帯のバラエティ化（『ポンキッキーズ』など）、と進んでいき、ついには、フジテレビそのものがみな『ひょうきん族』といった状態になったわけである」（※12）

この路線が若者を中心に大きな支持を集めた。万年視聴率4位に甘んじていたフジテレビが、『ひょうきん族』が上昇気流に乗り勢いを増していた82年にゴールデン・プライム・全日の各時間帯で各局を上回り「年間視聴率三冠王」[*7]を獲得。それ以降、12年連続でトップを走り続けた。

その流れは他局にも伝播する。

83年には日本テレビが「楽しくなければテレビじゃない」に対抗するかのように「おもしろまじめ」をキャッチフレーズに掲げる。当時、日本テレビのバラエティは低迷していた。『シャボン玉ホリデー』や『ゲバゲバ90分』など〝黄金時代〟を支えた作り手の多くは、80年に日テレを退職した井原高忠を筆頭に第一線を退き、それに代わる若手が育っていなかった。

「どちらかといえばスタッフ間の風通しが悪かった社内がフジテレビのよいところを吸収し、いわば日テレのフジテレビ化が始まった。このおかげで世代交代がなされ、その後の日テレ第二期の黄金時代がやってくる」（※12）

もちろん、日テレ以外の各局にもその影響は拡がっていった。

「打倒『全員集合』」は『ひょうきん族』の最大の原動力のひとつだった。だが、もちろんそれだけではない。

「もうひとつのエネルギー源は、お笑いの地位向上への思いだった」(※22)のだ。

たけしや紳助、さんまがアイドル的な人気を得ていたとはいえ、芸能界でのお笑い芸人やバラエティ番組のスタッフの地位は、まだかなり低かった。

「ゴールデン枠での勝負に勝てば、芸能界での地位を上げることができる」(※22)

そんな野望を出演はもちろんスタッフも含め一人ひとりが抱えていた。

蔑視の対象だった「お笑い」を萩本欽一やドリフターズが、他ジャンルと同じ土俵で戦えるところまで引き上げた。

そして『ひょうきん族』は、そこで〝真剣〟を抜いて戦い、打ち勝った。

YMOや松任谷由実、サザンオールスターズら数多くのアーティストたちも番組に出演し、それがステータスになっていくようになった。

古い価値観や体制に反抗し、自らの存在証明をするかのように戦った、まさに〝青春〟のような狂騒の果て、新しい時代が生まれた。「お笑い」は嘲笑されるものから、カッコいい、憧れられるものに変わっていった。

新時代のテレビの形が完成したのと引き換えに、『ひょうきん族』という青春は終わったのだ。

＊1　「エノケン」が愛称の「日本の喜劇王」。もともとは「浅草オペラ」の歌手だったが、菊谷栄を座付き作家とする「エノケン一座」を旗上げ。

＊2　萩本が机の前に立ち演説をしようとするが、その脚のバランスが悪いことから坂上がノコギリで脚を切り調整していくがなかなかうまくいかない。脚はどんどん短くなって最後には机の台を紐で首に吊るしながら演説するというナンセンスコント。「演説」とも呼ばれる。

＊3　彼らが合宿していた家にタモリが突然訪れたことがあるという。大岩賞介に誘われたのだ。タモリは萩本もいるとは知らなかったというが、突然の訪問に驚きつつも迎え入れた萩本や作家を前に数時間にわたり持ちギャグを繰り広げ、作家たちを笑わせ続けた。

＊4　名物コーナー「少年少女合唱隊」で披露。志村の母が鼻歌で歌っていた実在する「東村山音頭」を志村流にアレンジしたもの。

＊5　佐藤企画。萩本欽一は浅井企画とともに両方の事務所に〝所属〟している。

＊6　萩本は『午後は○○おもいッきりテレビ』の総合司会をオファーされていたがこれを固辞。半年間企画を練りあげて立ち上げた入魂の番組だった。

＊7　「視聴率三冠王」という概念はフジテレビが作ったもの。それまでは言われていなかった。

第4章

時代を先取るとんねるず

1978　『ザ・ベストテン』開始

1980　とんねるず、貴明&憲武として『お笑いスター誕生』出場

1982　とんねるず、『お笑いスター誕生』でグランプリ獲得

1983　とんねるず、『オールナイトフジ』出演開始

1985 『夕やけニャンニャン』開始

1987 『ねるとん紅鯨団』開始

1988 『とんねるずのみなさんのおかげです』開始

1989 『ザ・ベストテン』終了
『いかすバンド天国』開始

石橋貴明
17歳〜28歳

木梨憲武
16歳〜27歳

山田修爾
（TBS）
33歳〜44歳

石田弘
（フジテレビ）
35歳〜46歳

港浩一
（フジテレビ）
26歳〜37歳

秋元康
20歳〜31歳

1　『ザ・ベストテン』の伝説

「テメエら最低だ！」

約2万人に膨れ上がった超満員の観客にもみくちゃにされてようやくステージにたどりついた石橋貴明は観客に向かってそう絶叫した。

この日のためにスタイリストが作った衣装は引きちぎられ、ビリビリに破かれていた。いつの間にか、帽子もどこかになくなってしまっていた。

「もう歌うどころじゃないのよ、感情が。せっかく、なんつーの、男の花道をキレイにさぁ、歩いて来ようと思ったのに、それを穢されちゃったみたいな」とその後の自身のラジオ番組で語る通り、本気で激怒していた。

「俺もハッキリ言って歌うのやめようと思ったもん」と木梨までも憤慨していた。

「あれさぁ、マイク投げて帰っちゃえば良かったな」(※75)

それでも2人は役割をなんとかまっとうした。石橋は怒りにかられたまま、演歌調のはずの「雨の西麻布」を「そしてっ！　女はっ！　濡れたままッ！」と怒鳴りちらしながら歌った。

1985年10月17日に放送された『ザ・ベストテン』でのことである。

400回記念ということで静岡県日本平でライブ形式で行われた生中継だ。

『ザ・ベストテン』では300回記念から50回ごとに「全国のベストテン・ファンにお礼と今後も応援してほしいという意味を込めて年1回、全国を5ブロックに分け、28局の系列局の地元で公開で全国を回る企画『ザ・ベストテンイン○○』」(※76)を始めていた。

83年の300回記念では長崎、84年の350回記念では岡山、そして85年、400回記念として行われたのがこの静岡の日本平だったのだ。

ディレクターの山田修爾はこの放送を何としても成功させなければならないと考えていた。「ディレクター人生を賭けてもいい」(※76)というほど、力が入っていた。

その理由の一つは司会が久米宏から小西博之に代わって初めての記念放送だったことだ。看板である久米を失って、そのまま番組の勢いまで失ってしまえば、番組の未来はない。ここで番組の健在ぶりを見せつける必要があったのだ。加えて、山田とともに長年『ベストテン』を作ってきた若手ディレクターが相次いで番組を去っていた。なんとしてもこの逆境を跳ね返したかったのだ。

だからこそ、演出に力が入っていた。

とんねるずは2万人の観客の中から2つの神輿に乗って登場するというプランだった。

しかし、とんねるずの2人には大きな不安があった。その少し前の『夕やけニャンニャン』でマネージャーのボブ市川が、とんねるずの〝ボディーガード〟として上半身裸で観客の前に立ちはだかった際、シャープペンシルで腕を切り裂かれ、負傷するという事件が起こったばかりだったからだ。

とんねるずは、安全体制を確認するが、スタッフからは「ちゃんと警備がつく」という回答だった。

しかし、いざ会場入りする段となって2人は唖然とした。なんと警備はたった2人だったのだ。

さらに悪いことは重なる。

スタッフの誘導のミスで本来登場する場所よりも神輿から遠いところから、2人は会場入りしてしまったのだ。

とんねるずの登場に気づいたファンは大熱狂。少しでも触れようと手を伸ばすのはまだ良いほうで、髪の毛、服、帽子に次々掴みかかっていった。

「それでなにやってもダメなわけ。手がガンガン出て来ちゃって。(スタイリストの) 倉科(裕子) さんなんて1m50くらいしかない女の人なのに、倉科さんの髪の毛は引っ張るわ、とんでもないのよ」(※75) と振り返る石橋は、そんな観客に激昂しながら殴りかかっていた。

「おれなんかそうなるとプッツンきちゃうほうだからね。カメラが映ってるのなんてかまやしない。やられるよりはやっちまえで、こっちからもパンチ出してた。テレビの全国中継でタレントとファンがなぐりあいしてるというのも珍しいよ」(※77)

この〝事件〟は新聞、雑誌等で大きく報道された。もちろんファンに手を上げるなんてけしからんという論調だ。

しかし、世間、特に若者の反応は違っていた。とんねるずを喝采した。彼らのカリスマ性を際立たせるものだったのだ。

そして、その知名度を若者だけでない層に波及させたのだ。

「あの事件のおかげで、おれたちは全国的にとんねるずってこんな奴らなんだってはっきりわからせてしまったという得はあるよ。それまで、とんねるずはただ得体の知れない存在だったんだけど、あの時の映像のおかげで、いい意味で根性のすわったタレントだっていうのが全国的に知れわたったからね。そういう反響がすごくあったもん」と石橋は言って胸を張る。

「おれたち、ほんと災難も幸運と変える強さを持ってるんだと思う」(※77)

『ザ・ベストテン』が始まったのは1978年1月19日のことだ。なにもかもが革新的な音楽番組だった。

それまでの音楽番組は基本的にプロデューサーらが出演者を決める「キャスティング方式」だった。ごく当たり前の方法だ。しかし、『ベストテン』はランキングによって出演者を決める「ランキング方式」を初めて採用した。この方式には大きな問題を孕んでいた。ランクインしてもスケジュールの都合や本人の意志などの理由で出演してくれるとは限らないからだ。各プロダクションとの関係が悪くなる可能性も懸念された。そのため、意見が分かれ反対派はなかなか首を縦に振らなかった。実はもともとこの番組は77年10月に放送開始する予定だった。だが、反対派を説得するのに時間がかかり翌年1月にずれこんだのだ。

番組は初回から、「ランキング形式」の問題点が浮き彫りになった。当代きっての人気歌手・山口百恵が11位と12位の2曲に票が分散してしまったためランク外となってしまったのだ。

さらに、4位にランクインした中島みゆきは、連日の交渉が実らず、出演を辞退した。

「第4位　中島みゆき　『わかれうた』」

と司会の久米宏が叫ぶと、カメラは誰もいない出演者登場扉であるミラーゲートを映していた。

もう一人の司会である黒柳徹子が「出演できない経緯」を丁寧に説明する。

前代未聞の番組だった。

しかし、このことが、この「ランキング」が〝ガチ〟であることを印象づける結果となった。

ランキングは①リクエストのハガキ、②レコードの売上、③ラジオ各局のランキング、④有線放送のランキングを基礎データにし、それぞれの比率を算出して集計されていた。この中に①リクエストのハガキがあったことが重要だった。ランキングに嘘がないことが分かった視聴者は、ハガキ次第で自分の好きな歌手がランクインする、あるいは1位を獲れるかもしれないと感じた。だから、必死になってハガキを出して番組に参加していったのだ。

『ザ・ベストテン』が画期的だったのは「ランキング方式」だけではない。「追いかけます。お出かけならば、どこまでも」を合言葉に、出演者のスケジュールに合わせ中継を行ったのだ。

地方のコンサート会場からの中継なんて当たり前、移動中の新幹線のホーム、飛行機着陸直後の飛行場など様々な場所までカメラが追いかけた。そこで巻き起こるアクシデントがハラハラドキドキのドキュメント性を生み人気を呼んだのだ。果ては音楽番組として初の衛星生中継[*1]までやってのけたのだ。

こうして音楽番組の代名詞となった『ザ・ベストテン』は『ザ・トップテン』(日本テレビ)など数多くの類似番組を生んだ。しかし、開始から10年も経つと、さすがにその勢いは衰え始めていた。そこには様々な要因が考えられるが何よりも視聴者の意識の変化が挙げられるだろう。

山田は「メジャーな歌手をメジャーな媒体で見聴きするよりも、マイナーな歌手をマイナーな場所で応援するほうが自分流の音楽をエンジョイできると考える人が多くなった。特に若い世代では、いわゆるディープなファンがコアな歌手(主にロックバンド)をサポートする図式ができあがった」と当時の状況を振り返り、「自分の応援する歌手・曲がテレビというメジャー媒体に登場することに高い価値を置かなくなった」（※76）と分析している。

絶対的な量を誇っていたハガキの量も、視聴率も陰りを見せ始めていた。

そして番組開始から12年が経過した1989年のゴールデンウィーク、山田は当時の編成部長である原田俊明から昼食に誘われてこう言われた。

「ベストテンまだ続けるか？　お前に任せるから考えて答えてくれ」

それから2ヶ月、山田は悩みぬいて結論をくだした。

「12年間やってくれた黒柳さんに惨めな思いをさせたくないし、12年の偉業に泥を塗ることは絶対にしたくない」

1989年9月28日。

数々の伝説を作り上げた歌番組『ザ・ベストテン』は幕を閉じた。

引導を渡したのは、皮肉にもかつて『ザ・ベストテン』で伝説的な事件を起こし若者のカリスマとなったとんねるずだった。

その前年から『ベストテン』の裏番組として始まった『とんねるずのみなさんのおかげです』で若者から熱狂的な支持を得て、視聴率争いで『ザ・ベストテン』を完全に凌駕したのだ。

とんねるずはいかにして新しい時代の寵児となっていったのか。デビュー前からの足跡を振り返ってみよう。

2　日本一おもしろいシロート

「あいつはその点全国区だったね。もう完全に帝京高校の名物男。野球なんかより、とにかくおっかしな奴だってことで有名だったよ」（※77）

と木梨が語る「あいつ」とはもちろん石橋貴明である。

野球少年だった石橋は、中学時代に帝京高校があと一歩で甲子園出場を逃した激闘を見て、この学校の野球部で甲子園に行きたいと帝京高校に入学した。兄の母校であったことも大きかった。一方、サッカーに明け暮れていた木梨は、日本有数のサッカーの名門である同校に進学し、2人はそこで出会ったのだ。

野球部の部室とサッカー部の部室は同じ建物の2階と1階にあった。1階のサッカー部には、サッカー名門校だけに約150人もの新入部員が集まった。一方野球部も当時新興勢力として力をつけてきた最中とあって、サッカー部には遠く及ばないものの50人近くの新入生が詰めかけていた。

そんな中でも、石橋貴明は目立っていた。

野球選手としてではなく、「おっかしな奴」として、だ。

「石橋、なんかやれよ」

練習が終わると先輩たちに石橋は呼ばれ、「星一徹の眉毛」や「アントニオ猪木のガッツポーズ」などの瞬間芸で周囲を笑わせていた。

試合になると1年の時から応援の〝リーダー〟として、一塁側のベンチの上に乗って、「早実がなんだぁ！」と煽る。すると、他の帝京生が「なんだぁ！」と返す（※78）。「野球見てるよりも、貴明のヤジを聞いてるほうがよっぽどおもしろいというヤツいっぱいいたよ」（※77）と木梨は振り返っている。

そもそも石橋貴明がそうした芸を持って目立っていたのは高校生からではない。既にテレビの素人参加番組に出て周囲の人気者だったのだ。

石橋貴明が初めてテレビに出演したのは『アフタヌーンショー』。小学6年生の時だった。夏休みにテレビを見ていたら、「ちびっこものまね大会」を放送していた。それを見たら瞬間的に「出たい」と思った。

当時から家庭環境[*2]の影響もあって自立心旺盛だった石橋は、出たいと思ったら、自らテレビ朝日に電話して出演方法を聞き、自宅のある成増から六本木までたった一人で行った。もちろん、他の子どもたちはみんな親同伴だ。そんな中で「加藤茶大会」なる回に出演した石橋は「どうも、すんずれいしました」「ちょっとだけよ」などを披露した。

「テレビでアガったことっつうのは、小学校のときからずっとないです。人前に出ることがバツグンに好きだったんでしょうね。テレビ局ってすっげえおもしれえって思ったし。学校で行く社会科見学みたいなもんで、単純に驚きだけしかなかった」(※79)

中学になると3年の時に今度は同級生の仲間と組んで『ぎんざＮＯＷ！』(ＴＢＳ)に出演した。コンビ名は「ザ・ツンパ」。パンツを逆さにした名前だった。

この番組で「ザ・ツンパ」はチャンピオンに輝いたのだ。

石橋はクラスのヒーローだった。

「おれセンスよかったよ」と石橋は自画自賛する。中学生がやるものまねは大抵の場合、誰かのものまねのものまねだ。もちろん石橋も最初はそうだった。しかし、石橋がものまねする対象は明らかに違っていた。

「いまにして振り返ると、かなり人と違う角度のことをやってたんだ。人のものまねじゃなくて、テレビ番組そのものをまねちゃったりさ。『11ＰＭ』なんかのオープニングなんて、よくシャバダバシャバダバシャバーなんてうたいながらやったりね……。そういうのって、まわりにやるような人間いなかったから、けっこうおもしろがられたよ」(※77)

そして高校3年の夏、野球部は東京都予選で敗れ、甲子園出場を逃し、石橋は部を引退する。

1年、2年の時は甲子園に出場していただけに、自分たちの代だけが行けなかった失意は大きかったが、切り替えは早かった。就職も既に決めていた石橋は「退屈しのぎ」にテレビ出演を思いつくのだ。

きっかけはふと見たテレビだった。『TVジョッキー』（日本テレビ）の「ザ・チャレンジ」のコーナーで、まだ素人だった竹中直人が勝ち抜いていたのだ。

「おれ、それ見てて、この人と勝負してみたいと思ったんだな。生意気なんだけど、おれは自分のこと、日本で一番おもしろいシロートだと思い込んでたからさ。同じように、竹中さんを見てたらこの人も日本一おもしろいシロートだと思い込んでいたからさ」（※77）

12月に出演し、見事三代目チャンピオンを獲得した石橋は、グランドチャンピオン大会にも出場。そこで初代チャンピオンの竹中を打ち破った。名実ともに「日本一おもしろいシロート」になったのだ。

石橋の勢いはそれにとどまらなかった。今度は『所ジョージのドバドバ大爆弾』（テレビ東京）に照準を合わせた。この番組は二人一組の出場が原則。そこで石橋は木梨を誘ったのだ。石橋と木梨は同じクラスなどになることはなかったが、1階と2階の部室で目立つ存在だった。木梨も石橋ほどでないとはいえ、石橋同様、先輩たちに「なにかやれ」と請われるタイプだった。

「先輩から『何かやれッ』って言われると、もう先輩の言うがまま。『ハイ、頑張ります』って（笑）。オレ、意外に『よーし、わかった、じゃあオレが出ていこう』って、それはイヤなのね。なにげに出ていって、バーンとやってボーンと帰ってきちゃう」（※79）

当時の十八番は子門真人の『科学忍者隊ガッチャマン』（フジテレビ）の歌マネだった。アクションをつけながら歌うと大ウケだった。

そんな木梨を石橋は一目置いていた。だから、自分のパートナーにふさわしいのは木梨憲武を置いて他にいなかった。

この頃、木梨は最後の全国大会の出場メンバーからギリギリで外れて失意のどん底にいた。石橋は落ち込んでいた木梨に「ウォークマンやカメラがもらえて芸能人に会えるから一緒に出ないか」と軽いノリで誘うと「いいね～、面白そうだね、じゃあ、行く行く」（※80）と木梨も軽いノリで了承した。

100組近い出演オーディションを2人は難なく突破。

石橋は既に何度もテレビ出演をしていたが木梨はこれが初めて。だが、石橋がいるからそれほど緊張もしなかったという。そして初めてコンビを組んだとは思えないコンビネーションで爆笑を誘った。

『ドバドバ大爆弾』は100点満点で100万円という点数がそのまま賞金になるシステム。通常の回は高くてもせいぜい50点くらいだったが、2人は72点を獲得。だが、最後のゲームに成功しなければ賞金はもらえない。あえなくそれに失敗し、惜しくも72万円獲得はならなかった。

「2人とも、高校時代の延長上にいるんですよ」（※80）と木梨は言う。石橋も「基本的な部分は全然変わってない」と口を揃える。「部室にいる面白い野球部員とサッカー部員というノリ」(※81)なのだ。

とんねるずの原点は全てこの学生時代に形作られていたのだ。

3　とんねるず誕生

「おまえらふざけんな、そんなんでお客さん笑ってくれると思うのか!」

演出家・赤尾健一の剣幕に石橋と木梨は唖然としていた。

自他ともに認める「日本一おもしろいシロート」だった2人であったが、当初プロになるつもりはなかった。事実、高校を卒業後、石橋はホテルセンチュリーハイアットのホテルマン、木梨はダイハツ自動車の整備工になっていた。

そんな2人に『お笑いスター誕生』の出演を持ちかけたのは、番組側の方だった。『ドバドバ大爆弾』をやっていた赤尾が、『お笑いスター誕生』を始めるにあたって、石橋に直接電話をしてオーディションに来るように誘ったのだ。

だから2人にとっては『ドバドバ大爆弾』の延長のような気持ちだった。いわば「シロート」のままだ。だが、『お笑いスター誕生』は、『ドバドバ大爆弾』のような素人参加番組とは根本的にコンセプトが違っていた。そのタイトル通り、「お笑い」で「スター」を目指すための番組なのだ。軽い気持ちで、高校時代とほとんど同じネタをオーディションで見せた瞬間、赤尾の怒号が飛んだのだ。

「プロになろうなんて、サラサラ思ってないじゃん。だから逆に、冗談じゃねぇやって思った。そっちの方から呼んだくせに、なんでこんなに怒鳴られなきゃなんねぇんだって思ったよ。もう絶対にこんなとこ来ねぇやと思った」（※77）と石橋が振り返るように木梨も「プロになる気ねぇから、帰ろ、帰ろ、帰ろ」とオーディションを後にした。

日常に帰り、会社勤めに戻って1ヶ月あまりが経とうとしていた。もしかしたら、そんな平凡な毎日よりも、高校時代テレビで脚光を浴びた刺激的な日々が忘れられず、それを渇望し始めていたのかもしれない。あれだけ嫌な思いをしたオーディションに再び誘われると、「どうせまたボロクソ言われるだろうけど、それならそれでいいや」（※77）とまた『お笑いスター誕生』の出場オーディションに向かったのだ。

「ウン、だいぶ変わった、よくなったゾ」

ネタは手直し程度でほとんど変えていなかったにも関わらず番組側はなぜか合格と評価し、『お笑いスター誕生』の出演が決まったのだ。

1980年7月12日、「第1期グランプリシリーズ」に「貴明&憲武」の名で初登場した2人は得意のものまねやパロディネタなどを武器に4週を勝ち抜き、グランプリまで半分となる

5週目に突入した。素人で4週勝ち抜いたのは彼らが最初だった。だが、5週目であえなく敗れ去った。

けれど、この番組出演は思わぬ幸運をもたらした。

なんと森永製菓からCM出演のオファーが届いたのだ。CMに素人を出演させるなど異例中の異例。もちろんまだ事務所にも入っていなかったため出演のオファーも直接石橋の自宅に電話がかかってきたのだ。

契約金は30万。手取りで27万。

その言葉に2人は目を丸くした。実際のところ、CM出演のギャラとしてはかなり安いほうだったが、まだ業界のことを何も知らない2人にとってその額は破格だった。なにしろ、当時彼らが会社からもらっていた給料は月10万に満たなかったのだ。

この契約に2人は飛びついた。

「森永さんの27万がオレの人生を変えたね」（※79）

そう笑う石橋は、当時、スカイライン[*3]を買いたいと思っていた。27万あれば、その頭金になったのだ。だが、そこでは思いとどまった。なぜなら目標をBMWに切り替えたのだ。当時、ダンスレッスンに通っていた石橋は、その途中のガソリンスタンドでレモンイエローの車を見かけたのだ。「カッケぇえ、あの車」と思い聞いてみるとBMWだという。「ビーエム買うまで車買うのやめよう」（※79）と。

代わりにマンションに引っ越した。当時石橋家が住んでいたのは6畳と3畳の2間の風呂なしの部屋だった。内風呂のある家に住みたいと常々母親から聞かされていた。

「だから、しょうがねえなあと。近くにマンションマンション・マルナカって、アパートにちょっと毛の生えたような3階建てのマンションがあって、そこは内風呂がついているわけですよ。で、おやじの体調も悪いし、あのぐらいだったら家賃も手頃だし、あそこだったらいける」（※82）と親孝行したのだ。ちょうどおあつらえ向きの駐車場もあった。そこにBMWを置くのが目標になったのだ。

さらに運命の歯車は彼らをプロへの道に導く。

同じ頃、『スター誕生！』でグランプリに輝いたおぼんこぼんが、長らく出演してきた赤坂のクラブ「コルドンブルー」から引退することを決めた。そこで後釜を探していたところ、2人が候補に挙がったのだ。

そのオーディションの審査員のひとりがコルドンブルー[*4]のショー演出を務めていた井原高忠だった。60～70年代、『巨泉×前武ゲバゲバ90分！』や『スター誕生！』など数々の名番組を生み出した日本テレビの大物プロデューサーである。

「ふたりとも、いま会社につとめているそうだけど、タレントになる気はあるの？　やる気があるんだったら、思い切ってやったほうがいいですよ。ボクがいろいろ面倒見てあげますよ。

だけど、会社に行きながらタレントをやるというのは、なかなか無理がありますよ。ボクは無理にとは言わないけれど、このコルドンブルーで勉強していけばまちがいないと思うよ、キミたちなら」（※77）

事実上の、プロへの誘いだった。しかも、大物プロデューサーのお墨付きをもらったようなものだった。コルドンブルーの契約は1日3回のステージで月15万。これまでの会社勤めより良い条件だった。

石橋の気持ちは大きく揺れた。ホテルではいよいよオープンが迫り、研修が大詰めを迎えていた。だが、やはり一度ついた火は消えなかった。

「このままサラリーマンやっても家建たねェだろうし、なんかこっちのほうが面白そう」（※83）と考えた石橋は〝家族会議〟を開いた。そこで父親から「大学に行ったつもりで4年間やれ」（※79）と激励を受けたことで決心を固めた。一方、木梨は最初からもう乗り気だった。「いつの頃からかわかんねえけど、あっこの仕事って、おれに合ってるなって気持ちがあった。ただ、それとプロになるぞという気持ちが一致してなかったんだ。合ってるなとは思っても、それで食ってけるにはつながらないと思ってた」（※77）。けれど井原からの誘いは、その気持ちを「一致」させた。具体的に「食える」道が示されたからだ。だから「即そっち取りたい」と思ったのだ。

石橋のようにBMWのようないい車に乗りたいというような欲求はあまりなかった。だがそれ以上に「『あー、楽しかった』とか『あー、気持ちがいい』とか『えっ、ホント?』とか、そういうのがあればいいんです。『ウソだろー?』『そーだったんだ!』みたいな驚きが毎日あればいいんです。それも、できるだけ激しいやつに出会いたい」(※79)、そんな気持ちだった。

家族会議を終えた石橋は木梨に「やってみっか」と肩をたたいた。

「おれの気持ちは、それで即OKよ。貴明がOKだったら、もう何も迷うことなかったもん」(※77)

1980年8月15日、2人は同じ日に会社を辞め、プロの道へと踏み出した。

「何かわかんねえけど、スジも脈絡も何もないところが面白い。ストーリーは気にしないで、好きなことガンガンやっちゃったほうがいいぞ」(※84)

『お笑いスター誕生』で最初に2人を評価したのはタモリだった。

他の審査員だった京唄子や鳳啓助、桂米丸が一様に「起承転結がない」と苦言を呈す中、タモリと赤塚不二夫だけは「そのままのスタイルでいいよ」「意味なんていらないんだよ。それでいいんだよ」(※85)と一貫して支持し続けてくれた。当時としては珍しい「師匠」を持たないとんねるずにとって、同じく「師匠」のいない異端の芸人・タモリの存在は大きかったに違いない。

「僕らお笑いでやっていけますかね?」

番組収録の会場からの帰りに2人はタモリに不安を吐露した。

「それじゃちょっと1回、『オールナイト（ニッポン）』見に来るか？」

願ってもないタモリからの誘いだった。「俺らはタモリさんに気に入られたんだ」と有頂天になり、「田辺エージェンシーに入れてもらえるんだ」とまで妄想したという（※86）。

ニッポン放送に着くと、タモリは投稿されたハガキを選びながら、牛丼を食べていた。天下のタモリが自分たちと同じようなものを食べている、それだけで少し感動したりもした。「ひょっとしてタモリさん、おれたちをスタジオに呼んでくれないかな」（※77）と淡い期待を抱いたが、やはりそんなに甘くはなかった。

それどころか、「この後なんか色々相談のってもらって、どっか飲みに連れてってくれんだな」（※86）と思っていたが、番組が終了するとタモリは「じゃ、お疲れ」と言い残し帰っていった。

タモリは言葉ではなくプロの現場を見せることで、2人にエールを送ったのだ。

「私も考えましたよ、ふたりの名前を。ふたつあるから、どちらかに決めていただきたい」

井原からコルドンブルーに呼び出された2人は選択を迫られた。プロとして活動していく以上、「貴明&憲武」のままでは恰好がつかない。井原は新たなコンビ名案を突きつけたのだ。

「貴明君のTと憲武君のNからとりました。ひとつは〝とんまとのろま〟。もうひとつは〝と

んねるず〟」（※77）

事実上、一択だった。

こうして、石橋貴明と木梨憲武のコンビは「とんねるず」と名付けられたのだ。

4　秋元康との出会い

「キミたち、つかこうへい好きでしょう？」

小太りで、とっつぁん坊やみたいな風貌の男が、したり顔で2人に言った。

ツカコウヘイ？

石橋も木梨もなんのことか分からない。当時はまだつかこうへいの「つ」の字も知らなかったのだ。

「何ですかそれ？」

石橋が聞き返すと、半分呆れたようにぽかんと口を開けて言った。

「へえ、つかさんの本とか劇とか、読んだり見たりしたことってぜんぜんないんですか」（※77）

とんねるずのネタを見て『熱海殺人事件』や『いつも心に太陽を』などのセンスと似ていると思ったのだ。

その男こそ、秋元康。
とんねるず19歳、秋元康22歳のときの出会いである。

当時、秋元康は日本テレビの朝の情報番組『モーニングサラダ』の構成を担当していた。西城秀樹と伊藤つかさが司会の番組である。そこに新しい血を入れようと人材を探していた。そんな時、先輩の放送作家・宮下康仁がとんねるずを紹介した。台本を書くような狭い部屋に連れて来られたとんねるずは「なんでこんなところでやらないといけないんだ」などと思いつつも秋元たちにネタを見せたのだ。

つかこうへいも知らずにつかこうへい的なセンスでネタをやる若者。秋元はとんねるずを一遍で気に入り『モーニングサラダ』のレギュラーに抜擢する。

ちなみにそれから2年後の21歳のとき、とんねるずはつかこうへいの芝居を観に行っている。椅子ひとつの舞台装置で全てを表現していることに感銘を受け、その影響で自らのコントライブではシンプルな舞台装置を多用するようになった(※87)。彼らの意外な柔軟さと貪欲さをあらわすエピソードだ。

『モーニングサラダ』でとんねるずが任されたのは「お目覚めコント」というオープニングの1分間。

「一分間しか時間がない上に秋元さんが真面目に台本を書いてきたことがないから。一分で笑わせるというのは至難の業ですよ」（※88）と難しさを感じていた石橋は、「とんねるず、つまらないよ」というディレクターの声に爆発した。

「どこがつまらないのか言ってくれ」

詰め寄る石橋にディレクターは「つまらないからつまらない」と答えるのが精一杯だった。

「どこがつまらないのか言ってもらえれば僕らにも対処のしようがあるけれど、『つまらないからつまらない』ということではまるで対処のしようがないでしょう。まだ19歳だから、40歳くらいのディレクターがものすごくオジサンに見えて、これは無理だと思った」（※88）

なんとか1年半続けたが、とんねるずは降板。だが、「すごく運がいいのね、僕たちは。これがとんねるずの一番の財産って言われるくらい、必ず、節目節目で会いたいな、と思う人に出会えてる」と石橋が後に語っているとおり、この秋元康との出会いも間違いなくそのうちのひとつだった。その後も、秋元康はとんねるずの運命を大きく切り開いていくことになる。

秋元康がこの業界に入ったのは高校2年のときに聴いたある深夜ラジオ番組がきっかけだった。

「なんてつまらない番組なんだ。これはオレが書いたほうがおもしろいだろうな」（※88）

そんな根拠の無い自信を胸に一気に書き上げたのが『平家物語』のパロディネタだった。それが採用され、そのまま構成作家になったと言われている。が、秋元を最初に作家として起用した亀渕昭信の証言ではやや事情が異なる。

「奥山（侊伸、現：コーシン）さんが青島（幸男）さんの弟子になった経緯を書いた本を[*5]、当時高校生の秋元君が読んで、『僕も放送作家になりたい』と奥山さんに手紙を書いた。その内容がものすごいユニークな弟子入り志願だったんだって。それで奥山さんは秋元君に会って何本かコントを書いてもらい、僕のところにそのコントを持ってきたわけ。それはどんな内容だったかは覚えていないけど、とにかく『ワオ！　おもしろいヤツがいるねえ』という強い印象を持った」（※88）

そこで亀渕は『せんだみつおの足かけ二日大進撃』（ニッポン放送）に奥山らとともに秋元康を構成作家として起用したのだ。

「秋元君はコント作家としてはそれほど優秀じゃないかもしれない。ただこうやったらおもしろいというコンセプトメイク、企画をやらせたら本当におもしろかった。とにかく発想がユニークなんだ」（※88）

さらに亀渕は秋元の構成台本を見ているうちに、これは作詞に向いているはずだと確信した。秋元も「やりたい」と言っていた。

「番組の構成をやっているヤツで作詞家になりたいと言うのがいるから、ちょっと詞を見てくれ」

亀渕は秋元をパシフィック音楽出版（現：フジパシフィックミュージック）の社長・朝妻一

郎に紹介した。1980年の終わり頃のことだった。

当時は、シンガーソングライターが別のアーティストやアイドルに詞や曲を提供するのが主流だった。「そこへ秋元君がまったく違う道筋から登場してきた」（※88）と朝妻は当時の印象を振り返っている。いくつか送られてきた詞を読んで「言葉の使い方が新しい」「情景の切り取り方が秀逸」だと思い、「作詞家としてセンスがあると思うのでこれから仕事を頼みたい」と誘い、アルフィーのB面曲「言葉にしたくない天気」で作詞家・秋元康が誕生したのだ。

そして1982年10月にリリースした稲垣潤一の「ドラマティック・レイン」で最初のヒットを飛ばすと、その後も伊武雅刀の「子供達を責めないで」や長渕剛の「GOOD－BYE青春」（ともに83年）など話題作を次々手がけていった。

とんねるずが安定した収入を見込んでいたコルドンブルーの仕事は、客層が合わずまったくウケなかった。高級クラブを訪れるような客に部室の延長でしかない若者向けのコントがウケるはずがなかったのだ。とんねるずは半年足らずで、コルドンブルーをクビになってしまった。そんな頃、秋元康と出会い『モーニングサラダ』に出演するが、納得のいくものを見せられず苦しんでいた。

「おいどうするよ、やめっか……」

収入源を失った2人は新宿中央公園をブラブラしながら、そんな話が出てしまうようになった。

「あっ、『お笑いスタ誕』に出てた貴明&憲武だ！」などと時折、女子高生にサインを求められるのが、わずかな救いだった。

活路を見出したのはショーパブへの出演だった。そこでは大ウケだった。やはり若者にはウケる。自信をあらたにしたとんねるずは『お笑いスター誕生』に再挑戦し、見事6組目のグランプリを獲得したのだ。

同じ頃、ようやく事務所も決まった。『お笑いスタ誕』の演出・赤尾健一が社長を務める制作会社・日企[*6]に籍を置いたのだ。

「いろいろ事務所の誘いはあったんだけど、おれたちさ、そういうプロダクションのことって何も知らないでしょ、シロートだから。だからその人から話があったときも、とりあえず『お笑いスター誕生』で、おれたちを評価してくれた人がやってる会社だし、またおれたちにとって、すごく身近な感じの人だったから」(※77)とその理由を木梨は語っている。

事務所に所属したことで収入は安定した。22歳の頃には念願のBMWも手に入れた。だが、一方で事務所が日本テレビ系の制作会社であったこともあり、テレビの仕事の大半は依然として日本テレビで、それ以上広がらなかった。収入的な不満はなかったが、石橋は何か「ぬるま湯」に浸かっているような気分になっていた。このままでいいのか、と考えるようになっていたのだ。

「ああ、秋元さんは作詞家になっちゃったんだ」（※88）

石橋は、出会った頃の構成作家としてだけでなく、作詞家としての秋元の活躍を横目に見ながらもがいていた。自分たちが知る人物が別の分野で飛躍しようとしている。それに比べ、自分たちはぬるま湯に浸かっているままだ。このままではいけない。そう思っていた。

「ちょうど、お笑いの世界でも、マンザイブームが下火になりかかってきていたし。このままじゃ、おれたちだめになる気がして……」（※77）

石橋は所属事務所を辞めるという決断をくだした。木梨も異論はなかった。

「ン？　OK、じゃあやめよう。オレはなんでもいいよ」（※79）

事も無げに答えた。木梨は「とんねるずの舵取り役は貴明」（※84）と石橋のプロデューサー的な能力に全幅の信頼を寄せている。

「ここじゃいかんていうのを貴明はいち早く気づいてた。（略）貴明にはもう先が見えたんでしょうね。売れるようなマネジメントしてくれないしって、やめるときの判断は早かった」（※79）

そうして1983年末、事務所を辞めることを伝えた。その後、『モーニングサラダ』のときに知り合った西城秀樹のマネージャー・秦野嘉王が設立した「オフィスAtoZ」の第1号所属タレントになっていく。

そんな頃、秋元康が番組チーフディレクターの港浩一に紹介する形で、とんねるずに『オールナイトフジ』のオファーが届いたのだ。

5　石田弘のゲリラ戦

『オールナイトフジ』の最初の出演がとんねるずにとって日企所属として最後のテレビ出演となった。

その後、約半年間、とんねるずは表舞台から姿を消した。日企との契約が残っていたからだ。事務所を辞めることを分かっているタレントにわざわざ手間ひまかけて営業をかける義理はない、と事務所から入る仕事が途絶えたのだ。当然の措置だった。

「この半年は、試合やりてぇのに檻に入れられているプロボクサーみたいな気持ち」と石橋は当時の心境を喩えている。

「もう早くリングにあげてくれみたいな。それでテレビ見てて、知ってるようなヤツが出てると『テメエ、バカヤロウ！　おれたちが出たら、もっとすげえことやってやるからな！』って怒鳴ってた」（※77）

日企での最後の出演となった『オールナイトフジ』で手応えがあった分、出られない期間の苛立ちは大きかった。

「東京のテレビでいちばん面白くて、注目すべき娯楽番組は『オールナイトフジ』であろう」（※89）

当時、吉本隆明は、『オールナイトフジ』についてこう高く評価している。

『オールナイトフジ』は確かに革新的な番組だった。まず、終了時間すら決まっていない前代未聞の生放送だった。しかも、出演者の大半は女子大生。いわゆるシロートだった。

山中伊知郎は、『オレたちひょうきん族』や『笑ってる場合ですよ!』、そして『笑っていいとも!』が「テレビカメラが入ってはいけないことになっていた楽屋側の世界」を見せた番組としたうえで『オールナイトフジ』は、それをさらに推し進めたものだと評している。

「その行き着く先には、スタッフ側のコンセプトが明快であり、その仕掛けがハマりさえすれば、出演者なんてシロートだっていい、という論理が生まれてくる。そして、それを実践し、ちゃっかり成功してしまったのがシロートの女子大生を大量に並べ、その素顔を見せるだけで番組を作れるのを証明した（昭和）58年開始の『オールナイトフジ』だった」（※90）

そもそもこの番組の始まりはプロデューサーの石田弘が「『女子大生』という商品価値に気づいた」（※85）ことだと番組の構成作家を務めた秋元康は証言する。深夜番組ということで予算もなかったため、素人の女子大生でやろうというのが出発点だったという。

当時フジテレビの制作部は、『クイズ・ドレミファドン!』や『なるほど!ザ・ワールド』などファミリー層向けのクイズバラエティを得意とする王東順率いる王班と『オレたちひょうきん族』や『笑っていいとも！』など若者向けバラエティ番組でフジテレビ黄金時代を牽引した横澤彪率いる横澤班、そして『ミュージックフェア』など音楽系番組を手がけていた石田弘の石田班という3つの大きなグループが存在していた。

実績抜群の王班や、日の出の勢いの横澤班に、当時の石田班は大きく水をあけられた形になっていた。

「いわゆる音楽班とお笑い班、ここの対立であり、競争はありましたよね」と横澤（お笑い）班の佐藤義和は証言する。「音楽班出身の石田さんは『THE MANZAI』ができたときに『どうして（音楽班で）こういう番組ができないんだよ』って悔しがったらしいです」（※39）

前述のとおり、もともと『THE MANZAI』の枠に特番制作の話が先に行ったのが音楽班だっただけに石田の悔しさは人一倍あっただろう。

「30代は全くアウトローです。メジャーな番組をやってもすぐ終わらせちゃうから、だんだんやれなくなってしまいました（笑）」（※91）と石田は当時の状況を述懐する。「1クールの石田」などと揶揄されていたという。「私は何をやっても当たらなくて。ゴールデンをやれば失敗する、深夜をやってもダメ、昼間もダメ……。（略）くさりましたね」（※92）

たとえば『アップルハウス』（フジテレビ）という幻の番組がある。司会は加藤和彦と竹内まりや。「スネークマンショー」の桑原茂一をブレーン的な立場に置き、土曜夜7時半という時間帯にも関わらず斬新なアイディアを数多く取り入れた。

「なにしろオープニングテーマなんかレッド・ツェッペリンのアルバム『フィジカル・グラフィティ』のジャケットそっくりのアニメを作って、出演するゲストたちが窓から顔を出すようにしたものに、バグルスの『ラジオ・スターの悲劇』を真似して作った曲を流したんです」(※91)

当然、新しすぎてまったく理解されず低視聴率のまま、わずか半年で終了した。

そんな苦い経験を経て、石田は自分の考えを改めた。

「これからはダサい感じでやろう」(※91)

そんな折、上司から「『素敵なあなた』の枠で生番組をやれ」と命じられたのだ。土曜深夜枠だ。当時その枠はまったくの空白地帯だった。

低予算だったこともあり、当初は女性アナウンサーを並べようと考えていた。だが、当時編成局長だった日枝久（現：代表取締役会長）に「もっとアパッチなことを考えろ！」と言われ目をつけたのが「女子大生」だった。「アパッチ」を「大胆なことをやれ」という意味に解釈したのだ。

「そのころ『女子大生亡国論』という言葉が流行ってて、ラジオのほうでもミスＤＪ（80年代前半に一世を風靡した女子大生によるディスクジョッキー）とか、そんな現象がポッポッと出てきていたんで、じゃ女子大生ということになっていきましたね」(※96)と当時チーフディレクターを務めた港浩一は証言する。

こうして『オールナイトフジ』は1983年4月2日24時40分に終了時間未定のまま始まった。

石田は「(開始) 3ヶ月で文春とか新潮とか堅めの週刊誌に叩かれでもしない限り、深夜の番組が話題になるわけない」(※91) と考えていたが、その思惑通り、「フジテレビの軽薄番組」などと叩かれ、知名度が上昇。それと比例するように、番組のおもしろさが伝わっていった。開始から半年で当初2・5%だった視聴率は上昇を続け、当時の深夜番組としては異例の5・5%を記録。不毛な時間帯と言われた土曜深夜帯での『オールナイトフジ』の好調を見た他局は相次いで『海賊チャンネル』(日本テレビ)、『ミッドナイトIN六本木』(テレビ朝日)、『ハロー・ミッドナイト』(TBS) など後発番組をスタートさせた。『オールナイトフジ』はテレビの時間枠をも開拓していったのだ。「新しいこと」を捨て、あえて「ダサい」ことを目指した結果、画期的な新しさを獲得した。それは、それまでヒット番組を作れず鬱屈した思いを抱えてきた石田弘の起死回生の革命だった。

「そのおもしろさとは、予定調和でない番組作り。普通だったら読める漢字が読めないとか、かんでしまうとか、段取りが悪いとか。要するに慣れていない新鮮さ」(※85) と秋元が分析するとおり、作り手は女子大生のシロート感に徹底してこだわった。

「あくまで〝女子大生っぽさ〟を求めてきました」と番組初期から「女子大生」の一員として

番組に出演した山崎美貴は言う。
「何か情報コーナーでしゃべる時でも、スポンサーの会社名を間違えなければ、トチりは何度やってもいい、っていうか、かえってトチッた方がいいという雰囲気でした」（※90）

それまでテレビは「きちんと成立させる」ことが常識だった。仮にそれができなかったとしても、できるように努力しているのを見せるのがテレビだった。だが、『オールナイトフジ』は違っていた。女子大生たちは、トチり、詰まり、困るのが当たり前。できなくても、女子高生は笑ってごまかした。それどころか、ふて腐れたりもした。それで良しとされた。「女子大生がひたすら生意気に、馬鹿に見えるように演出」（※12）されていたのだ。

まさに大学の「サークル」の延長のようなノリだった。

その「サークル」的なノリと「部室芸」の申し子であるとんねるずはピッタリと合致した。そのとんねるずの起用について「横澤さん系の『THE MANZAI』や『笑ってる場合ですよ！』、『オレたちひょうきん族』とかが当たっているんだったら、僕たちも若いお笑い芸人を探してきて『オールナイトフジ』の中にそういうコーナーを作ろうと思った」（※91）と経緯を語っている。そして港が秋元の紹介で連れてきたのがとんねるずだったのだ。石田はとんねるずを見て「大物になる」ことを予感していた。「何事にも屈しないし、強烈なインパクトの芸を持っていた。オチがあるネタじゃないんだけど、当時の新しい笑いのスタイルを持っていた」（※93）と。

当時番組を熱心に見ていた演出家の大根仁は『オールナイトフジ』を「女子大生・芸人（主にとんねるず）・スタッフが同等でみんな一緒に悪ふざけしながら作っている『視聴者をナメた』態度」が魅力だと評している。

「『オレたちひょうきん族』の次の世代が、上の世代を食い潰そうと深夜からゲリラ戦を仕掛けてきたムードが画面から漂っていた」(※94)

初出演から半年後の1984年6月30日深夜、即ち7月1日に日付が代わり、旧所属事務所との契約が切れたのと同時に、とんねるずは檻から放たれた猛獣のような勢いで『オールナイトフジ』に再登場した。

「おれたちの出演時間は番組のほとんど終わりのコーナーだったんだけど、そのぶん何やってもいいっていう感じだったから。もう暴れたよ、めちゃくちゃに」(※77)

石橋がそう語るようにこの後、半年間の鬱憤をぶつけるようにとんねるずの大暴走が始まっていくのだ。

「逃さないぞ、と気合を入れたからね」(※81)

6 「一気！」の一瞬

「人生の中で平凡じゃなくなるキッカケってのは、ほんの一瞬の出来事なんだ。その一瞬の持

っパワーがすごいわけよ」(※77)

石橋貴明は、そんな風に語っているが、とんねるずにとってのその「一瞬」のひとつには、間違いなく1985年1月19日の「一瞬」が入るだろう。

石橋貴明によるいわゆる「テレビカメラ破壊事件」である。

1984年12月、とんねるずは初のシングルレコードとなる「一気!」をリリースした。事件は、その「一気!」をスタジオで披露している中で起こった。

学生服に身を包んだとんねるずはいつものようにスタジオを縦横無尽に暴れ回りながら歌っていた。

やがて、石橋は自分たちを撮影している一台のテレビカメラに指さしながら向かっていく。そして石橋はカメラに掴みかかると、それを激しく揺らす。その時だった。石橋が足を滑らせ転倒すると、大きなカメラも勢いよく倒れてしまったのだ。

女子大生の悲鳴が響く中、木梨は呆然と立ち尽くし、「俺、知らねえよ……、お前」とつぶやいた。

別のカメラは青ざめた石橋の表情をとらえ、2人が言葉をなくしている間、むなしく「一気!一気!一気!」という曲の掛け声が続いていた。

慌てて10人近くのスタッフがカメラを起こす光景が映る中、木梨は再びつぶやいた。

「シャレになんねえぞ……」

約1500万円のカメラは修理不能になり廃棄されることになってしまった。

しかし、この事件は、逆にとんねるずの「何でもあり」なイメージを確立する結果になった。彼らの〝暴走〟は若者を中心に熱狂的に支持され、常に〝暴走〟を期待されるようになっていった。だから、スタッフ側からも〝暴走〟を望まれるようになった。

「あの時代は楽しかったですよ。なにをやっても許されちゃう。逆にもっとやってくれみたいな」（※95）

東京進出したばかりの笑福亭鶴瓶が司会を務めていた『歌謡びんびんハウス』（テレビ朝日）では、ゲストの歌手全員が挑むゲームに参加。積み上げられたやかんをいかに崩さないで続けられるかを競うゲームで、最初に挑戦した石橋がわざと躓きすべてを崩してゲームを台無しにしてしまったり、『夜のヒットスタジオ』で洋蘭の展覧会の告知をしている最中、「何十万円もする」と紹介された高価な蘭の花びらを木梨がむしって食べてしまったりもした。

それが、やがて前述の『ザ・ベストテン』での伝説へもつながっていき、「あれがとんねるずらしさだ」とか「あれが若者を引っぱっていくパワーだ」などと肯定的に捉えられていったのだ。

「俺は別にそんなこと考えていったんじゃないんだよ。（略）それがいいふうになっちゃうっていうのがこの世界のおかしいとこなんだよ」（※83）

石橋貴明はしみじみと振り返っている。

「憲ちゃんと会ったこととカメラ倒したことがすべてのスタートだったもんなぁ」(※95)

「オフィスＡｔｏＺ」の秦野は、もともと歌手やアイドルを育ててきただけに、とんねるずをプロデュースする際も、それまでのお笑いタレントとはまったく違うアプローチを用いた。スタイリストをつけ、衣装や髪型も若者が「カッコイイ」と思えるものに変えた。もともと長身でスタイルも良い2人は、その衣装がいっそう栄えた。

『オールナイトフジ』チーフディレクターの港も「背も高いし、スポーツマンだし、歌もうまくてカッコいいし。新しい日本のエンターテイナーなんだな」(※96)とその第一印象を語っている。何もかもが従来の芸人像から逸脱していたのだ。

それまでお笑い芸人といえば背が低いのが普通だった。仮に背の高いものがいたとしても、必ずといっていいほどその相方は背が低い。

それは芸人が「笑われるもの、へりくだったもの、という道化的役割があった」からだとラサール石井は指摘する。しかし、とんねるずはそんな概念の対極にいた。

「とんねるずはそれまでのお笑い芸人の存在の意味合い、『道化』であり『フリークス』であったという歴史から、初めて解放された新しいお笑いであった」(※12)とラサール石井は評している。秋元も「彼らは背も高いせいもありますが、上から見下ろし、笑え、この野郎というところがある。いってみれば、クラスの人気者がテレビに出て、気楽にみんな声をかける雰囲気」（※97）と評している。

秋元はそんな2人の特長を活かし、レコードを出すように進言する。それが「一気！」だった。

「レコードなんかやっても売れないと思ってたから。貴明も、それだけはやめようって言ってた。だけど、秋元さんがシャレでいこうよシャレでなんていうし、まあ、一枚ぐらい記念にすんのもいいかと思ってOKした」（※77）

84年12月5日にリリース。『オールナイトフジ』でお披露目をしたが、オリコンのランキングは121位だった。関東ローカルの深夜番組だけで披露された曲なのだから、ある意味当然の結果だった。

「やったなあ」

石橋を深夜に呼び出して秋元は言った。

「やったなあって、秋元さん、121位じゃん」

「バカ、売れるよ。とりあえずお祝いやるぞ」

訝しむ石橋を前に、秋元は自信満々に言い放ったのだ。

「もし50位以内に入ったら何か僕にプレゼントしろ」（※88）

秋元の宣言通り、「一気！」は着実にチャートの順位を上げていった。50位を超えると石橋は唖然とした。秋元との〝約束〟は「20位以内ならロレックスをプレゼント」に更新された。

そして2月、「一気！」はオリコンチャート19位を記録したのだ。石橋は嬉しい悲鳴を上げながらニューヨークで85万円のロレックスを買って秋元にプレゼントした。

さらに吉報が届く。『ザ・ベストテン』の「今週のスポットライト」のコーナーへの出演が決まったのだ。

「うれしかったし、出演するということで感動もしたけれど、反面どうせおれたちにとってこれは後にも先にも一回こっきりのことだという気分もあった」と石橋は当時の心境を振り返っている。「めちゃくちゃやってやろうと思ったよ。おれたちらしくね。思い切りはずしてやろうと。どうせおれたちにとって、歌番組なんてのはレギュラーな仕事じゃないと思ってたから、好き勝手やってやれぐらいしかなかった」（※77）

そんな思いとは裏腹に、とんねるずはこの後すぐ、ヒット曲を量産し『ザ・ベストテン』の常連となっていった。

7　素人の時代

「今週、友だちの誕生日だから欠席します」（※98）

新田恵利のその言葉がおニャン子クラブが「クラブ活動の延長」などと言われる所以である。

言うまでもなく、おニャン子クラブとは1985年4月1日にスタートした『夕やけニャンニャン』（フジテレビ）の中で生まれたアイドルグループである。

もともとは『オールナイトフジ』のスピンオフ企画「女子高生スペシャル」（85年2月23日、3月16日）が盛り上がったことがきっかけだった。『オールナイトフジ』ではレギュラーの女子大生（オールナイターズ）から派生したユニット「おあずけシスターズ」が人気を呼んでいた。彼女たちは「どこにでもいる女子大生」だ。「実際はどうであれ、彼女らなら声をかけたらお茶ぐらいつき合ってくれるのじゃないか、とテレビを観ている若い男に思わせ」たことが成功の要因だと秋元は言う。「テレビに〝素人の時代〟をいち早く持ち込んだ」（※97）と。

それをさらに発展させたのが『夕やけニャンニャン』のおニャン子クラブだった。

夕方5時というそれまではドラマやアニメの再放送などを放送していたテレビにとっては不毛な枠。その時間帯にテレビを見られる層は限られている。その中で「クラブ活動もツッパリもやらず、この時間に家にいて、テレビを見るタイプ」の学生にターゲットを絞った。すると自ずと、「フツーの女子高生」を中心に据えるという方向に決まったのだ。

「基本線は放課後のクラブ活動ですよ。つまり、ここに出演する女子高生は、放課後に〝夕やけニャンニャン〟という〝芸能クラブ〟に入る」（※97）ようなものだったと秋元は言う。

番組のタイトルで使われた「ニャンニャン」は、当時の若者言葉で「セックス」を指すものだ。そのいやらしさを消すために「夕やけ」という言葉を足したという。

こんにちは。
双葉文庫公式キャラクター
“たばぶー”です。
Twitterもチェックしてね！
PIG LIFE
たばぶー
たばぶー公式Twitter
@futababunko
おすすめ作品・キャンペーン情報など随時更新中！

「本当は『たそがれニャンニャン』とつけようと思ったんですが、『〝たそがれ〟で〝ニャンニャン〟じゃ酷すぎる』と言われて、『もっとダサいタイトルはないかな？』と思っていたときに、三橋美智也の『夕焼けとんび』の歌詞が頭に浮かんできたんですよ（笑）。『夕やけ』というダサい感じと『ニャンニャン』という危険な響きを合わせるとちょうどいいなと思った」（※91）と石田は笑う。

7月に「セーラー服を脱がさないで」をリリースすると大ヒット、本もベストセラーになり、コンサートは超満員という異常人気。ファンクラブ「ニャン子クラブ」への申し込みは初日だけで19000通、1週間後には50000通に膨れ上がり、最高時には18万人もの会員がいた。毎週行われるオーディションには数百人の女子高生たちが殺到した。

おニャン子クラブのメンバーは「まわりにいるごくフツーの人」。だから「このタイプだと安心して擬似恋愛が楽しめる」（※97）と秋元は分析していたが、それだけではないだろう。秋元はこうも分析している。

「かつてスターというものは、見ている人には、あんなこと私には絶対にできないという驚きのタメ息をつかせる存在だった。それを、おニャン子クラブは、もしかしたら私にもできるかもしれない、なぜ私にもチャンスを与えてくれないのか、という苛立ちのタメ息に変えさせた」（※98）

つまり、おニャン子クラブは、テレビのスターを憧れの存在から、自己投影の対象に変えたのだ。

だから当時渦巻いた「学芸会レベル」などという彼女たちへの批判は的外れなのだ。「学芸会レベル」だからこそ、彼女たちは支持されたのだ。

おニャン子クラブの成功は、その後現在に至るまで続く、グループアイドル時代の始まりでもあった。


おニャン子クラブとともに『夕やけニャンニャン』を支えたのが、やはりとんねるずだった。ABブラザーズ、ちびっこギャング、ウッチャンナンチャンらのレギュラー陣の中でも、とんねるずは〝別格〟だった。一時は、全曜日に出演するほど。その存在感は総合司会の片岡鶴太郎や田代まさしらを遥かに凌いでいた。

マネージャーのボブ市川が公募で来た挑戦者と腕相撲で対決するコーナーでは、毎回のように、観客と乱闘を繰り広げ、視聴者に電話をかける「タイマンテレフォン」では、「てめえ、ふざけるな！」などとケンカを売ってくる視聴者に対し、「うるせえ、バカ！」と罵倒し続けた。なんとか話を続けたい視聴者に対し、石橋が小バカにしたような絶妙なタイミングで電話を切るのだ。

「実はこの場合、罵りあうことよりも、貴明が自分の都合で電話を切ってしまうタイミングがポイントで、客もみなそこで爆笑するわけである。貴明はこのあたりの駆け引きが実にうまく、ともすれば後味の悪くなりがちな企画を面白くこなしていた」（※12）とラサール石井は評している。

「貴明は、このように誰もが憧れている不良性、他人に対して攻撃的に突っ張るヤンキー体質を、おしゃれにアレンジしながら具現化することによって、若者のカリスマに成り得たのである」（※12）

いわば、とんねるずは不良性をパロディにすることで、ヤンキーや、それになれないまでもそれに憧れを抱いている大多数の若者の支持を集めたのだ。

一方で、石橋はめまぐるしく変わっていく状況に「ちょっと焦っていた」と言う。自分たちの名前だけが先行し、おニャン子クラブは、コントロールが効かないほどのブームになってしまっていた。ブームというものは始まりがあれば終わりがあるもの。特にそれは加熱すればするほど、終わったときの反動は大きくなってしまう。

「このブームが終われば番組と同時に俺らも終わる、みたいな変な図式の中に自分らが巻き込まれちゃダメ」（※99）だと考えていた。

「ここから早く出ないと」と。

そんなときに出会ったのが伊藤輝夫、のちのテリー伊藤である。前述の「必ず、節目節目で会いたいな、と思う人に出会えてる」、そのひとりだろう。

総合演出を務めた『天才・たけしの元気が出るテレビ!!』を大ヒットさせる一方で、『いじわる大挑戦』（テレビ東京）ではたこ八郎に東大生の血を輸血してIQが上がるかを検証するなどといった放送コードギリギリの過激な企画を数多く手がけていた文字どおりの〝奇才〟である。

石橋の心配どおり、『夕やけニャンニャン』は1987年8月31日、わずか2年5ヶ月で終了。おニャン子ブームも急速に沈静化していった。それと入れ替わるように、同年10月3日から始まったのが、テリー伊藤と組んだ『ねるとん紅鯨団』[*7]（フジテレビ）だった。

彼らが出会ったのは、その1年前の86年10月から放送された『コムサ・DE・とんねるず』（フジテレビ）のときだった。その頃の印象を木梨は「テリーさんが着ている洋服とか、乗っているシボレーとかを見るのがすごく新鮮」（※85）だったと語っている。

「このダウンどこで売ってるんですか」
「じゃああげるよ」
「その車、売ってくださいよ」
「買ったばかりなのになあ。でもいいよ」

いつもそんなやり取りをしていたという。また木梨は「おもしろさは全部、タレントさん任せ」というディレクターが多いのに対し、テリーは「いいから俺に言われるとおり、タレントは動くんだ」という強い信念を持った演出だったと評価している。「『ヤラセ』っていう言葉を

『お約束』に変えたのが、テリーさんだった」（※85）と。そんなテリーにとんねるずは大きな影響を受けていくことになる。

だから木梨は「ファッションのこともテレビのこともテリーさんに教わったようなもん」（※85）とまで言うのだ。

『ねるとん紅鯨団』は毎回オールロケで、複数の男女が「フリータイム」で談笑し、「告白タイム」でカップルが成立するかまでを描いたとんねるず司会の恋愛バラエティである。今や「ねるとん」が集団お見合いパーティーを指す言葉として一般的に使われるほど人気を呼び、芸能人大会である『ねるとん紅鮭団』ではナインティナインが全国的ブレイクのきっかけを掴んだ。[*8]

いわゆる素人参加の恋愛バラエティといえば、『新婚さんいらっしゃい！』（朝日放送）、『パンチDEデート』（関西テレビ）、『プロポーズ大作戦』（朝日放送）など、いずれも関西のテレビ局制作。関西のお家芸だった。そんな関西発の恋愛バラエティを見ていてテリーはある「弱点」を発見した。

「スタジオで撮っているのが弱点」（※100）だと。

スタジオでは女性の髪が風で乱れることもなければ、時間の経過とともに落ちていく夕陽で美しく照らされることもない。ロケにすることで今までにない恋愛バラエティが作れると確信したのだ。「モニターを（バラエティ番組で）最初に使ったのは多分僕」（※100）とも言う。参加者が自然に喋れるようにカメラをできるだけ近づけず、遠くから見守るという手法を使ったのだ。

そして何よりも重要な役割を果たしたのがとんねるずだった。

『オールナイトフジ』や『夕やけニャンニャン』で鍛えられた女子大生、女子高生イジりをさらに発展させた〝素人いじり〟は絶妙だった。時に突き放し、時に寄り添う自在な押し引きで、いつしか兄貴分的な存在、若者のリーダーになっていった。

一方で「大人」たちには白い目で見られることが多かった。曰く「芸がない」「素人同然だ」「バカ騒ぎしてるだけ」「今だけの人気。すぐに落ちる」と。

「俺たち、19歳のころもいまもそんなに変わってないから」と当時受けたインタビューで石橋は語っている。

「強いよ、なんもないところからスタートしたっていうのは」

それに木梨も同調して言う。

「もともと芸がないんだから、落ちようがない」（※83）

事実、このインタビューのすぐ後に、彼らの〝ホーム〟となる『とんねるずのみなさんのおかげです』がレギュラー化され、ますますとんねるずは確固たる地位を築いていくのだ。

8　一番偉い人へ

「ボクたちとんねるずで火曜ワイドスペシャルの枠をください。視聴率必ず30パーセント以上取ります。
とんねるず石橋貴明」

レポート用紙に「企画書」と殴り書きし、石橋は編成局長の日枝久に直談判した。当時とんねるずは毎日のようにフジテレビにいた。石橋は収録の合間、「社会科見学」的なノリでスタッフなどしか入らない制作室の前などをウロウロしていたという。別に自分たちを売り込むなどという目的があったわけではなく、「単純にあの廊下に貼ってある新聞見に行ってた」というが、結果的に「ついでにだれかいねえかな」と思って訪れた第2制作室に行ったことで直訴の機会を得たのだ。「あの人が一番偉い人だよ」と一緒にいた港が囁くと、「じゃあ代表で、石橋貴明直訴に行きます！」とレポート用紙にペンを走らせた（※96）。それまでも港は何度となくとんねるずメインのバラエティ番組の企画書を提出していた。だが当時フジテレビは横澤班を中心とした人気番組がどれも好調で枠が空いていなかった。だから、なかなか企画が通らなかったのだ。

日枝は石橋が提出した〝企画書〟を読んで、ニヤリと笑い、「視聴率30パーセント取れなかったらどうする?」と迫った。

「(石田)プロデューサーを箱根の彫刻の森美術館に飛ばしてください」

石橋が即答すると日枝は大笑いして、「よーし、わかった」とその場で、オンエアーを決めた(※79)。

それが、『とんねるずのみなさんのおかげです』の始まりである。

「どれだけ幸運に対して貪欲になれるか」(※77)という石橋の貪欲さが生んだ番組なのだ。

『とんねるずのみなさんのおかげです』は、1986年11月11日から4回にわたり、「火曜ワイドスペシャル」の枠で放送された。目標としていた視聴率30%には届かなかったものの、20%を超える視聴率を獲得。その結果、88年10月13日、木曜夜9時の枠にレギュラー放送が開始された。木曜夜9時はTBSで『ザ・ベストテン』を放送している枠だ。『ベストテン』といえば、とんねるずが、全国に名を轟かせた因縁深い番組。それがライバルとなったのだ。

実は『ザ・ベストテン』とはもうひとつスタッフ間で因縁があった。

それは『夕やけニャンニャン』との間で起きた因縁だった。『おかげです』のスタッフはプロデューサーの石田、ディレクターの港を始めとして『夕やけニャンニャン』と重なる。彼らは、おニャン子クラブの出演を巡って、『ベストテン』といざこざがあって対立していた。当時、おニャン子クラブのマネジメントは、『夕ニャン』のスタッフが兼任していた。オリコンチャートでトップを独走するおニャン子クラブは当然、『ベストテン』にも呼ばれることになった。すると、フジテレビのスタッフが、『ベストテン』の収録に同行することになって大変だった。そんな状態にも関わらず、チャートで上位を維持しているのとは裏腹に『ベストテン』ではすぐにランクダウンしてしまう。どういう集計の仕方をしているんだと問い合わせても、納得できる回答は得られなかったという。だから石田は、割に合わないと、おニャン子クラブを『ベストテン』に出すのを止めた。

「今日も河田町の変なマークの陰謀で、おニャン子は出演できません」

おニャン子クラブがランクインするたび、誰もいないミラーゲートを前に、そんなふうに説明された。

とんねるずはそのいざこざをおもしろがり、『夕やけニャンニャン』の番組内でプロデューサーの学歴から「東大・日大戦争勃発！」などと煽っていた（※91）。

そんな経緯があったため、『おかげです』のレギュラーが始まる際、石田は『ベストテン』のプロデューサーに挨拶に行ったという。

なぜなら、『おかげです』にはお笑い芸人ではなく、アイドルや歌手をゲストに呼ぼうと考えていたからだ。それを『ベストテン』に邪魔されたくなかった。

「『ザ・ベストテン』のチャートに入る前か、チャートから落ちたあとにしか僕たちは番組に出さないから、『おニャン子』では色々あったけど、ひとつヨロシク」（※91）と承諾を得たのだ。

ちなみに『ベストテン』と裏番組としてしのぎを削っている時期、とんねるずは「ベストテンの裏番組でバラエティやっててさぁ、歌番組に出てはいけない」(※101)という思いから、コンサートを行ったり、アルバムのリリースはしていたが、シングルレコードを出すことは自粛していた。

『おかげです』は、『オレたちひょうきん族』を引き継いだパロディ路線だった。中でも番組初期から人気を支えたのは『仮面ライダー』のパロディである「仮面ノリダー」だった。このコントは、レギュラー化する前の特番時代から作られ、レギュラーの第1回から看板コントとなっていくという点でも『ひょうきん族』の「タケちゃんマン」を思わせるが、『おかげです』のパロディ路線は『ひょうきん族』のパロディ手法を更に推し進めた徹底性が特徴だった。本家ライダーシリーズと同じ中江真司をナレーターに起用し、「おやっさん」も本家同様、小林昭二が演じた。そしてオープニングには本家の替え歌が流れるなか、本家を完全コピーした特撮映像がタイトルバックで流れる。

「タケちゃんマン」が「ヒーローもの」全般のパロディだったのに対し、「仮面ノリダー」は、『仮面ライダー』に焦点を絞り、より正確なディテールで徹底したパロディを行い、本家を凌ぐほどの人気を得ていった。他のコントも同様だった。『北の国から』(フジテレビ)などは番組でパロディにされたことで人気が再燃する(パロディされる前の『'87初恋』の視聴率が20・

5％、パロディされた後の『'89帰郷』が33・3％）という逆転現象まで起こった。

この手法が、「ビデオで過去の作品が容易に鑑賞可能という時代の流れにマッチ」（※102）したとも言われているし、生まれた時からテレビが当たり前に存在していた最初のテレビ世代の成果とも言われている。彼らはテレビ番組自体を遊び道具にしはじめたのだ。

番組のタイトルについては「俺たちはつねに、つき放したところでモノをいったり、ギャグやってたから、逆にこっちのほうから、『みなさんのおかげです』って頭下げるほうが、かえってまたつき放せるんじゃないか」とその思惑を石橋は説明している。「頭下げながらチロッと舌を出すっていう、ね（笑）」（※101）

初回の視聴率こそ約15％にとどまったが、回を追うごとに高くなり、4回目の放送では早くも20％を越え、24％を獲得した。

「くるぞ、くるぞ、くるぞ、ああ、来ちゃったあ……」という感じだったと木梨は言う。石橋も「3、4ヶ月はかかると思ってた」（※103）という。

翌89年には、視聴率で民放1位を獲得。NHKを含めても上に大河ドラマ『春日局』しかない状態だった。相乗効果で『ねるとん紅鯨団』の人気も上がり、2つの番組合わせて視聴率が50％を超えることもあった。『おかげです』が『ベストテン』を終了に追いやったように、同じ年、『ねるとん』も裏番組の『今夜は最高！』終了させる要因となった。

石橋は「タレントたるもの数字を取ってなんぼのもんだ」(※79)などと常々語っているが、「確実にワンランク上がったねっていうことは、みなさんからいわれます」(※101)と言うように、とんねるず＝視聴率を獲れるタレントである、ことが業界全体に知れ渡り、当時のテレビ界を代表するタレントの一組になった。

「ひと回りもふた回りも大きくなった感じがする」と旧知の島森路子に言われ、石橋は「フッフッフ」と笑って言う。

「やっぱり、自分たちがおもしろいと思ってやってことが当たって、ああ、やっぱり、自分たちは間違ってなかったって…。なんかそういう自信みたいなものが生まれたのかも」(※103)

とんねるずは「若者」だけのものではなくなっていったのだ。

9 内輪受け

「タカとノリ!　うちに来なさい」

『夜のヒットスタジオ』の生放送を終え、楽屋に戻ってきた2人のもとに突然電話がかかってきた。

電話口の相手はあの美空ひばりだった。言わずと知れた国民的歌手である。

この日もとんねるずは、いつものように歌そっちのけで暴れまわっていた。それをテレビで観た美空ひばりが、彼らに「あんたたち、歌番組に出てるんだからちゃんと歌いなさい」と諭したのだ。そして、4時間近くある自身のコンサートの映像を2人に解説しながら見せた。

深夜0時を回って早く帰って眠りたい2人は彼女がトイレで席を立つとビデオを早送りした。だが、戻ってきた彼女は「あら?」と気づいてしまうのだ(※84)。

美空ひばりととんねるずは1987年頃、歌番組の共演で知り合った。血気盛んで怖いもの知らずだった石橋は初対面のひばりに向かってこう尋ねた。

「俺たちも〝お嬢〟って呼んでいい? 今日から、お嬢と俺たちはマブダチでしょ?」

〝お嬢〟とは美空ひばりとごく親しい者だけが使っている彼女の呼び名だった。

「マブダチって何?」

ひばりが聞き返すと、石橋は、「すごく仲の良い親友」だと説明した。

「そうね。タカとノリはマブダチだから〝お嬢〟って呼んでいいわ」

こうして、とんねるずと美空ひばりは、〝お嬢〟〝タカ〟〝ノリ〟と呼び合う仲になった(※104)。

美空ひばりは『とんねるずのオールナイトニッポン』にもたびたび乱入し、〝2時間ジャック〟したこともあった。

88年4月11日、美空ひばりは、東京ドーム「こけら落とし」公演となる「不死鳥コンサート」で闘病から復帰を果たした。コンサートにはとんねるずも招待され、彼女の姿に号泣したという。

だが、ドーム公演後、再び病状が悪化。

翌年1月、秋元康と組んだ「川の流れのように」をリリースし、闘病を続けていたが、3月に再入院。

1989年6月24日未明、間質性肺炎による呼吸不全の併発により逝去。享年52。奇しくも「昭和」から「平成」に元号が変わったこの年に、「昭和」を象徴する国民的スターがこの世を去ったのだ。

7月22日に行われた葬儀では、石橋貴明も弔辞を読み上げた。

「もう一回会いたいスパースターは誰だって言われたら僕らの中では美空ひばりさん」（※105）と石橋が語っているように、美空ひばりのその生き様は、とんねるずに多大な影響を与えたのだ。

1989年は、「国民的」なものが、次々に失われていった年だった。美空ひばりの死もそうだったし、同じ年、国民的マンガ家・手塚治虫も亡くなっている。

テレビ番組でいえば、前述のとおり、89年9月28日、『ザ・ベストテン』が終了した。黒柳徹子とともに最後の司会を務めたのは、皮肉にも『オレたちひょうきん族』で『ベストテン』のパロディ「ひょうきんベストテン」で人気者になったコント赤信号の渡辺正行だった。『ベストテン』終了の影響は大きかった。『歌のトップテン』などの歌番組が相次いで終了。

『ミュージックステーション』など数少ない例外をのぞいて、テレビの中心から歌番組が姿を消したのだ。それによりもっともダメージを被ったのはアイドルたちだった。最大の露出の場を失ってしまったのだ。実際、この時期からしばらくアイドル冬の時代が始まる。それを象徴しているのがホリプロの「タレントスカウトキャラバン」だと、アイドルについて造詣の深いクリス松村は言う。数々のアイドルをデビューさせてきたホリプロが、この年、遂にアイドルをデビューさせることがなかったのだ。「アイドルらしいアイドルは、89年で終わり」(※106)なのだ。

同様にジャニーズ事務所による男性アイドルも苦しむことになる。光GENJIは『ベストテン』とともに大スターに登りつめたと言っても過言ではない。だが、その後輩で88年に結成されたSMAPは『ベストテン』終了によって、あったはずの活躍の場がなくなった。事実、彼らのCDデビューは結成から3年後の91年まで待たねばならなかったし、そのデビューシングル「Can't Stop!! —LOVING—」はジャニーズアイドルとしては売上も低調だった。そこで苦肉の策として探ったのがバラエティ番組への本格進出だった。それまでもアイドルがバラエティ番組に出ることは珍しくなかった。キャンディーズもピンクレディーもドリフや萩本欽一らとコントを演じ、さらに人気を確かなものにしていった。だが、それはあくまでも余技としてだった。「アイドル」が〝下りてきて〟演じていたものだ。だが、SMAPは違う。お笑い芸人と同じような下積みや修業を経て、本格的にバラエティ番組や笑いに取り組んでいった。

いわば、ドリフ側を目指したのだ。その結果、まったく新しいアイドル像を作り上げ、アイドルを超え「平成」を象徴するテレビタレントとなったのだ。『ベストテン』終了はその遠因とも言えた。

一方で『ベストテン』終了と入れ替わるように、ブームになった音楽番組があった。

それが1989年2月11日から始まった『三宅裕司のいかすバンド天国』(TBS)。いわゆる「イカ天」ブームである。『ベストテン』と同じ音楽番組だが、まったくアプローチが違っていた。

もともとは三宅裕司が司会の『土曜深夜族』という3時間番組の後番組に「どうせ生でやるなら、バンド合戦をやらせたらおもしろいんじゃないか」という企画が持ち上がったのが始まりだったという。「純粋にバンドを発掘しようという趣旨ではなくバンドという素材でバラエティ番組を作ろう」(※107)という発想だった。

だからそれまでの素人オーディション番組と決定的に異なり、出場者が必ずしもプロを目指していなかった。『イカ天』の出場資格はあくまでもアマチュアバンドであること。前もって収録した演奏VTRを審査員たちの前で見て2人以上の審査員が気に入らなければ、途中で終わってしまうゴング形式だった。5週勝ち抜くと「イカ天キング」の称号が与えられ、その多くがメジャーデビューを果たした。審査基準もこれまでのオーディション番組とは異質だった。

審査員を務めた中島啓江はこう証言する。

「これまでの音楽コンテストのように音楽性だけを重視するっていうわけじゃないですよね。それぞれが何か強烈なインパクトを受けたり、言葉ではうまくいえないけど、心のどこかにひっかかったりしたバンドをえらんでいる」(※108)

音楽的な技術よりも、個性が重視されたのだ。

そんな中で、たまやFLYING KIDS、BEGIN、BLANKEY JET CITYといった本格派から、宮尾すすむと日本の社長やカブキロックスといった個性派まで様々なバンドを輩出し、一大バンドブームを牽引していった。

「音楽業界におけるシステム化されたスター作りが飽きられた」(※108)という点が、ブームの一因だと湯川れい子は分析している。大金をかけて訓練されたプロフェッショナルよりも、技術は乏しくても、自由に暴れまわるアマチュアリズムを視聴者が望み始めたのだ。

まさにそれはとんねるずのブレイクの仕方と重なる。

「国民的」なものが失われた時代、そこで必要とされたのは新たなプロフェッショナルではなく、予定〝不〟調和なアマチュアリズムだった。

テレビはそれまで「最大公約数ねらい」だったと秋元康は分析している。即ち、大衆向けだ。だが、時代が変わっていく中でそれは通用しなくなった。では、どうすればよいか。そんな時に出てきたノウハウが「内輪受け」という切り口だった、と。

「この技はいわゆる従来の『楽屋オチ』というやつとはちょっとちがう。ある特定のターゲットにむけたセグメンテーションと考えたほうがいいだろう。むずかしい言い方をすれば情報を細分化してターゲットをしぼりこむってことだ。こっちのターゲットにはバカうけするけど、こっちのターゲットにはまるでうけない。以前なら相手にされない発想だけど、今TVに必要なのは、いかにして自分の中にマイナーな発想を発掘できるかってこと」(※109)

とんねるずは、自分たちの「部室」をそのままテレビで再現した。そして、アマチュアリズムを維持したまま、ゴールデンタイムという本来大衆に向けるべき時間に、視聴者から大きな支持を集めることに成功した。いわばとんねるずの「部室」に視聴者を引きずりこんだのだ。

とんねるずは「青春時代」そのものの空気をテレビに映し出した。

『ひょうきん族』では隠し味にすぎなかった「内輪受け」を番組のメインに推し進めていった。前者のそれはあくまでも視聴者に向けた「内輪受け」だった。「俺だけは(彼らの内情を)知ってるぜ」と視聴者に優越感を抱かせるものだ。お茶の間との距離を近づけ視聴者を巻き込むものだった。だが、とんねるずのそれは、視聴者を突き放すかのように、「業界」そのものをパロディにしていた。彼らは視聴者が知らない世界を見せ、常に視聴者の上に立つことで視聴者から憧れと羨望を抱かせていったのだ。それこそが、とんねるずのテレビ芸だ。

そしてそれは、テレビが大衆のものから、個人のものへと変わりゆく時代を先取りしたものだったのだ。

*1　初めて行ったのは78年7月6日、ニューヨークからの中継だった。黒柳徹子が夏季休暇をとったため旅行先から衛星中継した。

*2　「石橋化成」を経営する裕福な家庭に生まれたが貴明が幼いころに倒産し夜逃げを経験した。父が体を壊したため母が家計を支えた。

*3　「ケンとメリーのスカイライン」のキャンペーンで人気を博し、当時若者の憧れの車だった。CMソング「ケンとメリー～愛と風のように～」も異例のヒットを記録。

*4　日本テレビ在籍中の71年から局から特別な許可を得て〝副業〟として担当していた。

*5　『放送作家は万年新人募集中』（エムオン・エンタテインメント）のことだと思われる。

*6　基本的には番組制作会社だが、当時はタレントのマネジメント業務も行っていたようだ。アゴ&キンゾーらも所属していた。

*7　もともとこの企画は『元気が出るテレビ』で一度試されている。だが、たけしの性に合わずテリーは別番組として立ち上げた。

*8　柳沢慎吾がこの番組で言った名言「あばよ！」に対抗して「ほなね！」という言葉を残した。その直後に立て続けに放送された『ビートたけしのお笑いクイズ』での「人間性クイズ」が合わせ技となって岡村隆史はブレイクを果たした。

第5章

お笑い第3世代の胎動

1982 – 1985

NSC設立。一期生としてダウンタウン入学

ウッチャンナンチャン、『お笑いスター誕生!!』でデビュー

紳助・竜介が解散

『冗談画報』開始

1986
ラ・ママ新人コント大会、開始
心斎橋筋2丁目劇場、誕生

1988
『夢で逢えたら』開始

1989
『夢で逢えたら』全国ネットに昇格
『4時ですよ～だ』終了、ダウンタウン上京

松本人志
19歳～26歳

浜田雅功
19歳～26歳

大崎洋
（吉本興業）
29歳～36歳

内村光良
18歳～25歳

南原清隆
17歳～24歳

野沢直子
19歳～26歳

清水ミチコ
22歳～29歳

吉田正樹
（フジテレビ）
23歳～30歳

星野淳一郎
（フジテレビ）
22歳～29歳

渡辺正行
26歳～33歳

1　紳助竜介のコピー

「紳竜引退宣言。自分らの漫才に限界を感じた。このままでは、サブロー・シロー、ダウンタウンに勝てない」

１９８５年、紳助・竜介の漫才からの引退を報じたスポーツ新聞を開いてダウンタウンの松本人志は愕然とした。

「ダウンタウンって誰やねんっ？」（※11）

自分でもそうツッコむほど、当時のダウンタウンは無名だった。気鋭の若手漫才師として注目を浴びていたサブロー・シローはともかく、まだ世間からまったく知られていない自分たちの名前を、あこがれの島田紳助が引退の理由として挙げていたのだ。

「終わった」

紳助は、竜介に「ええかげんにせえ」とツッコまれ、舞台を降りて舞台袖に戻ると涙がとめどなく溢れてきてしまった。

解散宣言の4年前、１９８１年9月29日に放送された『ＴＨＥ ＭＡＮＺＡＩ』第8回の収録のときだ。

マンザイブーム絶頂の頃。若い観客はいつものように大いにウケていた。だが、紳助は「あぁ、これで終わりだ」と思いながら、漫才をしていた。

その日の打ち上げには参加せず、知り合いの店に行き、紳助はずっと泣いていた。

「紳竜は終わった。十年もつと思うたけど五年やったな。終わった」(※4)

翌日、マネージャーに「解散する」ことを伝えたが、当然マネージャーは「なんでや？」と呆然としていた。

「爆笑やったやん」と。

竜介にそのことを打ち明けると、竜介は黙って頷いた。

だが、マンザイブームの最中、紳助の思いはすぐに実行には移せなかった。

「その日からずっと、僕はいわば死に場所を探していた。

往生際の悪いことだけはしたくなかった。ただ、どうやって辞めたらいいか、そのふんぎりがつかなかった」(※11)

「終わった」という感覚を、さらに確かなものにしたのが、サブロー・シローとダウンタウンの存在だった。

紳助竜介が出演するうめだ花月の舞台に、トップバッターとしてダウンタウンが立っていた。

客はクスリともしていなかった。だが、紳助は彼らの漫才を見て、今度こそ「辞めよう」と決意した。

「たしかにあのときはまだ、紳助竜介の方が人気からいっても、ネームバリューからいっても格上だったかもしれない。でも、僕らが彼らに遠からず追い越されるのは、どう考えても動かしようのない真実だった。（略）人間、誰かにちょっと負けてるなあと思ったときは、だいぶ負けている。だいぶ負けてるなあと思ったときは、もうむちゃくちゃ負けているものなのだ」（※11）

紳助はその日の出番を終えると、吉本興業の本社に赴き、林正之助会長に解散の意思を伝えた。

「すいません、コンビ解散します」

「なんでや」

「限界です。もう無理です」（※4）

その後、師匠である島田洋之介・今喜多代にも伝えた。だが、相方である竜介にだけは最後まで解散の話をすることができなかった。

「ちょっと、話あんねん」

切り出したのは竜介の方だった。

「何？」と紳助が尋ねると、竜介がなんでもないことのように言った。

「もう終わろうや。無理や。解散しよう」（※4）

竜介は、紳助の心情を誰よりも理解し、自ら身を引く形で解散を決めたのだ。紳助・竜介結成後8年、1985年のことだった。

島田紳助がダウンタウンを初めて見たのは、『THE MANZAI』第8回で「終わった」と思った翌年の1982年だった。

吉本興業は、マンザイブームに乗り、お笑い芸人の養成学校を立ち上げた。「吉本総合芸能学院」、通称「NSC（ニュー・スター・クリエーション）」である。

マンザイブームでお笑い芸人に志願する若者が増えている。そこに目をつけたのだ。広く人材を集め、それを育成しながら、授業料もとることができる。吉本興業にとって願ってもないシステムだった。NSC開校以前、お笑い芸人になる道はごく限られたものだった。誰かの弟子になるしかなかったのだ。それは若者にとって敷居の高いものだった。そのままでは、人材が枯渇する。当時取締役で、後に社長となる中邨秀雄は、「この世界への間口を広げ、彼らが育つための場を作る」(※24)という目的を掲げ大号令をかけた。そうして当時課長でNSC初代校長となる冨井善則、入社2年目の竹中功が中心となってお笑い養成所NSCを立ち上げたのだ。実は、この「お笑い養成所」というシステムは、ライバルである松竹芸能がいち早く作ったものだった。そこからマンザイブームでも活躍した春やすこ・けいこらが巣立ってもいる。だが、マンザイブームは「吉本ブーム」だったと言っても過言ではない。だから多くの若者が松竹ではなくNSCに飛びついた。

吉本が経営していたボウリング場「ボウル吉本」を改装してできた場所には記念すべき第一期生約70人（※38）が集った。[*1]

その中の一組に当時はまだ「ダウンタウン」ではなく、「松本・浜田」と名乗っていた松本人志と浜田雅功がいたのだ。

「おっ」

紳助のたこ焼きを口に運ぶ手が止まった。

紳助が2人の漫才を初めて見たのは、このNSCの授業だった。

「いっぺんNSCに行って授業したってくれ」と会社から命じられたからだった。授業では、NSCの学生たちのネタを短い時間で見た。

「正直なところ、何の期待もしていなかった」（※11）という。

「マンザイブームに乗せられて漫才に憧れ、ヨシモトの学校ができたと聞いて、『そこへ行けば自分も漫才師になれるだろう』なんて安易な考えで入学金を払うようなガキたちに何ができるのか」（※11）

厳しい弟子時代をすごした紳助がそう考えるのは当然だ。

事実、そのほとんどは見るに耐えないものだった。だから、紳助はたこ焼きを頬張りながら聞いていたのだ。だが、その手を止めさせたのがダウンタウンだった。

「なんだこいつら！」

紳助は驚きと動揺を悟られないように、無表情のまま再びたこ焼きを口に運んだ。

「ひと組だけおもろい奴がおったで」

交代で授業に行った明石家さんまやオール阪神・巨人が楽屋などで顔を合わせた時、口を揃えた。

もちろんダウンタウンのことだった。

紳助には松本と浜田の漫才のテンポが新鮮だった。紳助・竜介はそれまでの「4ビート」の漫才を「8ビート」に変えた。ツービートやB&Bもそうだ。だから、それが主流になった。だが、松本・浜田の2人の漫才は「4ビート」だった。

「かといって古いわけではなく、ネタの中身は僕たちの漫才と同じように、若い人に向けたものでした。それを違うリズムでやっていたんです」（※4）

授業が終わって外へ出ると、紳助は2人に声をかけた。

「なあなあ、お前ら、そのテンポでいけると思うの？」

「いけると思うんです」（※4）

松本はそう答えた。

「うわっ、たこ焼き喰いながら見てるやん。ぜったいこのおっさん、俺のことおもしろいと思

ってないわあ」（※11）

紳助に漫才を披露しながら、松本は冷や汗が止まらなかった。

ダウンタウンは最初、「完璧に紳助竜介のコピー」（※11）だったと松本は述懐している。

「テンポも含め、身振り手振りに至るまで、すべてがコピー。

それはもう、わざとそうやっていた。

ネタうんぬんの前に、とにかく漫才というものを最低限カラダで憶えなかったら、先に進めないと思ったからだ。僕も、浜田も」（※11）

紳助が初めて彼らの漫才を見た時も当然そんな紳助・竜介をコピーしたネタだったという。

今では珍しいことではないが、NSCに入学するときから2人はコンビとして入学した。ちゃんとコンビとして入学したのは一期生では松本と浜田くらいで、入学試験の面接官には驚かれたという。だが、実はそれぞれ別々の相手とは漫才の真似事をやったことがあったが、一度も2人で漫才をやったことがなかった。

「浜田とならできる」

根拠は何もなかったが、松本はそう確信していた。学生時代からお互いの笑いのセンスが他の誰よりも共通していたからだ。

しかし、最初まったくできなかった。

入学して1ヶ月が経った頃、いざネタ見せという段になって、そのことに初めて気づいたのだ。

「初めて立って、漫才をやってみたのだが、ぜんぜんうまくいかなかった。

ひどいもんだった。

当然といえば当然なのかもしれないけれど、僕にはすごいショックだった。

僕が考えたネタもたいしたことがなかったけど、そのネタがどうこういう前に、まず噛み合わないのだ。

いや、その噛み合ってないという言葉すら出てこなかった」(※11)

テンポや間がまったく合わなかったのだ。いや、テンポや間という言葉も意味も知らなかったのだから当然だ。

「もしかしたら、俺たちこんなとこ入って、なんかとんでもない間違いをしでかしてしまったんやないやろうか」(※11)

松本は壁にぶち当たった。

悩んだ松本は、たまたま録音してあった『THE MANZAI』での紳助・竜介の漫才のテープを一度、浜田と一緒に聞いた。

たった一度だけ聞いた後、うまく噛み合わなかったネタをもう一度2人でやった。

すると、驚くべきことにすんなりできてしまったのだ。

2　まっつんとはまちょん

松本人志と浜田雅功が出会ったのは、小学校の頃だった。

「なんやこいつ、キザな奴っちゃな」(※110)

それが松本にとっての浜田の第一印象だった。

小学生なのにランドセルではなく「サンドバックのような」カバンを肩にかけ、頭はデザインパーマ、そして当時流行していたパンタロンを履いていた。

しかも、5年生のときには〝彼女〟までいた。

一方、浜田の松本に対する第一印象は「何やねん、こいつ。真っ黒けやないかぁ!?」(※111)だった。

日焼けして真っ黒で目立っていたのだ。

同じ風呂屋で顔を合わせることが多かったが、お互い距離をとっていた。

彼らの距離が縮まるのは中学に入ってからだ。

お互いの友人である「伊東」を介して2人は急速に仲が良くなっていき、やがて「まっつん」「はまちょん」と呼び合う〝親友〟になった。

伊東は松本にとって小学校時代の〝相方〟だった。

小学校低学年の頃、松本は登校拒否児だった。出席日数が足りず進級できるかできないかギリギリになってしまうほどだった。

そんなとき、父親が持ってきたのが吉本の劇場・花月の招待券だった。松本は花月での笑いにのめりこんだ。「漫才、落語、吉本新喜劇、それこそ毎月のように家族で見に行った」（※112）という。特に桂枝雀の落語に魅了された。「かなり聴いてますねぇ。小学校一年生くらいのときに落語会に連れてかれて、ムチャクチャ浮いてるなぁーって自分でも思いましたけどね（笑）。自分と同じくらいの子、だーれもいないですもん。でも、ウチの親は連れてくんですよ。親父と兄貴が好きやったんです。そういう意味ではお笑いにじかに触れたのは早かったんですよ。それで、意外と落語には影響を受けてるんですよね」（※113）。そうして笑いに触れていくなかで暗く友達ができなかった性格が変わっていった。

4年生になる頃には、漫才やコントを披露するようになった。その相方が伊東だった。高学年になると「笑いは松本にまかせとけ」（※110）というような雰囲気になっていたという。「笑いに関してはね、もうほんと、ぶっちゃけた話、レベルが違うなあって子供のときから思ってたんですよ。歯痒ささえ感じてましたね。みんながワーッて笑ってても、『それはさっきのんと基本的にはかぶってるやろう』とか。（略）『もうぼちぼち次いけへんか？』みたいな、よう思ってました」（※114）

中学に入り、伊東、浜田と一緒に遊ぶことが多くなっていた。

ある日、ひとつの〝事件〟が起こった。

浜田と伊東が殴り合いのケンカをしたのだ。腕っぷしの強い浜田は、伊東の頭を壁に打ちつけた。

伊東が唸っている中、浜田は松本に言った。

「まっつん、もう行こうや」

松本は一瞬迷いながらも、浜田についていった。それが〝分岐点〟だった、と2人は言う。

伊東とは少し壁ができ、浜田と親友になった。それから2人は何をするのにも一緒になったのだ。

「あっ、あっ、この壁や、この壁！　オレらの仲が始まったんは、この壁にオマエが伊東の頭ぶつけてからやあ！」(※三)

のちに『ダウンタウンのごっつええ感じ』(フジテレビ)で尼崎を訪れたとき(96年9月29日放送)に、そのケンカの現場を見て松本が言った。

「あのとき、伊東のとこにおったらコンビ組んでへんかったかもな」

「松本ここにあり！」

浜田と同じクラスになった中学2年のころの松本は笑いの面で完全にクラスの王様だった。

2人で「吉本行こうや」などとも話していた。

だが、思春期は、松本から笑いを遠ざけるようになった。3年生になった頃、異性を意識し始めた松本は「クラスでおどけるというか、はしゃぐというか、そういうのちょっと恥ずかしくなってきた時期」（※110）を迎えた。初めて女性と付き合い始めたのもこの頃だった。

お笑いに対する「反抗期」だった。

そんな松本が再びお笑いに目を向けたのは、高校進学後、マンザイブームが興ってからだ。若者が熱狂したマンザイブーム。お笑いがモテるものに変わったのだ。

そして松本にとって、その中心にいたのが紳助竜介だった。「B&Bさんも、ツービートさんもいたけれど、他が見えなくなってしまうくらい、僕にはなんといっても紳助竜介だった。

それはなぜか。

これは抽象的ないい方になってしまうけれど、紳助竜介はどこかセクシーだった。色気というものがあった」（※11）

そして、「こういう人たちが売れる世界であれば、俺もいけるかもしれへん」（※11）。そう思った。漫才の技術で勝負するだけではなく、彼らが発想で勝負しているように見えたからだ。笑いの発想に関しては、松本には絶大な自信があった。

だからと言って、彼らの弟子になるような選択肢は頭になかった。

「弟子になってしまうと師匠を抜けないような気がしたし、同じ線上で勝負したいと思った」（※112）からだ。

そんなことを考えているうちにも高校生活はあっという間に過ぎていった。中学の頃、浜田と「吉本に行こう」と言い合ったのは遠い過去のような気がしていた。松本は周りにつられるように一般[*2]の企業に就職を決めた。

一方、浜田は松本とは別の全寮制[*3]の高校に進学していた。厳しい高校生活を耐えぬいた浜田は「せっかく、3年間全寮制の学校に閉じ込められていたのが『外』に出られるんやから、遊ばなシャレにならん。そのためには、どこか専門学校にでも行けば1年か2年は好きなことしてられるわ」（※111）と考えた。だが、どこに行ったらいいか分からず、友人と競艇選手の試験を受けた。幸か不幸か、これに落ちてしまう。その試験の帰り道に見たのが、「NSC」の第一期生募集の看板だった。

「何やおもしろそうやな」

そう思った浜田は、就職が決まっていたことは知りつつも松本に声をかけた。

「いっしょに行ってみぃへん？」

その問いをNSCのチラシを見ながら聞いた松本は即答した。

「絶対に行こ行こ。そっちのほうがおもろいわ～」（※111）

「第一期生」というところに松本は運命的なものを感じたのだ。これがもう何年か続いたものだったら入学していなかったかもしれないと松本は言う。自分たちのために用意されたかのような新しい学校。「あ、これは行けということやな」と、そう松本は思った。
「僕も浜田も、あんなこと言いながら、いざ高校も卒業せないかん時になったらぐずぐず、ぐずぐずしてるから、何かもう、あれでとどめ刺されたというか。『これ見てもお前らまだぐずぐず言うか！』みたいな、そんな気しましたね」(※110)
こうしてダウンタウンはNSCに入学した。「まっつん」「はまちょん」と呼び合う親友の2人は、のちに同期の前田政二が名づけた「松ちゃん」「浜ちゃん」という愛称で呼ばれる相方同士になった。
2人が「第一期」に運命を感じたのと同じように、命運のかかった第一期生にダウンタウンが入学したのはNSCにとって、いやそれどころか、お笑い界にとって運命的なものだったことは歴史が証明している。

3　ダウンタウンと大崎洋

「もし、な。俺が向こうまで泳げたら、おまえに一個だけお願いがあるんや。この先おまえが売れた時、ひとつだけどんな無茶なことでも、言うこと聞いてくれるか？」(※24)

大崎洋は、堺のサウナにあるガラガラの温水プールで松本人志に言った。

ダウンタウンがまだくすぶっていた頃。岡山に2人で旅行に行った帰りだったという。

「……いいですよ」

松本がそう答えると、すぐに大崎はプールに飛び込み、25メートルを潜水で泳ぎ切った。

大崎洋がダウンタウンを初めて見たのはまだ彼らがNSC生だった頃だ。

大崎は先述のとおり、結果的に『THE MANZAI』のキャスティング案を横澤に託した人物だ。吉本東京事務所で木村の右腕として紳助やさんまらとともに獅子奮迅の活躍をしていた。

1982年6月、マンザイブームが一段落し、「大阪に帰れ」と命じられた大崎は、東京での日々が充実していたこともあって失意の淵にいた。

しかも、帰ったはいいが、大阪に自分の「居場所」はなかった。だから、4月から始まったばかりのNSCにそれを求めるしかなかった。

NSCを訪れると、ちょうど7月に行われる「今宮子供えびすマンザイ新人コンクール」に出場する生徒たちが稽古場でネタ合わせをやっていた。

その中で「ひときわ汚くて目つきの悪いコンビ」がのちのダウンタウン、松本・浜田だった。

「まだ高校を出たばかりで、浜田は五分刈り、松本はパンチパーマが伸びたような髪型をしている。悪魔か疫病神か泥棒か、とにかくそんなツラだった」（※24）というのが大崎の第一印象だった。

その少し前、ダウンタウンは急に校長の冨井義則から会議室に呼び出された。そこには吉本興業の部長クラス以上の社員が並んでいた。戸惑う2人を前にしながら冨井が他の社員たちに向け口を開いた。

「こいつらは、まだNSCに入学してきたばかりの学生です。しかし、こいつらがやっているネタというんがなぜかおもしろい。今までの漫才にはない新しいネタをやっているようやと思うんです」（※111）

これが事実上の今宮子供えびすマンザイ新人コンクール出場への〝面通し〟だったという。

今宮子供えびすマンザイ新人コンクールは、1980年に始まった今宮戎神社の境内で行われる「今宮こどもえびす祭」の中で開催される新人漫才コンクールである。前年には大木こだま・ひびきが大賞に輝いていた。

「どぉ〜せ予選も通らへんとは思うけど、とりあえずやってこい。勉強やから」（※111）

冨井はそう言って、コンクール用のネタを作ることを命じた。

その稽古をしているのを、たまたま大崎は目にしたのだ。漏れ聞こえる彼らのネタに大崎は

「完璧やん！」と感嘆した。

「予想もできない角度から切り込んでくる発想、ネタの構成力、間の取り方、イキ、若いなり

に表現力もある。

なによりたたずまいがよかった。見るからに汚い悪ガキなのだが、その根っこには『あったかさ』のような何かがあった。社会の枠から完全に外れているくせに、どこか人懐っこく愛嬌があるのだ」(※24)

大崎はおもむろに2人に近づいて言った。

「自分ら、おもろいなあ。いま何しとんの？」

浜田が、コンクールへ出るためのネタ合わせだと答えると、大崎は事も無げに言った。

「ほな、自分ら、もう優勝やん」

ふざけているのか、と思いながらも「ボクらまだ学校にも入りたてやし……」と答えると、大崎は再び断言した。

「いやいや、自分ら優勝や！　キマリや‼」(※111)

大崎の予言通り、松本・浜田は圧倒的な強さで大賞に輝いた。
「やっぱり俺ら天才やな」(※110)
松本は有頂天になった。
100組近くの出場者が「粗予選」「予選」「決勝」と進んでいく。優勝候補は、村上ショージが元ジャニーズアイドルの岡田祐治と組んでいた「NGⅡ」。周りは「プロ」ばかりである。

だが、ほとんど素人同然の松本・浜田の漫才が並みいるプロを寄せ付けなかったのだ。松本がそう思うのも当然だった。

「周りの奴らも、『確かにあいつらは別格や』みたいになりましたよね。俺も、たぶん浜田も、もう完全にそう思ってましたね」(※110)

2人が素直に感情を爆発させ喜んでいると、大崎は小声で囁いた。

「笑うな。絶対、嬉しそうな顔したらあかん」(※24)

大崎は、2人が優勝するのは当然だと思っていた。

「2人はこれからもっともっと大きな世界で活躍ができるはずだ。だからこそ人前で簡単に喜んではいけない。『これぐらい当たり前や』ぐらいの顔でいてほしかったのだ」(※24)

彼らの快進撃は続く。

『笑ってる場合ですよ!』のオーディションの話が舞い込んだのだ。視聴者参加コーナー「お笑い君こそスターだ!」の出演依頼だった。もちろん、基本的に出場者は素人であるが、毎回素人が集まるわけではない。そのためNSCの生徒たちから参加者を募ったのだ。

8月、フジテレビのスタッフがNSCを訪れ行われたオーディションに合格して番組出演が決まったのは、女性コンビ・ハイティーンラブ、NSC校長の冨井から名前をとったトミーズ、銀次・政二、そして松本・浜田の4組だった。

5日間勝ち抜くと王者となるこのコーナー。ハイティーンラブ、トミーズがそれぞれ3日目、

2日目で脱落する中、なぜか「まさし・ひとし」のコンビ名で登場したのがダウンタウンの2人だった。

実はその直前、松本は中学3年のころから付き合っていた恋人と別れ、失意の淵にいた。しかも、5日分必要なネタが2日分しかなく、勝ち抜くためにはあと3本新ネタを作らなければならなかった。「地獄でしたね、あの時」(※110)と松本は振り返っている。

それでも、そんなことは微塵も感じさせず、彼らは5日間勝ち抜き、第32代チャンピオンになったのだ。

だが、ダウンタウンは、この頃から大きな壁にぶち当たることになる。

『笑ってる場合ですよ!』出演の少し前の8月、2人はなんば花月に特別出演する。コンクール大賞のご褒美的な意味合いで5日間という短い出番だといっても、入学からわずか5ヶ月の舞台は異例のこと。もちろん、一期生の中では最速だった。さらに『笑ってる場合ですよ!』出演後の10月から、2人はなんば花月の前座「フレッシュコーナー」でデビューすることになった。

ここで、2人の漫才は受け入れられなかった。持ち時間の15分、まったくウケなかったのだ。

舞台に立つ前にも「壁」があった。それは先輩たちからの嫌味や嫌がらせだ。誰かの弟子になって師匠に尽くす厳しい下積み時代をすごしてようやく掴んだ花月の舞台に、誰の師匠にもつかず、月謝を払っているだけの学生風情が立つ。やっかみの目で見られるのも無理からぬことだった。しかも、彼らは初めてのケース。どう扱っていいのか先輩たちは図りかねていたのだ。2人は客と先輩芸人たち、それぞれと戦わなければならなかった。

それでも、松本は「俺ら舞台に立てばウケるんや」(※110)という自信があった。だから、ひとたび客前に出て、いつものように大爆笑を呼べば先輩たちを黙らせることができる、そう思っていた。

だが、その自信は打ち砕かれた。信じられないほどクスリともウケなかったのだ。

「なんとか笑わそうと、僕がボケればボケるほど、浜田がつっこめばつっこむほど、客は引いていく。いや、引くというより、そもそも僕らの話を聞いていない。

そのうちに、ここはいったいお笑いの劇場なんだろうかと疑いたくなるくらい、客席には冷え冷えとした空気が流れ始めた」(※11)

楽屋で先輩にいびられることなんかなんともなかった。だが、客がまったくウケない劇場は芸人にとって「悪夢」でしかなかった。

もちろんその大きな要因は客層にあった。花月の客は中高年の客が多かった。若い客はほとんどいない。特に平日は団体客がほとんどだった。若者向けの発想を武器とした漫才をするダウンタウンにとって、あまりにも客層があっていなかったのだ。だが、それだけではない。

松本は「公平にいえば、どっちもどっちだった」と振り返っている。

「客に笑いのセンスも、そもそも笑おうという気も、あんまりなかったのは事実だが、僕ら自身にも問題があったのだ。

なんといっても、まず声が出ていなかった」（※11）

素人とプロの芸人の差でまず大きくあらわれるのは「声の大きさ」だ。腹から声を出さなければ劇場全体に声を届かせるのは難しい。声がよく聞こえなければ笑えないのは当然だ。だが、当時はまだ、そんなことは気づかない。彼らは「客が悪い」と悪態をつき客のせいにすることで、自分たちのプライドを守っていた。

そうこうしているうちに、同期のトミーズやハイヒールは正統派の漫才を駆使し、「元ボクサー」「元ヤンキーと女子高生」というキャッチーさも相まって、劇場でも笑いを取り、先輩にも気に入れられ、さらにテレビのレギュラーもつかみ始めていた。

「なあ、オレら、こんだけ自分らがおもろい思ってやってるのに、漫才できるのは劇場で団体のおじいちゃんやおばあちゃんの前だけやろ……。こんなん、いつまでやってもしゃあないやん」

さすがに、落ち込んだ浜田が弱気になって松本に言った。

「どないしょう……。やめよう……」（※11）

そんなことを帰りの電車で話したことも一度や二度ではなかったという。

やがてＮＳＣ一期生は卒業を迎えた。それから程なくして、「お茶おごってくれません？」と大崎の元を松本と浜田が訪ねてきた。

「大崎さん、僕らのこと、どう思います？」

「どうって、自分らおもろいやん。ダントツやで」

そう答えた大崎に2人は「なんで仕事がこないのか」と悩みを吐露した。そんな2人の話を聞いているうちに、大崎は自然と口を開いた。

「じゃ、俺がマネージャーするわ」（※24）

ダウンタウンの実質的な初代マネージャーにして、チーフプロデューサーとなる3人の関係はこうして始まった。

その直後の83年5月には、大崎らの発案で行った「ごんたくれ」が開催された。阪急ファイブ・オレンジルームで行われたハイヒール、銀次・政二、ダウンタウンのユニットライブだ。キャパは約550人。新人としてはかなりの大箱である。3組はそれぞれチケットを手売りし、松本が中心となり合同コントを作り上げ、終わって見れば予想を超える大成功。自力で作り上げたライブは彼らを「いっぱしの新人芸人」にした。[*4] そして松本と浜田は、このライブを機にそれまで「松本・浜田」や「まさし・ひとし」、「ライト兄弟」など適当に名乗っていたコンビ名を変えた。

「ダウンタウン」の誕生である。

「今、若いマネジャーたちは、ダウンタウン－大崎洋の関係をつくろうと躍起になっているようだが、絶対無理だろう。大崎洋とダウンタウンには歴史があり、信頼関係がある。もし仮に大崎洋が吉本をやめるといえば、オレもきっとやめるだろう。それは、あの人についていくというクサいものではなく、彼のいない吉本興業に意味がないからだ」(※115)とまで松本は言う。世間から認められないとき、大崎だけは変わらず認めてくれていた。悩み苦しんでいた頃、サウナのプールでした〝約束〟は松本も忘れてはいない。

「あの時のプールの貸しをいまだに言ってこないのが妙に不気味である」(※115)

4 心斎橋筋2丁目劇場

ダウンタウンにとって大きな転機となったのは、1986年の心斎橋筋2丁目劇場の誕生だ。ここは元々、「南海ホール」と呼ばれるイベントスペースがあった。このビル自体は吉本の持ち物だったが、当時、南海電鉄にテナントとして貸し出していた。その南海電鉄から借りる形で84年7月から「心斎橋筋2丁目劇場in南海ホール」と題し、ダウンタウンをメインに据えたライブイベントを開催するようになっていた。一部の若者の間で口コミで広がり、徐々にではあるがダウンタウンの名が広がっていった。やがて「2丁目お笑い探検隊」という企画が始まる。松本が司会をする素人公開オーディションである。ここから東野幸治、リットン調査団、シルクが組んでいたコンビ・非常階段、山田花子らがこの世界に入っていった。

そして、86年。南海電鉄との賃貸契約が切れ、吉本の手に戻り、新装オープンさせたのが「心斎橋筋2丁目劇場」だったのだ。ここがダウンタウンのいわばホームグランドになっていく。


その1年前、紳助竜介が「サブロー・シロー、ダウンタウンに勝てない」と解散を発表した年、ダウンタウンはプロとして初めてメディアのレギュラーを掴んだ。[*5]

それがラジオ『おっと！モモンガ』（ラジオ大阪）だった。

当時からダウンタウンをかわいがってくれていたほぼ唯一の先輩、サブロー・シローからの紹介だったと松本は証言している。

「次はダウンタウンにさしたってほしい」（※110）

まだまったく無名の芸人に2時間のレギュラーを与えるのはラジオ大阪にとっても冒険だっただろう。その裏で大崎も「ホンマにオモロイ2人がおるんや」（※24）と何度も通いつめて説得したという。

テレビのレギュラーもほぼ同時期に始まった。85年10月に始まった深夜番組『今夜はねむれナイト』（関西テレビ）である。司会はやはりサブロー・シローだった。

この番組でダウンタウンは「ダウンタウン劇場（シアター）」というコーナーを任された。

ダウンタウン流の最先端の笑いをどう視聴者に伝えるか。企画に携わった大崎は思案した。

「この匂いを薄めることなく、いかにしてお茶の間に届けるか。そう考えた時、今までの笑いの文脈で人と絡むより、独立した世界観を作りこむコーナーの形がベストに思えた」(※24)

そうして既存の芸人とは一切絡まず、コントだけを純粋に放送するコーナーが誕生したのだった。

それまでダウンタウンには「追っかけ」と呼ばれるようなファンは一切いなかった。メディアにほとんど出ていなかったから当然のように思えるが、同じような境遇の他のコンビには数は少ないがそういったファンがついていたりもした。だが、ダウンタウンには「びっくりするぐらい、ほんっとにいなかった」という。しかし、この2つのレギュラーで状況が変わっていった。

なんば花月に行くと、10人ぐらいの若い女性が入り待ちをしていた。

「なんやろ、今日そんなに若い子が来るような人出てないのに、たまたまかな」

そう思って入っていこうとすると、ワーッと黄色い声があがり「サインしてください」と周りを囲んだ。

この日が特別なのかなと思っていると、次の日も、また次の日もそれは続き、人の数も増えていった。

「なんじゃこの現象は?」

初めての経験に松本は戸惑いを隠せなかった。

「もう、それは、そういう経験がゼロだから(笑)、びっくりしますよね。それはもう生まれて初めてに近い。

『芸人にもいろんなタイプがあって、僕らはもうあれやな、たぶん若い子にキャーキャー言われるようなタイプの芸人じゃないんやろうなあ』ってほぼ諦めてたというか(笑)、そういうつもりでいましたから、ほんとびっくりしましたね」(※110)

その勢いのまま86年5月、「心斎橋筋2丁目劇場」がオープンする。

吉本はこの劇場を関西版「スタジオアルタ」にしようと目論んでいた。スタジオアルタとはもちろん『笑ってる場合ですよ!』や『笑っていいとも!』の舞台になっていたスタジオだ。アルタ同様、劇場だけではなくビル全体に若者が集まる商用スペースにするのが目標だった。この舵取り役に手を上げたのが大崎洋だった。大崎の考える未来像は既に決まっていた。

「アンチ吉本、アンチ花月」(※24)だ。

これまでの吉本の古い体質から解放された、「若い芸人たちが自主的に自由にノビノビと活躍できる『場』を作る。東京のキー局が作る最前線のバラエティ番組と同じ空気を持った『場』」(※24)にしようと考えたのだ。

当時の2丁目劇場はダウンタウンをメインにハイヒールやおかけんた・ゆうた、NSC卒業生の今田耕司、ピンクダック、板尾創路と蔵野孝洋(ほんこん)の130R、「お笑い探検隊」出身の東野幸治、非常階段、リットン調査団、山田花子、裏方から芸人になった木村祐一のオールディーズなど、師匠を持たない「ノーブランド芸人」たちの「場」になっていった。

当初は集客に苦しんだが、約半年後には朝日新聞（大阪版）の文化欄で取り上げられるほど、若者たちの間で〝社会現象〟になっていった。

「状況の変化はあまりにも〝急〟やったんです」と浜田は振り返る。

「ジワジワと『2丁目劇場』に人が集まり出したんやなくて、突然、急に〝ドーン〟と来た。〝何や、コレッ？〟

そんな感じやった。ボクら自体は、それまでと何ら中身が変わったわけやなかったのに、どんどんまわりの状況が変わっていったんです。本人らにしてみたら、正直いうてワケわからんかった」（※111）

「追っかけ」のファンは2〜300人に膨れ上がった。2丁目劇場に出演しながらなんば花月にも出ていたダウンタウン。彼らがなんば花月の舞台に立つと、若いファンが押し寄せた。その自信で先輩芸人たちや劇場スタッフたちとも普通に接することができるようになっていった。

「だいぶ劇場の楽屋が自分の家に近い感じ」で「落ち着く」居場所になっていったと松本は言う。

「だからもう何もかも、いい方向に。コロッと、ほんの一〜二ヶ月の間に、変わりましたねぇ。ほんとうにもうコロッと」（※110）

そして遂に87年4月、テレビ番組『4時ですよ〜だ』(毎日放送)がスタートする。

心斎橋筋2丁目劇場の成功を聞きつけた木村政雄が毎日放送の竹中制作局長(当時)らに「これからは若手の時代にしていかなくてはならない」(※25)と2丁目劇場の若手で番組を作ることを提案し、生まれた番組だったという。当時、寄席番組を放送していた夕方4時〜5時の月曜から金曜の帯枠で放送することになったのが『4時ですよ〜だ』だった。2丁目劇場から舞台を生放送するというスタイルだった。企画はもちろん大崎洋が担当した。制作費わずか80万というテレビ番組としては極めて少ないものだったが、その限られた予算で大崎がもっとも重視したのが作家だった。既に一緒にやっていた萩原芳樹はもちろん、『さんまのまんま』(関西テレビ)を手がけていた寺崎要、かわら長介ら考えうる関西の優秀な作家たちを集めた。さらに、ダウンタウンの2人と学生時代からの仲間だった高須光聖もこの番組で作家デビューを果たした。

番組開始当初、視聴率はなかなか上がらなかった。夕方4時という視聴率不毛の時間帯。番組のメインターゲットの若者は学校が終わってもまだ部活や遊びに忙しい時間帯だ。最初の3ヶ月は連日視聴率3%前後の我慢の時期が続いた。

しかし、夏休みに入ると事態は一気に好転する。平均で10%を超える視聴率を獲得し、この時間帯では驚異的な16%という記録も叩きだした。

いつしかダウンタウンはアイドル的な人気になっていった。

「ボクらが登場する。それだけでウケるようになってきてもたんです。ボクらがいくら、〝コレ、絶対おもろい！〟と思てるネタをやっても、客の反応はただキャーキャー騒いでるだけのこと」（※111）

と浜田が述懐するようにもう誰もダウンタウンの漫才をしっかり聞くような状況ではなくなった。無数の紙テープが飛び、ちょっと動いただけで、いたるところからカメラのフラッシュが光った。

「劇場に出るのは、とりあえずカンベンしてくれ」（※111）

「値打ちこくわけじゃなくて。今俺らが出たら迷惑にしかなれへんし、まともな漫才でけへんし、俺らも辛いし」（※110）と2人は会社に掛け合い、劇場での出番をなくしてもらった。「こっちがいくら〝聞いて欲しい〟と思っても、客のコらが聞くという場所がなくなってしもたんです……」（※111）。2人にとっては苦渋の選択だった。

しかし、会社としては「金になる」ダウンタウンの人気を利用しない手はない。劇場に出て漫才をしないことを許した代わりに企画されたのがアイドル的人気に乗じたコンサートの開催や写真集の出版だった。コンサートには若い女性が詰めかけた。長渕剛や浜田省吾、当時のヒットソングなどを約20曲、2時間に渡り歌った。

「僕は嫌で嫌でしょうがなかった。えらいことになったなあって思いましたね」（※110）

その反動もあったのだろう。当時23〜24歳の松本は私生活で遊びまくった。

東京で成功した後でもなく、この当時が「いちばん楽しかった」（※110）と言う。

収入は十分にあり、大阪では知名度抜群で女性にはモテモテ。逆に東京では無名だからワイドショーや写真週刊誌に追いかけられることもない。やりたい放題だったという。だから、2人は東京進出には消極的だった。以前出演した東京の番組で本意ではない出方をせざるを得ない苦い体験もあったからだ。

「さんま兄さん、紳助兄さんは東京で頑張ってはるけど、僕らはこれで十分ですわ」（※24）

そんな意識が2人にはあったという。しかし、大崎は満足できなかった。2人を説得し、東京進出の足がかりとなるラフォーレ原宿での月イチのライブ「おでかけでっせ　ラフォーレまっせ」をスタートさせた。1988年5月のことである。ダウンタウンを中心に、今田、東野、リットン調査団、オールディーズらが出演し、毎回500人を超える若者が詰めかけ立ち見もでる盛況ぶりだったという。それが功を奏したのか、同年10月から後に〝伝説〟と言われる『夢で逢えたら』が放送開始することになる。

5　ダウンタウンの号泣

１９８９年９月29日。

ダウンタウンは２人揃って泣いていた。

その日、『4時ですよ～だ』（毎日放送）が最終回を迎えた。ダウンタウンが大阪で〝天下〟を獲った番組である。

この番組の終わりは、ダウンタウンの東京進出の始まりを意味していた。

今田耕司に呼び込まれ、心斎橋筋２丁目劇場のスタジオに入った時には既に２人の目には涙が光っていた。

会場につめかけたほとんど全ての若い女性客も泣きながら歓声をあげていた。

大号泣。

そんな形容が過剰でないほど、あのダウンタウンが人目も憚らず泣きじゃくっていたのだ。

「ありがとーう！」

会場に、テレビの先の視聴者に向け、２人は声をからしながら恥ずかしげもなく叫んだ。

「うん、そうや、終わろう。これ以上やっててもしょうがない。おんなじことの繰り返しや

な」(※110)

松本は自分にそう言い聞かすようにつぶやきながら、その日を迎えようとしていた。いよいよ自分たちのホームグラウンドである『4時ですよ〜だ』を終わらせ、次のステップへ進む時が来たのだ、と。

その頃には、ダウンタウンは多忙を極めていた。『4時ですよ〜だ』を始めとする大阪でのレギュラー番組に加え、『夢で逢えたら』など東京での仕事も数多く舞い込んでいた。もうダウンタウンの人気と才能を大阪でとどめておくことはできなくなっていた。

「ところが明日が最終回ぐらいになった時に、こう、ものすごい寂しさがあって。うーん……。『うん……終わる? 終わるのか? ほんまに』って(笑)」(※110)

他の大阪のレギュラー番組も既に〝整理〟を終えていた。だから、『4時ですよ〜だ』が終わった翌日になればもう東京に行かなければならない。支えてくれてきたスタッフや後輩たちとも別々の道を進まなくてはならない。

「ちょっと話あんねんけど」

そんな風にナーバスになっていた松本に追い打ちを掛けるように浜田が声をかけた。

「結婚すんねん」

浜田雅功の結婚相手は小川菜摘。1987年に放送されたドラマ『ダウンタウン物語』(毎日放送)で共演したのがきっかけだった。

なんでこんな時にそんなこと言うねん。松本は目まぐるしい状況の変化についていけなくなってパニックになった。自分が取り残された感じがした。

「俺はどこへ行ってしまうんやろう？　俺の居場所はどこに今度あるんやろか？」（※110）

そんな不安で押し潰されそうになっていた。

そして、『4時ですよ〜だ』最終回の本番。

先に浜田が泣いていた。「浜田の涙に意外と弱くて。浜田に泣かれるとねえ、なんか駄目なんですよね」（※110）という松本も涙を耐え切れなかった。

住み慣れた〝天国〟のような大阪を離れなければならない。誰も友達のいない心細い東京に果たして居場所があるのだろうか。唯一の仲間である浜田は先を超すように結婚してしまう。泣いてしまっても仕方がない要素があまりにも多かった。

本番が終わっても涙が止まらなかった。

「もうええわ。もう泣いたら、なんぼでも涙出るがな」（※110）

打ち上げ中も、何時間も、ずっと泣いていたという。そんなことはもちろん最初で最後だった。

それほど、当時の松本にとって東京は心細く、遠い街だったのだ。

大阪ではアイドル、東京では無名の新人芸人。

「おんなじ日本じゃないんちゃうかな?」(※110)
松本がそう思ってしまうほどの壁にダウンタウンは本格的に立ち向かっていくことになるのだ。
それが1989年夏の終わりだった。

6 次の時代のバラエティ

1988年10月13日深夜、今では「伝説の番組」と呼ばれる『夢で逢えたら』がスタートした。奇しくも『とんねるずのみなさんのおかげです』のレギュラー放送が開始されたのと同じ日だった。

ピアノを弾く清水ミチコの周りを他の5人が正装してコーラスをする。そんなオープニングだった。

ダウンタウン、ウッチャンナンチャン、野沢直子、清水ミチコ。次代を担う若手芸人が一同に会したユニットコント番組だった。

同世代ということ以外、共通点のなさそうな4組のほぼ唯一の共通点が『冗談画報』(フジテレビ)に出演していたことだった。

『冗談画報』は1985年10月にスタートした深夜番組である。立ち上げたのは「ひょうきんディレクターズ」のひとり佐藤義和だった。

「そろそろ次の時代の『ひょうきん族』を模索しなければならない」（※23）という思いだったという。85年といえば『ひょうきん族』が『全員集合』の息の根を止めた年である。この年の9月に『全員集合』は16年の歴史に幕を閉じた。その直後に始まったのが『冗談画報』だったのだ。

番組は、お笑い芸人からミュージシャン、演劇人など様々なジャンルの若き才能を紹介するライブスタイルのパフォーマンスショーの形式。「笑いと音楽の融合」「テレビとライブの融合」をテーマにし、「新しい笑いの表現方法を探る」目的だった（※23）。

第1回のゲストは小堺一機と関根勤のコンビ、第2回は米米ＣＬＵＢだった。その後も、爆笑問題、松村邦洋、伊集院光、いとうせいこう、竹中直人、聖飢魔Ⅱ、筋肉少女帯、ＷＡＨＡＨＡ本舗、大川興業、大人計画など数多くの新たな才能が発掘された。

また、同時に若い制作スタッフの成長にも繋がった。

たとえばまだ20代後半だった星野淳一郎と吉田正樹である。

星野は学生アルバイト時代に『ＴＨＥ ＭＡＮＺＡＩ』で客席を大学のサークルで埋めようと提案した男である。彼は86年3月のダウンタウンが『冗談画報』に初登場した回を担当している。一方、吉田は87年10月のウッチャンナンチャンが2度目に登場した回でディレクターデビューを果たしている。

「『冗談画報』は、何人もの新人ディレクターたちが担当し、ディレクターの登竜門的な存在になっていく。深夜枠だから、それほど過重な責任を追うことなく、ディレクターは、自分らしさを出していくことができる。出演者もジャンルの枠が広いので、さまざまな才能を発掘していくトレーニングができる」（※22）

これが、その後のフジテレビの深夜バラエティの基礎となり、『カノッサの屈辱』、『カルトQ』、『たほいや』など若手ディレクターの実験場としての深夜枠が生み出される土壌を作ったのだ。

そして、その最大の成果が『夢で逢えたら』だった。

『夢で逢えたら』というタイトルはもちろん60年代に放送されていた名番組『夢であいましょう』（NHK）からとったものだ。永六輔が構成を務め、三木のり平、渥美清、黒柳徹子、坂本九らが出演。音楽と笑いが融合した〝元祖バラエティ〟的な位置付けの番組である。ちなみに坂本九の「上を向いて歩こう」はこの番組からヒットした曲だ。

佐藤義和にとって、『夢であいましょう』は、「バラエティ番組の原点」だったという。彼自身、初めて一人で最初から立ち上げプロデュースする番組にその原点といえる番組の名を模したタイトルをつけたのだ。

「『夢で逢えたら』という名をつけたのは、この番組に込められた私の思いを物語るものだった」（※22）

その思いをディレクターたちが汲み取って生まれたのが前述の清水ミチコが弾くピアノの周りで他の5人が正装して歌うオープニングだった。いわば、『夢であいましょう』をそのレベルに達していないながらも無理やりパロディにしたのだ。

「この無理やりのおしゃれ感は、シャレのわかる6人の出演者のテンションを異常に高め、ダウンタウンの2人の『関西の匂い』を消すには十分だった。清水ミチコと野沢直子の浮世離れしたノリも手伝い、音楽とは無縁だったダウンタウンとウンナンが、今までとは異なる芸人に生まれ変わっていった」(※22)

佐藤は、この光景を見て、「次の時代のバラエティの原形ができた」(※23)と確信した。

7 『夢で逢えたら』のキーマン

「次代の『ひょうきん族』をつくる」(※22)

佐藤義和の構想がいよいよ具体的に固まった。佐藤はその作り手として『ひょうきん族』のAD出身である星野淳一郎と吉田正樹を指名し、彼らにその構想を伝えた。『笑っていいとも!』や『冗談画報』など、彼らのディレクターとしての仕事を通して、大きな信頼を寄せていたからだ。内村が「星野さんはディレクター気質に富んだ人、吉田さんは方向付けが優れている人」(※20)と証言するようにそれぞれ得意分野と役割がハッキリと分かれ抜群のコンビバランスだった。『ひょうきん族』は相変わらず高視聴率を続けていたが、マンネリ感は否めなかった。一刻も早く次の一手が必要だと考えていたのだ。

出演者の人選に迷いはなかった、という。

既に大阪で絶大な人気を誇るダウンタウン。都会的で新感覚なコントを作り脚光を浴びていたウッチャンナンチャン。そしてその2組の「接着剤役」「触媒役」を期待して起用されたのが清水ミチコと野沢直子だった。

番組の〝キーマン〟は野沢直子だったと吉田は述懐している(※20)。佐藤の言う「接着剤役」を担っていたのは間違いなく彼女だった。

「清水ミチコはエンターテイナーではあるけれど、芸人ではありません。当時の彼女は素人的な持ち味が特徴で、周りの演者さんに活かされているという状況でした。そんな彼女に接着剤の役割を期待するのは、どう考えても無理な話です」(※20)

事実、野沢直子が91年3月に渡米のため番組を離れると、『夢で逢えたら』は急速にその勢いを失い、役割を終えたように同年11月に終焉を迎えた。

星野淳一郎も「あの番組のメインは野沢直子なんだよ。彼女が立たないと駄目なんだ」と語っていたという(※10)。

野沢直子は『夢で逢えたら』開始前の87年10月から既に『笑っていいとも!』のレギュラー

に抜擢されている。

「こいつ、どうにかなりませんかね」

横澤彪が吉本の東京事務所に立ち寄った際、木村政雄に紹介されたのが彼女だった。聞けば、声優の野沢那智の姪っ子だという。

木村は野沢直子に「不思議な魅力」を感じていた。「決して美人ではないがどことなく品がある。育ちの良さからにじみでるのかもしれないが、性格もおだやかでまわりから好感を持たれるタイプだった。頭がいいのでトークのセンスもあった」(※25)と「十年に一人出現するかしないの貴重な人材」だと惚れ込んでいた。

「まあ、二年ぐらいはいろいろ勉強して、それから何かしようか」(※116)

そうして『いいとも』や『ひょうきん予備校』などに横澤は起用していった。

野沢直子が初めてテレビに出演したのは高校3年のとき。所ジョージが司会の素人参加番組『ドバドバ大爆発』だった。同級生とコンビを組んで出演すると、「やすこ・けいこみたいになれるよ」とスカウトを受けた。彼女は舞い上がって喜んで乗り気だったが、相方は「スチュワーデスになりたい」とそれを断ったため、頓挫してしまう。

仕方なく日本大学芸術学部を受けるが不合格。野沢那智に相談すると、「あそこはコメディだし芝居の勉強でもしたら」とテアトル・エコーを紹介され入団する。テアトル・エコーはコント赤信号らを輩出した新劇の劇団である。

だが、彼女が想像していたものとは全然違っていた。

「飛び交う話がどこそこの文学がどーのとか、シェークスピアがどうしたとかで、そんなこといわれてもヒェーッそれなに？　みたいな世界」（※117）

とりあえずテレビに出たいだけ、という野沢直子は完全に浮いてしまっていた。劇団員の熊倉一雄に「君はよねちゃん（松金よね子）みたいになれるかもしれない」と気に入られるが、程なく退団。やはり、再び野沢那智に相談すると今度は知り合いの三波伸介のマネージャーだったサウズカンパニーの副社長を経て、吉本興業の木村政雄を紹介され、吉本の所属になったのだ。

野沢直子のプロデビューはテレビ東京の午前中に放送された生放送の帯番組『おもしろプレヌーン』（テレビ東京）だった。

「あたしの場合は、最初の『（おもしろ）プレヌーン』という番組がすごいよかった」（※117）と彼女は振り返っている。『おもしろプレヌーン』は共演者も野沢同様、テレビが初めてという境遇の人が多かったという。大竹まこともシティボーイズとしてではなくピンで出演した初めての番組だった。

「なんだよ、おまえ今日元気ないじゃないかよ」などと大竹に振られると「だって今日月経だから仕方ないでしょ」と生放送で堂々と返したりもした。

「その頃はまだ、いっていいことと悪いことのアレが全然わからなかったし。弟子の期間もないし、大きな会社だからマネージャーさんも最初の頃は付いてきてくれないしで、なんにもわからずひとりで全部やってたから」(※117)

なにもわからないことが、逆に強みになった。それを自由にやらせてくれる環境が彼女の唯一無二な芸風を作っていったのだ。

やがて『冗談画報』などに出演、前述のように『いいとも』などで活躍されているうちに、遂に『夢で逢えたら』のメンバーに抜擢されるのだ。

8 最後の王者

「わっ、ダウンタウンだよ！」

ウッチャンナンチャンがダウンタウンを初めて〝目撃〟したのは、1985年春に行われた『お笑いスター誕生‼』の出演オーディションのときだった。まだアマチュアだった2人にとって、ダウンタウンは同世代のスターだった。まだ全国的には無名でも、お笑いを目指す者にとっては、大阪で天下を獲った未知の大物。そのオーラに圧倒された。

そもそもウッチャンナンチャンの2人が『お笑いスター誕生‼』に出た動機は、半ば「就職活動」、半ば「思い出づくり」という中途半端なものだった。

内村光良は映画監督を、南原清隆は俳優をそれぞれ目指し入学した横浜放送映画専門学院

（現・日本映画大学）で出会った2人がコンビを組んだきっかけは、その学校で行われた「漫才」の授業だった。あくまで目指す道が映画業界だった2人にとって「漫才」の授業は数ある授業のうちのひとつにすぎなかった。当初、内村は他の女生徒2人とトリオを、南原は入江雅人とコンビを組んでいたが、それぞれうまく行かず解消。内村と南原は「はぐれ者」同士で仕方なくコンビを組んだのだ。それが彼らの運命を大きく変えていく。

「漫才」の授業は最終的に内海桂子・好江やマセキ芸能社の社長らが見に来る「特別発表会」が用意されていた。その時までに絶対にネタを用意しなければならなかった。そこで内村が用意したのが「漫才」ではなくコント。のちに彼らのデビュー作となる「素晴らしきイングリッシュの世界」だった。他の生徒が漫才の授業だから当然漫才をやるところ、彼らだけはコントを演じたのだ。

内海好江はそのコントを見て「新しいパターンだ」と絶賛し、「こんなに短い期間に面白くなってくれて……ありがと」（※118）と目頭を押さえた。

入学当初から人気者で目立っていた南原はともかく、目立たない存在だった内村が学校内で初めて光り輝いた瞬間だった。ちなみにそのとき名乗っていたコンビ名は「おあずけブラザーズ」。『オールナイトフジ』の人気女子大生ユニット「おあずけシスターズ」をもじったものだった。

そして、卒業を控えても進路が決まらなかった2人は、講師だった河本瑞貴が「この2人、ひょっとしたら東京で初めての、お笑いのアイドルになれるかもしれません。とにかく3年間、預かってください」「3年辛抱すればとんねるずさんに続けるかもしれない」(※118)などと熱心にマセキ芸能社社長(当時)の柵木眞に進言した甲斐もありマセキ芸能社に所属。「あんたち、『お笑いスター誕生‼』に出てみないか?」という内海好江の薦めに応じて受けたのが『お笑いスター誕生‼』のオーディションだったのだ。

『お笑いスター誕生‼』は、前述のとおりB&Bが初代チャンピオンに輝き、とんねるずらを輩出した公開オーディション番組。しかし、ウッチャンナンチャンが出演を目指した1985年当時は、既にマンザイブームが終焉し、番組自体の人気も下火になっていた。それでも、若手芸人にとっては大きなチャンスになる番組であることは間違いない。

あくまでも最終的に目指すのは映画界。そうした気持ちからか力の抜けたリラックスした状態でオーディションに臨むことができ、見事合格。

2人は、85年5月11日からの第5回オープントーナメントサバイバルシリーズへの出演を果たしたのだ。これを機に「ウッチャンナンチャン」と改名。当初、柵木や河本は、新聞の番組欄に載るには文字数が多すぎると難色を示したが、「自分たちで名前を大きくすればいい。そうなれば向こうから載せてくれるんだから」(※118)という内海好江の一言でコンビ名は決定した。

5組中3組が2回戦に進める1回戦。ネタはあの「素晴らしきイングリッシュの世界」。結果は3位。ギリギリの2回戦進出だった。

「そこの分かれ道は大きかったですね。そこで受かったからトントントンって行けたのかなって。あそこで落ちてたら思い出づくりで終わってたかもしれないです」（※119）

だが、彼らにはこの一本しかネタがなかった。だから翌週からは新ネタを毎週作りながら、参加するという過酷な状況に陥った。当時のネタ作りは、まず内村が台本を書き、南原とともに演じる。それを専門学校時代の講師である河本瑞貴が見て修正点などを話し合うというスタイルだった。だが、勝ち進むうちに内村の負担が大きくなりすぎていった。思案した河本は、話し合いの場に雑誌編集者などを入れ、「アイデア大会」のようなものを開いた。そこから内村がコントに使えそうなものを台本に仕上げた。当初は南原の台詞まで台本に書かれていたが、次第に内村本人の部分だけになり、南原の台詞は南原自身が膨らませていくスタイルに変化していった（※118）。

そうしてウッチャンナンチャンは快進撃を続け決勝進出。だが決勝でちゃらんぽらんに惜しくも敗れ準優勝に終わった。

2度目の挑戦でも決勝で敗れ、3度目の挑戦。

「次に優勝できなかったら解散しよう」（※119）

と内村は解散を賭けて第7回オープントーナメントサバイバルシリーズに出場した。

その覚悟が奏功したのか、象さんのポットらを破り見事優勝を果たした。だが、王者となった矢先、番組は終了。奇しくもウッチャンナンチャンは『お笑いスター誕生‼』最後の王者となってしまったのだ。

その活躍が認められたウッチャンナンチャンは『オールナイトフジ』のレギュラーに抜擢された。わずか1年前、同番組のユニット名をパロディにしてコンビ名をつけた番組に早くも自分たちが出ることになったのだ。

しかし、そこでウッチャンナンチャンは失意のどん底に陥ってしまう。

内村は「しんどかった」と振り返っている。

「このまんまじゃ、うちら売れなくなる、もうおしまいだよって思ってたらホントにおしまいになっちゃった（笑）。芸能界の厳しさを知ったね」（※120）

目の前にいるのはスター然として圧倒的なパワーで君臨するとんねるず。それをきらびやかで都会的で垢抜けた女子大生たちが取り囲む。

その光景に2人は〝アガって〟しまったのだ。ネタ以外まったく喋れなかった。それどころか、ネタ自体も、まったくウケなかった。それでも、番組からは毎週新ネタを要求される。しかも「都会的」なネタをだ。

熊本や香川から上京し、わずか3年余りしか経っていない2人にとって、「僕らは地方出身者だし、大学生らしい生活もしてないから」（※121）と南原が言うように、それは文字どおり

「無理難題」だった。

こうしてウッチャンナンチャンはわずか半年足らずで番組を降板することになってしまう。

そこから彼らの〝冬の時代〟が始まるのだ。

9　ラ・ママ新人コント大会

『オールナイトフジ』を降板したウッチャンナンチャンにテレビの仕事はほとんどなくなった。来る仕事はショーパブなどの営業だけ。

「こんなことやってたら俺たちダメになる」（※119）と内村は事務所を変えようとまで真剣に悩むようになっていった。

「営業ばっかりの今の状態が、もしかしてこれから一生続くんだろうか？」

幸いなことに時代はバブル景気。営業だけでも生活できていた。

「君たちは絶対に売れる」

ショーパブの支配人にそう言われても「いや、絶対に売れねえ！」と自分を信じることができなかった。

大きな転機となったのは「ラ・ママ新人コント大会」への出演だった。

「ラ・ママ」は渋谷道玄坂にあるライブハウスで主に音楽ライブを行う会場だ。その場所を舞台に「東京の若手芸人に勉強の場所を提供しないか?」(※122)というコント赤信号の渡辺正行の発想で生まれたものだった。

コント赤信号は、テアトル・エコーの養成所一期生のラサール石井と二期生の渡辺正行、小宮孝泰が組んで結成されたお笑いトリオである。渋谷道頓堀劇場というストリップ劇場で修行を積んでいた。その舞台を見た澤田隆治のオファーで1980年9月28日に放送された『花王名人劇場』に出演しテレビデビューを果たした。さらに澤田は彼らに石井光三を紹介する。もちろん彼らがその後所属することになる石井光三オフィスの社長だ。やがて石井のマネージャーとしての手腕も手伝い『笑ってる場合ですよ!』や後期の『THE MANZAI』などに出演し、その知名度を高めていった。

コント赤信号の人気を飛躍的に高めたのはやはり『オレたちひょうきん族』だった。だが、赤信号は当初、裏番組である『ダントツ笑撃隊』のメンバーだった。この番組がわずか数ヶ月で終わると、やはり石井光三の強烈なプッシュもあって、程なくして赤信号は『ひょうきん族』に出演することになった。最初は「ひょうきんベストテン」にゲスト出演し、シブがき隊などを演じ認められ、その後レギュラー入りすることになった。『ダントツ笑撃隊』のメンバーでありながら『ひょうきん族』でも人気を獲得したほぼ唯一のグループである。

渡辺正行は85年4月から『笑っていいとも!』の月曜レギュラーにも抜擢された。そこで人気を博したのが「コーラの一気飲み」だった。「13日の月曜日」というコーナーで素人相手に無敵を誇り、彼の代名詞になっていった。

渡辺が「ラ・ママ新人コント大会」を始めたきっかけは84年に同ライブハウスで開催された「コントだすべて見せますエンターテイメントショー」だった。その頃、後輩に「お笑いを教えてくれ」と言われることが多くなった。「お笑いなんておそわるものじゃないと、舞台から学びとるもんだろう」(※123)と考え、立ち上げたのがこの大会だった。その場所として、自分たちがライブを行いホームグラウンドになっていたラ・ママを選んだのだ。若いころは先輩のちょっとしたアドバイス一言や人間関係で人間が劇的に成長することがある。だから、渡辺正行はそういうきっかけになる場所を作ろうとしたのだ。

「実際、自分が若い頃、分からない事や悩みがあった時にそういうふうにちょっと先輩や芸人仲間がいる事によって救われたり、もう一つ頑張れた事があった。

そんなものを、人が集まることによってプラスに出来る場所になればと思って。金儲けじゃない、利害関係も無い、客も演者もライブの笑いが好きな連中が集まって、プロもアマも勉強できる登竜門みたいな、この先ずっと、そういう場であり続けられれば本望ですね」(※122)と言うように30年以上経った現在も続き、渡辺正行はコント赤信号のみならず、東京芸人にとっての名実ともに「リーダー」となった。それを始めたのがなんと30歳の若さだというのが驚きである。

それまで東京で若手の修行の場は寄席以外ではキャバレーやショーパブ、ストリップ劇場といった水商売の場しかなかった。今では当たり前の事務所ライブも当時の東京ではどこもやっていなかった。それどころか、「修行中の若手を事務所の看板掲げたライブに出すなんて恥ずかしい」とまで言う事務者の社長もいたほどだったと渡辺とともに「ラ・ママ新人コント大会」を仕切った放送作家・植竹公和は証言している（※122）。だから、渋谷ラ・ママで行われるこのライブは東京で活動する若手芸人にとって唯一無二の貴重な存在だった。「ラ・ママ新人コント大会」が始まったのは奇しくもダウンタウンのホームグランドとなる心斎橋筋2丁目劇場ができたのと同じ1986年だった。

「ラ・ママ新人コント大会」の名物コーナーは「コーラスライン」。客席の中で10名の手が挙がるとネタが強制終了されてしまうという若手の登竜門コーナーである。今では数多くのライブやテレビなどで行われているゴングショーの原形であり、数えきれないほどの若手芸人がこのコーナーでデビューした。

ウッチャンナンチャンもまた、このコーナーに参加することになる。

そこで、ウッチャンナンチャンはほぼ同期デビューのジャドーズ[*6]に出会う。

彼らは、短いコントを「じゃじゃじゃじゃじゃじゃじゃじゃじゃん！」というフレーズ（これがコントにおける「ブリッジ」の元祖と言われている）でつなぐ当時としては斬新なスタイルだった。これにヒントを得たウッチャンナンチャンは「ショートコント」というスタイルを確立していく。代表作となる「地下鉄銀座線vs日比谷線」や「レンタルビデオショップ」などが生まれたのもこの頃だ。このスタイルの変更が功を奏し、一気に人気に火が付いていった。

「自分がお笑いにハマってるのを感じたんです。ライブでドーンと、会場が揺れるくらいの笑いを取った時に、ものすごく快感に感じて。それは麻薬みたいなもので、あの感じは忘れられない、また欲しい、もっと欲しいと。それが笑いを好きになった始まりなんでしょうね」(※119)

映画界を目指していた映画少年たちが、名実ともにお笑い芸人になったのが「ラ・ママ新人コント大会」だったのだ。

「ラ・ママ新人コント大会」にはあの「ひょうきんディレクターズ」のひとりである永峰明もスタッフとして参加していた。『冗談画報』のディレクターも務めていた彼が、ウッチャンナンチャンに『冗談画報』の出演をオファーするのは当然のなりゆきだった。

『オールナイトフジ』で「都会的」なネタを求められ苦しんだ彼らは、田舎から上京してきたからこそ分かる身近な都会の可笑しみをネタにして、皮肉にも「シティ派」などと呼ばれるようになって若者から絶大な支持を集めるようになっていった。

やがて単発のコント番組シリーズである『笑いの殿堂』(フジテレビ)での座長の経験などを経て、遂に『夢で逢えたら』のメンバーに選出されたのだ。

10 アート

『夢で逢えたら』は、「スタジオコントを中心に音楽要素を盛り込んだバラエティショー」（※20）という『夢であいましょう』を継承した基本コンセプトを掲げ作られた。

初回の視聴率はわずか0・6%。深夜2時台という深い時間だから当然と言えた。だが、回を追うごとに視聴率は上昇し、数週間後には6%をコンスタントに記録するようになった。これはこの時間帯の番組では驚異的な数字だった。

「やっとわかったか」

ディレクターの吉田はそんな気分だったという。「やったね！」ではなく、「わかってた」という心境だった。

吉田は「団塊の世代への挑戦状」（※96）という思いで演出をしていた。団塊世代、すなわち『ひょうきん族』を作った世代である。

「80年代のフジテレビは、団塊の世代の先輩たちが、それまでのテレビがつちかってきたことを破壊しつくすという、すごいことをやってのけたわけです。（略）だから先輩たちができなかったことをやろうという意気込みです」（※96）

一方で吉田や星野は、『ひょうきん族』をADとして経験したことで熟知していた『ひょうきん族』の「強味」は継承した。

それが「ベタの肯定」である。

吉田は『ひょうきん族』が当初、『モンティ・パイソン』のパロディから始まり「シュール」な笑いを作ろうとしたと分析している。だが、「最終的にはベタな笑いに落ち着いた」と評す。

「短期間でシュールの無価値さを克服できたからこそ、あの番組は成功したのです」(※20)

ダウンタウンやウッチャンナンチャンを始めとする第3世代[*7]の新しい感覚の笑いは「シュール」などと評されていた。そんな彼らに吉田はベタな笑いを要求したのだ。

それに6人は見事に応えた。

「ベタをそのままの形で表現するのは難しくても、彼らはそこにひねりを加え、ベタを客体化して楽しむことができた」(※20)という。ベタなボケに全員が一斉にコケると浜田が「お笑い第3世代はコケるの下手やからなあ」とツッコむ。いわばメタ的視点のベタな笑いを開拓していったのだ。

ダウンタウンは当時まだ大阪に住み、関西で『4時ですよ〜だ』を始め数多くのレギュラーを抱えていた。

前日の深夜まで番組の収録をし、新幹線で東京に向かう。ほとんど寝ていない状態でフジテレビを訪れ、『夢で逢えたら』のコントを1日で20本近く撮る。そして翌朝には新幹線に飛び乗る。体力的に限界のスケジュールだった。

そんなダウンタウンを内村は「ただもう、すごい」(※20)と思って見ていた。

「仕切る浜ちゃんとボケる松ちゃんという具合に、2人の役割がハッキリしていて。あの時から形は完成していましたね。我々はそういうのなかったですから。明確に役割が分かれてないから、波があるんですよ、ウンナンは」(※20)

ウッチャンナンチャンも清水も野沢もボケ、ツッコミ両方できる器用な芸風。逆にそれは中途半端なものにもつながってしまう。だが、強烈なツッコミである浜田の存在が大きく彼らの立ち位置を変えていった。

「どんなことをやっても許されるので、自分もボケの味をしめたという。あそこは誰かが出たら誰かが下がる、いい押し引きができる座組だった」(※124)と内村は述懐している。一方でそんな内村に対し松本は彼が持っている「キャラクターの多さ」に驚いていたという。

「それまで(ウッチャンナンチャンが)やっていたコントはどちらかというと〝ネタ勝負〟だったんですね。でもそうじゃない、キャラ重視の、もっと作りこんだ、コントの世界をこの番組で知って、『コントって面白い』と真剣に思い始めたんですよね」(※10)

内村は『夢で逢えたら』を通してキャラクターコントの魅力を知り「とにかくスタジオコントがすごく好きになった」(※10)という。文字どおり彼の原点といえる番組なのだ。

彼らはこの番組のメンバーを「戦友」だと口をそろえ、「他のコンビとはちょっと違う」という。そして松本は言う。

「ダウンタウンは成功するべくして成功したなあって思うのは、やっぱウッチャンナンチャンっていう存在がいたから。ウンナンがおらへんかったら、ダウンタウンはもう少し時間かかったちゃうんかなあって思いますよ」(※110)

『夢で逢えたら』は開始からわずか半年で、一気に2時間半も〝昇格〟する。土曜夜11時半の全国放送の枠に移動になったのだ。スポンサーは松下電器。のちの『めちゃ×2モテたいッ!』などに繋がるパナソニックブランドを若者に普及・定着させたいと作られた一社提供枠の始まりだった。一社提供となれば、スポンサーの意向が大きく関わってきてしまう。そこで佐藤は松下電器の担当者と話し合いを持った。

「番組づくりに関しては、私たちにすべてを任せていただけますか?」

答えは「イエス」だった。担当者は「どうぞよろしくお願いします」と言ってくれたのだ(※23)。

彼らの心意気に胸を打たれた佐藤は、『夢で逢えたら』に新たなテーマを掲げることにした。それが「アート」である。

その目的は、女性支持率を高めること、スポンサーのブランドイメージのアップ。その両立にあった。

ダウンタウンやウッチャンナンチャンが若者のリーダーになるためには、女性の支持が不可欠。その上で、「スポンサーから喜ばれ、かつ自分たちで好き勝手に番組を作れる環境」、それを手に入れるためのテーマが「アート」だった。

「徹底的にアートを追求しろ」(※23)

佐藤は星野と吉田に指示を下した。彼らは「アート」という抽象的なテーマを自分なりに解釈していった。

そして吉田は「セットや衣装、小道具など、番組を構築する要素全てに対して徹底的にこだわる」(※20)という方法論で番組を作っていった。番組には新たにニューヨークからアートディレクターを招き、オープニング曲はサザンオールスターズを起用した。

「ニューヨークかロンドンのポップアートから抜け出したようなビジュアルとサザンオールスターズのソウルフルなサウンド。これが夜中の30分番組のイントロとは、常識では考えられない。その後に歌あり、踊りあり、コントありと、まさにショーアップされたコーナーが、すごいスピード感で展開される。深夜二時枠の『夢で逢えたら』が、色あせ、とてつもなくダサく感じられた」(※23)

佐藤はその光景に「天下とったな」と確信した。その予想通り、初回から16・8%という高視聴率を記録し、その後も上昇を続けた。

1989年4月22日。

ダウンタウン、ウッチャンナンチャンを中心にした第3世代がテレビの中心に進み始め、青春の只中に突入していったのだ。

*1　第一期生の人数については文献によって様々。『ノーブランド芸人』によると約130人、『笑う奴はよく眠る』によると40名以上となっている。

*2　「日刊アルバイトニュース」を作っていた印刷会社だという。

*3　日生学園第二高等学校。朝5時起床で、すぐに掃除が始まる。トイレ掃除は素手で行った。校外への外出は、月1度の帰宅時以外許されない。甘いものやお菓子類の持ち込みも禁止されていた。後輩の今田耕司もこの学校出身（中退）。

*4　『テレビ演芸』出演時、司会だった飛行機好きの横山やすしに気に入られようと冨井が提案したコンビ名。だが逆に「飛行機好きのワテを舐めてんのか」とキレられる結果に。彼らは「チンピラの立ち話」と酷評された。

*5　じつはその前に『さんまの駐在さん』（朝日放送）のレギュラーが一度は決まっていた。だが、初回出演時に浜田が東京の彼女に会いに行ったまま戻ってこず、〝失踪〟。レギュラーの話が流れてしまった。

*6　後にメンバーのひとり藤沢秀樹は「ダンス☆マン」を名乗り活動。モーニング娘。の「LOVEマシーン」編曲を担当して注目を浴びた。さらに『笑う犬の冒険』（フジテレビ）のはっぱ隊が歌う「YATTA！」を作曲した。

*7　「お笑い第三世代」は、第三舞台を筆頭に興った演劇第三世代の小劇場ブームから派生して生まれた言葉。80年代後半に台頭したお笑い芸人を指すが、とんねるずをこの世代に入れるかどうかは意見がわかれるところ。『夢で逢えたら』のメンバーの他、B21スペシャル、ダチョウ倶楽部など。

第6章

日本テレビの逆襲

1989

ウンナン、ダウンタウンが『笑っていいとも！』レギュラーに

『ウッチャンナンチャンのオールナイトニッポン』開始

『ガキの使いやあらへんで』開始

1990

『シャララ』『誰かがやらねば』『やるならやらねば』開始

1991

『ガキの使い』全国ネットに昇格、『ごっつええ感じ』開始

『生でダラダラいかせて』開始

1992

『カトちゃんケンちゃんごきげんテレビ』終了

『進め！電波少年』開始

松本人志
26歳〜29歳

浜田雅功
26歳〜29歳

内村光良
25歳〜28歳

南原清隆
24歳〜27歳

石橋貴明
28歳〜31歳

木梨憲武
27歳〜30歳

土屋敏男
（日本テレビ）
33歳〜36歳

菅賢治
（日本テレビ）
35歳〜38歳

片岡鶴太郎
35歳〜38歳

吉田正樹
（フジテレビ）
30歳〜33歳

星野淳一郎
（フジテレビ）
29歳〜32歳

片岡飛鳥
（フジテレビ）
25歳〜28歳

1 深夜2時のお笑い

ダウンタウンの松本人志と浜田雅功が気だるそうに渋谷の夜の街を歩いて行く。

「おもしろいことしようじゃないかってことで漫才せえって言われましてね。30分漫才をするわけです」

浜田が歩きながらカメラの方を振り返って言った。

「らしいですねぇ」と苦笑いを浮かべる松本。普通、漫才は15分程度だと注釈をはさみつつ続ける。

「終わってからスタッフ並べてしばいたろうかと思ってます」

そう言って松本が笑うと、浜田も「アハハハハ!」と大きく笑った。

そして、2人は会場である渋谷エピキュラスに入っていくと、そこに番組タイトルのロゴがオープニングテーマ曲とともに挟み込まれる。

『ダウンタウンのガキの使いやあらへんで!!』

1989年10月4日、深夜2時10分。ダウンタウンの「ホーム」となる番組が始まったのだ。

ダウンタウンが観客の前に姿をあらわすのに併せて、今やお馴染みとなった出囃子Coldcutの「Stop This Crazy Thing」が流れる。

そして「若いのにダラダラ歩いてきてすみませんね、しんどいんです」などと言いながら、長尺の漫才を披露するのだ。

当初は放送時間の約30分丸々漫才を放送する予定だった。

だが、漫才は15分程度で終わってしまう。だから、急遽、再び客前に出てフリートークが始まった。

浜田は「ネタやって疲れたのは初めて」と正直な感想を述べ、松本は「早口になってしまう。緊張してたのかな」と語った。

これが長きにわたって、番組の象徴になっていたフリートークの始まりである。

番組終了は深夜2時40分。

「2時10分にお笑いですよ。それこそお笑いや」

という松本の言葉で『ダウンタウンのガキの使いやあらへんで!!』（日本テレビ）第1回の放送は幕を閉じた。

「始めるときは、そない気合いは入ってなかった」（※125）と浜田は番組開始当初の心境を振り返っている。

「いきなりゴールデンっていうわけでもないし、それまでも大阪で番組もってたし。（略）まあ、東京で初めての冠番組や、いうことぐらいでね」（※125）

松本も「ほんとに冗談でもなんでもなく、早よ終わったらええなて（笑）。あんまり東京で仕事したくなかった」（※126）と口をそろえている。「だからほんとどうでもよかった。番組も半年で終わるのやろうなって」（※126）

初回の漫才は、浜田からしてみたら「まったくウケなかった」という。

『夢で逢えたら』でのダウンタウンは知っているものの、多くはその漫才を知らない東京の観客。彼らを自分たちの世界に引き込むことができなかったと感じていた。漫才後に語った「疲れた」「早口になってしまった」という感想のとおり、勝手の違う観客を前に本来のテンポを崩してしまったということだろう。

「お客さんはね、一生懸命見ようとしてくれたんですよ。せやけど僕らって、客に対してということじゃなしに、なんか2人だけで勝手にしゃべってる感じでしょう。そういう状況やったんで、お客さんもその空気に入り込みにくかったっていう部分もあったのかもわかりませんね」（※125）

実際のところ、大阪でのアイドル的人気で大ウケしていたのとは、明らかに異なるものの、観客はダウンタウンの漫才に大いに笑っていた。だが、松本もそのウケ方に違和感を感じていた。

「『ああ、この人らおもろいな』と思って笑ってるというよりも、この現象で笑ってるというか。端的に言えばほんとに猿回しとかイルカショー観てるみたいな。そんな感じでウケてた」

(※110)

そんな感覚は久しぶりだった。「ちょっとこの状況はヤバい」と感じながら漫才をしていたのだ。

そもそも『ガキの使い』が始まったのは、日本テレビのプロデューサー・菅賢治が「ダウンタウンの漫才を生で聞きたい」(※125)というのが一番の動機だったという。

「お願いだから。僕らのためにやってください」

渋るダウンタウンを無理やり頼み込んで始まったという。

事実、第1回から9回までほぼ全編が漫才、後説的にフリートークという構成で放送されている。漫才のネタがなくなった10回目以降の18回までは漫才に代わってコントが演じられた。ちなみにその中にあって第13回だけは「特別企画」として全編フリートークだった。それは浜田の結婚が世間に発覚したことを受けてのものだった。さらに第16回では、その前の回のフリートークが発端となった「罰ゲーム」企画が始まっている。そして20回目で初めてのオープニング企画「第1回激突チキチキ三輪車マラソンレース」を放送。オープニングの企画モノ+フリートークという骨格が早くも完成したのだ。

2　最初のファン

菅賢治とダウンタウンの出会いは『ガキの使い』が始まる1年前の1988年のことだった。

「菅ちゃん、ダウンタウンって知ってる？」

菅と仲の良かった土屋敏男が、そう声をかけてきたのがきっかけだった。

「ん〜、知らない」と答えた菅に土屋は「とにかくおもしろいのよ」と一本のビデオテープを渡した。

我慢できずに会社でそのテープを再生すると、そこに映っているのは、心斎橋筋2丁目劇場で漫才をする2人の若者の姿だった。

菅はその漫才を見てひっくり返るように笑った。

「そのおもしろさは、まさに群を抜いていた。ボクは仕事を忘れ、デスクでダウンタウンのビデオに見入ってしまった」(※127)

すぐにでも会いに行こう、2人の間で盛り上がった。まだ駆け出しでそれほど忙しくもなく、時間があった2人は、すぐにセッティングを始めた。

ダウンタウンはまだ『夢で逢えたら』も始まっておらず、活動はほぼ関西のみ。彼らがライブを行うという和歌山に向かうことになった。

「なんで和歌山くんだりまで行かなきゃならないんだ？」

「あの強烈におもしろい漫才を見せてくれたダウンタウンという若者はどんな奴なんだ？」(※127)

そんな思いを交差させながら新幹線に乗り込んだ。

会場に着くと女性客の行列が埋め尽くしていた。「松ちゃん」「浜ちゃん」などと書かれたプラカードやボンボンを持った少女たちが喜々とした表情で開場を待ちわびていたのだ。

そう、アイドル的人気を博し、もはや寄席や劇場では黄色い歓声で漫才を聞いてもらえなくなったダウンタウンは、ライブで漫才をすることを辞めていた時期。だから土屋と菅が訪れたこのライブも「お笑いライブ」ではなく「コンサート」だったのだ。

ダウンタウンの漫才を期待して東京からわざわざ和歌山までやってきた2人は、驚きと失望を禁じ得なかった。

コンサートは大歓声に包まれた。

ダウンタウンの2人が登場するやいなや「キャー！」という割れんばかりの黄色い歓声が、2人の決して上手いとは言えない歌声をかき消した。

ようやく一曲目が終わると、菅たちは身構えた。当然、曲の合間のMCでその笑いの才能の片鱗が見れると思ったからだ。

だが、それすら肩透かしに終わった。

「続いての曲は……」とすぐに次の曲に移行したのだ。

そして、それが最後まで続くことになる。約2時間のコンサートのほとんどが彼らの歌と、耳鳴りするような少女たちの絶叫に似た歓声だった。


「東京からわざわざ会いに来てくれた、日本テレビの菅さんと土屋さんです」

楽屋で大崎から紹介されても、2人は「どうも」と小さく返したまま、黙々と着替えていた。

突然やってきた見知らぬ男2人にどう対処していいか分からず困惑するダウンタウンと、笑いを期待して訪れたにも関わらず、アイドルのようなコンサート風景を見て戸惑い何を言っていいのか分からない2人。大の大人4人の間に奇妙な空気が流れていた。

それがダウンタウンと菅賢治の出会いだった。

「いや〜、すごいファンでしたね〜」などととりとめのない会話をしているうちに、菅と土屋は大崎の計らいで、大阪まで戻るバスに同乗させてもらうことになった。

ダウンタウンは眠りたいんだろうな、と思いつつも、浜田の隣には菅が、松本の隣には土屋が陣取った。

そして、それぞれが、いかに漫才が面白かったか、を熱弁したのだ。一緒に番組をやりたい、だとかそういった具体的な案があるわけでもなんでもなかった。

「単なるファン」だった、と菅は述懐する。

「日本テレビっていう看板を背負って会えるファンでしたから」(※128)

いわばダウンタウンにとっておそらく初めての東京の〝ファン〟との対面だったのだ。

大阪に着くと、ダウンタウンと別れ、大崎洋と一緒に杯を交わした。

その時、大崎は2人に熱く語った。

「僕も吉本でいろいろな芸人を見てきたけど、ダウンタウンはスターになれると思うんです。ダウンタウンで天下を取りたいんです」(※127)

3 瀕死の日テレバラエティ

「あの人、挨拶ないけど誰?」

『夢で逢えたら』の収録中、吉田正樹はスタジオの隅に見知らぬ男が座っているのを見て訝しげに言った。

その男こそ、土屋敏男だった。他局の収録現場にも関わらず、土屋は毎回のようにスタジオに通い、収録が終わると「じゃあ、今日はどこでごはんを食べる?」などと言いながら、ダウンタウンと食事に消えていった。

「彼らも当時はまだ〝身寄り〟がなかったのでかなり一緒にいましたねぇ」(※129)

その頃、松本が土屋にポツリと言った。

「ぼくら、売れますかね？」

土屋はそのときたまたま読んでいたエディ・マーフィーのインタビューを思い出して答えた。

「エディー・マーフィーのインタビューに『売れたいと思うヤツは売れない。オレは絶対に売れる、というヤツだけが売れる』と書いてあったぞ」

するとと松本はそれに答えるわけでもなく、つぶやいた。

「まぁ、ぼくはツービートよりもおもしろいですからね」（※130）

『夢で逢えたら』の収録が「何時に終わる」と聞きつけると、スタジオを訪れ、隅のテーブルに座って終わるのを待った。その現場を見ながら土屋は「フジテレビはすごい。日テレは10年は勝てない」とつぶやいたという（※131）。当時、日本テレビはフジテレビに大きく水をあけられていた。特にバラエティ番組は惨憺たる状況だった。

60〜70年代、日本テレビは井原高忠の作るバラエティ番組を中心として黄金期を迎えている。その頃はTBSと日テレが2強だった。だが、井原が制作局長という管理職に就き現場を離れた78年前後からその勢いが失われていく。井原は80年に日テレを退社。それが象徴するように、日テレは急速に低迷していった。80年代前半にフジテレビに年間視聴率で抜かれると、年を追うごとに水を開けられ、TBSに次ぐ民放3位が定位置になってしまった。読売ジャイアンツのナイター中継は安定して高視聴率を維持していたが、バラエティ番組は『元気が出るテレビ』など一部の例外を除き目立つものがなくなっていった。作り手の世代交代がうまくいってなかったのだろう。

土屋敏男は大学時代、学園祭で「クラブ対抗歌合戦」を企画。それが大好評で「人が喜ぶ仕事っていいな」と思いテレビ局を志望。いちばん最初に受かった日本テレビに入社した。ちなみに土屋はまだデビュー後まもないタモリを大学の学園祭に呼んで「冷し中華愛好会」[*1]の祭を開催したこともあったという。79年に入社後、『元気が出るテレビ』でディレクターデビュー。総合演出のテリー伊藤の厳しい指導を受けた。その後、『欽ちゃんの気楽にリン』や『欽きらリン530!!』（日本テレビ）の演出を務め、萩本欽一の洗礼を受けた。「僕は勝手に自分のことを（欽ちゃんの）『最後の弟子』だと言ってる」（※132）という。

一方、菅賢治は中途採用で日本テレビに入社したばかりだった。それまでは社外スタッフとしてワイドショー番組などの制作に携わっていた。１９８１年、制作会社「ユニオン映画」の契約社員として、桂小金治司会の『それは秘密です!!』（日本テレビ）のADを務めたのが、菅がテレビ業界に入るきっかけだった。その後、「日本テレビエンタープライズ」（現・日テレアックスオン）に入社。ワイドショー番組『酒井広のうわさのスタジオ』のADとなった。そしてその番組でディレクターデビュー。その流れで、渡辺徹・榊原郁恵の結婚披露宴を中継した特番の「総合演出」を任されるようになった。この頃、同じようにADからディレクターへとなっていった同期が、「ヘイポー」[*2]こと斉藤敏豪だった。

菅は1988年、それまでの実績も評価され念願の日本テレビに正式に入社を果たしたのだ。そして同年4月からスタートした片岡鶴太郎の冠番組『鶴太郎の危険なテレビ』（日本テレビ）の総合演出にいきなり抜擢される。

指名したのはワイドショー時代に菅賢治をディレクターに抜擢した加藤光夫だった。

「番組の会議を見学するもの勉強になるから」（※127）と促され行った会議でプロデューサーの大井紀子が突然言った。

「今日からこの番組の、総合演出をする菅さんです」（※127）

訳のわからぬまま始まり、バラエティ番組を演出するノウハウもまったくない菅は、鶴太郎にバラエティ番組のイロハを叩きこまれていった。

片岡鶴太郎は1989年の第12回日本アカデミー賞において、88年に公開した『異人たちとの夏』の原田英吉役で最優秀助演男優賞受賞した。ちょうどこの頃、お笑い芸人から俳優への道を模索している時だった。自分は基本的に何かに「扮する」人間である、という意識が鶴太郎にはあった。「でも、年齢を重ねていけば若い人の声も出なくなるし、限界はやってくる。そうなったら…同じ〝扮する職業〟役者をやっていきたいって気持ちが強くあった」（※133）のだ。そんな気持ちの変化はやはり『ひょうきん族』があったからだ。『ひょうきん族』でブレイクした鶴太郎だが同時に自分の限界もつきつけられた。たけしやさんま、紳助という天才たちを間近に見たことで「自分が明確に見える。みなさんは自分のキャラクターで時代の風を切っていける。私の場合はそういう資質ではない、演じるということが私の一番得意とすることなんだ」（※133）ということが分かったのだ。

その頃のある日、鶴太郎は自分が推薦して太田プロに入れた松村邦洋と飲んでいた。鶴太郎は松村の「狂気をはらんだモノマネ」を最大限評価していた。歩くこともできないほどベロベロに酔っ払った鶴太郎は松村におぶられて帰った。松村の背中の上で鶴太郎は言った。

「松村、オレはこれから役者でいくから」

モノマネはお前に任せた。そんな気持ちだったという（※133）。

菅もまたワイドショーからバラエティの演出に転向し、進む道を模索していた時代。同世代でもあった2人には奇妙な絆が生まれていったという。

『恋々‼ときめき倶楽部』（日本テレビ）はそんな『鶴太郎の危険なテレビ』の後番組として1988年10月9日、日曜お昼12時からの番組として始まった。

司会は渡辺徹と鳥越マリ。そして「サブ司会」という役割でまだ関西を拠点としていたダウンタウンが抜擢された。彼らの起用を決めたのはもちろん番組のチーフディレクターを務めた菅賢治とPD（プロデューサー・ディレクター兼任）の土屋敏男である。

この番組こそ、ダウンタウンと菅賢治、土屋敏男が初めて組んだ番組だったのだ。そして意外にも、『ガキの使いやあらへんで!!』のタイトルの由来になった番組でもある。

番組は、マドンナ役の女性に恋人候補の男性数名が〝ラブバトル〟を繰り広げ、最後に一人が選ばれるという恋愛バラエティ。その女性側の〝応援〟という役割を与えられたのが松本人志。一方、男性側の〝兄貴分〟的な存在として応援するのが浜田雅功の役割だった。もちろん実際には彼らは〝応援〟などしない。彼らを素材に次々と笑いに変えていった。

「ダウンタウンが引き起こす笑いは、放送開始とともに、番組の大きな〝売り〟となった。なにも知らない大阪からきた2人の若者が、ぐんぐんと東京の視聴者の心を掴んでいったのである」(※127)

と菅は述懐する。この番組を通して、ダウンタウンはおもしろい、と確信した菅は「ダウンタウンを、もっと見てみたい。べつに視聴者に見せたいわけではなく、ボク自身が見たいんだ」(※127)という思いを募らせていく。

番組の打ち上げでは浜田から「深夜でもいいから僕たちだけの番組をやりたい」(※128)とも言われていた。

そんな折、土屋が編成局に異動になっていた。編成局とはその名の通り、どの番組をどの時間に放送するかを編成する部署である。

「ダウンタウンの企画書いたら通るかもよ」(※134)

そこで菅が書いた企画書のタイトルが『ガキの使いやあらへんで!!』だった。

このタイトルとなったフレーズは『恋々‼ときめき倶楽部』のワンコーナー「私の彼を当てて」で松本が言った言葉だった。このコーナーは、父親が娘の恋人を当てるというもの。そこに極度に緊張してまったく喋ることができない父親が出演したことがあった。業を煮やした松本はその父親に向かってこう言ったという。

「お父さん、こっちもね、ガキの使いで来てるわけやないんやから」(※134)

4 浜田の時代

「ダウンタウンとセクシーギャルの水着運動会！」

「芸能人楽屋訪問！　大阪から来たダウンタウンです、どうぞよろしく」

「街角ランキングクイズ！　東京vs大阪」

これが、菅賢治が書いた『ガキの使い』の企画書のコーナー案である(※135)。もちろん「ウソ八百」。企画を通すための方便だった。菅の頭の中には、すでに「ダウンタウンの漫才を見せる」という確固たる〝企画〟があった。放送枠はド深夜。「どうせ偉い人たちは爺様だから、火曜日の深夜2時10分なんか起きてないだろう」(※134)という計算があった。だが、それ以上に仮に実際に起きていたとしても「彼らの漫才を見たら誰も文句なんてあるはずない」(※134)という絶対の自信があった。

当時、深夜番組は、お色気モノばかり。それが菅は嫌だった。ダウンタウンと組めば、お笑いだけで勝負できるはずだ。そう確信していた。

新宿アルタ前は大パニックになっていた。

3千人を超える若者たちが、アルタの大ビジョンの前につめかけたのだ。

発端は90年4月24日に放送された『ガキの使い』のフリートークだった。突然松本が「俺はしりとりをすべて『す』で返すことができる！」と言い出したのだ。だったら対決してみようとなり、当然のように「す」で返せなくなった松本は敗北。

「SM女王に亀甲縛りにされ、その映像を新宿アルタのビジョンで街に流す」という罰ゲームが執行されることになったのだ。

映像が流れるタイミングを見計らい、スタッフとダウンタウンはアルタに向かっていた。

だが、ロケバスは大渋滞に巻き込まれていた。このままでは、間に合わない。こんなときになんで渋滞なんだ。菅たちは焦りを募らせていたが、その渋滞の原因は他ならぬ、松本が辱められる映像を一目見ようと集まったファンたちだったのだ。

ダウンタウンが来ていると知られたらさらなる大パニックは免れない。結局、ロケバスからダウンタウンを降ろすのは断念した。

菅らは関係各方面に頭を下げることになったが、このファンの熱気を見て、自分の確信が間違っていなかったことを実感した。ダウンタウンはド深夜の時間帯でお色気の力など借りず、ただただおもしろさだけでファンの心を急速に掴んでいったのだ。

だが、その熱狂は弊害も生んだ。

フリートークを聞きにくる観客たちの間で、「ここで言っていることはおもしろいことなんだ」、「ここで笑えない自分はちょっと遅れている」というような変な空気になっていったという。「ちょっと気持ち悪い時期」(※125)だったと浜田は述懐する。

松本が言ったボケに客がなんでも笑うようになってしまっていたのだ。浜田にはそれが腹立たしかった。だから松本がよっぽどおもしろいことを言わなければちゃんとツッコまないようにもした。

「何でも笑うな!」

遂に浜田は、観客に向かって怒鳴った。今のボケが「ほんまにオモロイか?」と問いかけた(※136)。

「この男がダメになる! つぶす気か、おまえらは!!」(※125)

観客はそんな風にキレる浜田を見てギャグの一種だと思ってまた笑ったが、浜田は本気だった。

「あの頃っていうのはダウンタウンはやっぱり浜田の時代やった」（※110）

　と松本は言う。

「浜田が前に出ることにより、世間に名を知らしめていく」（※110）という役割分担が戦略ではなく自然[*3]とできあがっていた。

「東京出てくる時にやっぱもう〝浜田を前に出す〟と。そうしないと俺のボケなんかはわかりにくいし、もう（浜田は）わかりやすいやんか。そういう方式をなんでとったんかわからんねんけど、それはやっぱり今考えても正解やったわけよ」（※137）

　一方、浜田は「松本が自由にやれるように、そのための環境を作る」（※125）ことを常に意識していた。それはデビュー当時から変わらない。たとえば、幼なじみでもある構成作家の高須に「頼むで。オレのところはええから、あんたはあっち（松本）担当。外の人間とのパイプ役になってやってくれ」（※138）と決して社交的ではない相方を気遣った。

「浜ちゃんの魅力というのは、とっても気を使う人だということ」（※139）と菅も言う。最初の収録から、一番若いＡＤの名前を覚え、その名前をしょっちゅう口にしていたという。のちに『ごっつええ感じ』でダウンタウンのコントを演出した小松純也も「ダウンタウンは松本＝監督、浜田＝プロデューサー」（※136）だったと証言している。

「オレと浜田の関係というのは、まず浜田が林の中にひとりで入っていって、ガーッて木を切り倒して平地にする。そこにオレが行って、家を建てるみたいなもんや」（※111）

松本は当時のダウンタウンの関係性をそう表現していた。その言葉通り、浜田はブルドーザーで林を一気に切り倒すように、猛烈な勢いで東京に自分たちの存在を認知させていった。

「みなさんはキラ星の如く、ゴールデンタイムの全国ネット番組。その中で唯一、午前2時の関東ローカル！」

と司会の逸見政孝に紹介されたのが『ガキの使い』チームとして参加したダウンタウンだった。それに浜田はイキイキと「なんやとぉ!?」と凄んでツッコんだ。

91年の番組改編期に放送された特別番組『人気番組でクイズ世界はSHOW by ショーバイ』（日本テレビ）だ。逸見の言葉通り、『知ってるつもり!?』や『どちら様も!!笑ってヨロシク』、『天才・たけしの元気が出るテレビ!!』など当時の日本テレビの人気番組のチームが並ぶ中、『ガキの使い』は関東ローカルの深夜番組で唯一選ばれたのだ。

浜田は腹をくっていた。「『なんやこいつら!?　もう二度と使わへん』と言われたら大阪帰りゃいいわ」（※138）と。

この番組で浜田は先輩だろうが、大御所だろうが、物怖じせずに立ち向かった。

極めつけは、最終問題。『ガキの使い』チームはトップを争っていた。最後の早押しに勝てば、優勝というときだった。浜田は正解を確信して早押しボタンを押すが、ほんの一瞬早く『知ってるつもり』チームに回答ランプが灯った。

その瞬間、浜田は鬼の形相になった。そうかと思うと、回答席の台の上に登り、「コラァー！」と叫びながら、うんこ座り、いわゆるヤンキー座りで威嚇し始めた。回答席にいたのは大御所の関口宏である。その関口に〝メンチを切った〟のだ。

さらに早押しは続く。今度は、『SHOW by ショーバイ』チームが押し勝った。すると、今度は「なんじゃオラー！」と隣にいた山城新伍の胸ぐらをつかんだ。

その光景は、視聴者にも共演者にも強烈なインパクトを与えた。しかも、浜田が正解を確信していた回答が間違っていたというキレイなオチまでついた。

「ああいうことをやって、ダウンタウンがどれだけ面白いかっていうことをアピールしたかったんです。テレビ見てる人の意識を、なんとかこっちに向かしたかったんですよ」と浜田は言う。「『なんや、あいつら』っていうイメージつけといて、そんで、いざしゃべらしたら、松本が面白いんだっていうふうにもっていきたかった」(※125)

そうして『ガキの使い』は、関東ローカルの深夜枠には収まらない人気になっていった。やがて、日曜夜11時台というプライムタイムへの枠移動の話が持ち上がった。菅はプライムタイム進出にあたって「もっと企画性が高いもの、新コーナー、新企画を盛り込んだ番組に作り替えなければいけないのではないか」(※135)と悩んだ。だが、すぐに「このままでいい」と思い直した。ダメだったらダメでいい。ダウンタウンは面白い。それだけを信じて作ればいいと。

こうして『ガキの使い』は「番組の内容を一切変えない」という条件（※140）で、91年10月20日より、日曜午後11時台の全国ネットに昇格したのだ。

5 男・出川哲朗

日曜夜11時台に移動した『ガキの使い』の放送枠は「笑撃的電影箱」と名付けられた。これは、夜10時30分からの1時間を指し、『ガキの使い』はその後半30分を担当、前半は『ウッチャン・ナンチャン with SHA.LA.LA.』（以下『シャララ』、日本テレビ）が放送された。『シャララ』は、90年4月3日から開始。当初はやはり火曜深夜、『ガキの使い』の前番組として放送が開始され、『ガキの使い』と併せる形で、日曜の夜10時台の全国ネットに昇格した。

『シャララ』はその名の通り、ウッチャンナンチャンと、劇団SHA・LA・LAのメンバーが総出演したバラエティ番組。劇団SHA・LA・LAは、出川哲朗が、ウッチャンナンチャンや入江雅人ら横浜放送映画専門学校時代の同級生と結成した劇団だ。当時はまだ「三國連太郎のような」性格俳優を目指していた出川はこの番組でバラエティ番組にデビュー、〝リアクション芸人〟の第一歩を刻んでいる。

ウッチャンナンチャンと出川哲朗の3人がプライベートで遊園地に行った際、ジェットコースターに一緒に乗ると途中で出川が恐怖でパニック。そのリアクションがあまりにも可笑しかったため、番組の企画で行うことになった。

ジェットコースターに乗って、その下で掲げられている文字を読むという単純な企画だった。ジェットコースターに乗る前は強がって平気な顔をしている出川だが、実際に乗り込むと一気に顔がこわばっていく。まだこの頃、出川は自分は役者だという意識[*4]が強かったため、ギリギリまでカッコつけているのだ。そして、恐怖で絶叫し、終わってヘトヘトになっている姿はあまりにも滑稽だった。

そのVTRを『ガキの使い』と『シャララ』の合同番組『SHA・LA・LAの使いやあらへんで!!』(90年12月29日放送)で見た松本人志は絶賛。「ちょっとこの子貸してよ」とまで言わしめた。

その出川哲朗が初めてメディアで脚光を浴びたのは、89年4月14日から始まったラジオ番組『ウッチャンナンチャンのオールナイトニッポン』(ニッポン放送)だった。

当初は「自分たちの仲間に変なヤツがいる」と2人がたびたび話題にするだけだった。だが、いつしか「男を全面に醸しだした熱い男」=出川哲朗をフィーチャーしたコーナーへと成長していった。そのコーナーこそ、「男・出川哲朗!」だった。

「だから、『オールナイトニッポン』がいちばん最初の始まりなのよ」(※141)と出川は述懐している。

ある日の放送では、出川に映画『男はつらいよ』の寅さんの格好をさせ真夜中の帝釈天に立たせた。

そして「今帝釈天に行けば、あの幻の出川に会える」と呼びかけた。当時は映画に端役で出演経験はあったものの顔を出してのメディア露出はほとんど皆無と言っても良かった。リスナーも出川のことをウッチャンナンチャンからの伝聞でしか知らない。だからこそ成立した企画だった。

「チェン（出川だけが使う内村の愛称）[*5]、それはないよぉ〜」

真夜中の帝釈天に出川の叫び声が響いていた。

既に周りにイジられ、それにリアクションするという出川哲朗の芸人としての原型がここでできあがっていたのだ。

そんな『ウッチャンナンチャンのオールナイトニッポン』の生放送をスタジオでじっと見学していた男がいた。

土屋敏男である。

6　編成の土屋敏男

『オールナイトニッポン』のスタジオにテレビ局のプロデューサーやディレクターが見学に訪

れることは決して珍しいことではないという。

「オールナイトニッポンの自由さ、面白さ、ゲリラ的なところを参考にしたい」

などと言われよく見学を受け入れていたと長きにわたって同番組の構成作家を務める藤井青銅は証言している（※142）。

しかし、土屋敏男は、そんな多くのテレビマンとは少し違っていた。

スタジオにやってきて、副調整室（サブ）に座り、番組でパーソナリティが喋る姿を見ながら、笑っている。深夜3時に番組が終わると「勉強になりました」と言って帰っていく。ここまでは、普通のテレビマンと同じだ。土屋が違ったのはそこから。彼は、その見学に毎週のように訪れたのだ。普通は一度見学に来れば、それで終わり。多くても数回だ。それはそうだ。放送は深夜1時～3時。勤務時間が変則的なテレビマンとはいえ、社会人には変わりない。翌日に仕事もあるのだから、そんな深夜に毎週のように、ただ見学に来るというのは物理的に難しい。それも自分とは別の会社なのだ。ニッポン放送と系列会社のフジテレビの社員ならともかく、土屋はまったく関係のない日本テレビの社員。心理的にも何度も訪れるのは普通気が引ける。だが、土屋は毎週のように通った。いつしか、番組のスタッフがコーヒーやお菓子を用意する際、土屋の分の勘定を最初からするようになったほど。〝見学のレギュラー〟という何とも奇妙なポジションになっていったのだ。

「いま、制作じゃなく、編成にいるんですよ」

土屋は藤井らにそう言った。深夜に毎週見学に来るというのは、多忙を極める制作から編成に移ったからこそ可能だったのだろう。

「だから番組を作れないいんですけど、いつかウッチャンナンチャンで番組をやりたいなあと思って」

『元気が出るテレビ』などのディレクターをしていた土屋が編成部に異動になったのは1989年頃である。編成部はその名のとおり、番組制作からは離れて、どの時間帯にどの番組を放送するかを編成する部署。前述のとおり、土屋は編成部に異動すると真っ先に盟友である菅賢治の背中を押し『ガキの使い』の企画書を提出させ、その企画を通した。

土屋の今度のターゲットはウッチャンナンチャンだったのだ。

ウッチャンナンチャンと土屋は、実は既に顔を合わせたことがある。それはやはり他局である『夢で逢えたら』の収録現場だ。ダウンタウンの数少ない〝身寄り〟として行動を共にしていた土屋はこの収録にも同行していた。だからウッチャンナンチャンは土屋のことを当時はまだ「吉本の人間」だと勘違いしていたんじゃないか、と土屋は述懐している(※129)。従って、「日本テレビの土屋敏男」としては初対面だと言える。

そんな土屋に対し、ウッチャンナンチャンの2人は簡単には警戒心を解かなかった。

ミカンやお寿司を差し入れしても決して2人は口にしなかったという(※143)。

その土屋が編成として企画を通した番組が前述の『シャララ』だ。

だから、ラジオで話題になっていた出川哲朗が活かされるのは自然のなりゆきだったのだ。

7　悲壮な覚悟

日本テレビの『シャララ』とほぼ同時期、その約2週間後の90年4月19日にフジテレビで始まったのが『ウッチャンナンチャンの誰かがやらねば！』だった。

この番組のスタートは極めてイレギュラーな事態から始まった。

人気絶頂を極めていた『とんねるずのみなさんのおかげです』をとんねるずが半年間休止したいと言い出したのだ。

その理由がなんと日本テレビのドラマ『火の用心』を撮影するため、というのだ。同じフジテレビのドラマのためというのならいざ知れず他局のドラマのために高視聴率が約束された人気番組を休止するなど今では考えられない。しかし、その頃のとんねるずにはそれを許さざるをえないほどの勢いがあったのだ。

「『みなさんのおかげです』を当てた時点で考えてたんですよ、このまま番組をやってたほうがいいのかなって。だけど、〝とんねるず〟を考えた時に、そんなに引き出しの多いタレントじゃないと思ったし、ひとつの番組を長いことやっていく、技術的なもんも持ってないし……。ダメになるのが意外と早くなっちゃうんじゃないかな、と思ったんです。だったら、1回休憩して、リフレッシュできるところはして、違うものにもチャレンジしてみようかと」（※144）と石橋貴明はその決断の理由を語っている。

また、このドラマが倉本聰による脚本というのも大きかった。『前略！おふくろ様』（日本テレビ）や『北の国から』などが大好きだった石橋にとって倉本ドラマは憧れだった。

「本当にやってみたかったんですよ、倉本さんの作品は」（※144）

ドラマ出演が決まると2人は富良野に住む倉本聰に会いに行った。

「僕は芸能人に会っても、あまり上がらないほうなんだけど、この時はもう、ものすごい上がりましたね。口が回らなくなっちゃって、妙に静かになっちゃって」（※144）

だからこそ石橋は並々ならぬ意気込みで結果にこだわった。

「僕の記憶の中には、多分、バラエティーとドラマを両方当てた人間はいないんですよね。だから、このドラマを当てることによって、バラエティーもドラマも制覇して、完全に殿上人になりたい」（※144）

残念ながら石橋のこうした思いとは裏腹に『火の用心』の視聴率は伸び悩んだ。だが、ほぼ初めて（それまでも芸人「とんねるず」としてのドラマ出演経験はあったが）本格的に「俳優」として向き合いった。その後のドラマ、映画、果てはハリウッド映画出演の足がかりを掴んだ、俳優・石橋貴明、俳優・木梨憲武の原点ともいえる経験を積んだのだ。

そしてこのとんねるずのドラマへの本格進出の〝副産物〟がウッチャンナンチャンのゴールデンタイム進出だった。デビュー後わずか5年に満たない20代前半の若手芸人に降って湧いたようなチャンスだ。

しかし、番組の演出を務めた吉田正樹や星野淳一郎もプロデューサーの佐藤義和も所属事務所も、そしてウッチャンナンチャン自身も当初この話には消極的だった。なにしろ、新しいバラエティー番組を一から作るのにはあまりにも時間がなかった。

ウッチャンナンチャンにこの話が伝えられた頃には番組開始2ヶ月前を切っていた。最初は南原に伝えられた。腰痛の治療のため病院に向かう車中だった。

「それは一生の問題だ。すぐ車を戻して。内村と相談しなくては」(※118)

急遽、南原は事務所にUターンし、内村と合流。社長の柵木眞とその息子で専務の秀夫(現：社長)の4名で緊急の話し合いが行われた。

「チャンス」というより「困った」という思いが大きかった南原は振り返っている。

「とんねるずさんの後で、半年とはいえ、『こりゃちょっとどうなんだ⁉』」(※145)と。それでも、ここで引くわけにはいかないという結論がくだされた。まさに〝誰かがやらねば〟いけない状況だったのだ。

「心配はしましたよ」と柵木眞は述懐する。「ゴールデン番組の失敗例を数多く見てきてますからね。一度失敗すると、影響力が大きいだけに数年はとりかえしがつきません。それでも十分な準備期間なく突入したのです。ウチとしては悲壮な覚悟でした」（※118）。

プロデューサーの佐藤にとっても、ウッチャンナンチャンのゴールデン抜擢は「計算外」だったという。佐藤はいずれ『夢で逢えたら』をそのままゴールデンタイムに昇格させたいと考えていたからだ。それは吉田や星野も同じ考えだった。

「そもそも『夢逢え』がうまく行っているのに、それを壊すことになりはしないか？　6人の絶妙なバランスで成り立っている番組なのに、ウッチャンナンチャンだけが先にゴールデンでレギュラーを持ったら、残りのメンバーはどう思うだろう？」（※20）

吉田の脳裏にはそんな心配が真っ先によぎっていた。だが、一方で吉田には「フジテレビを救わなくては」という思いもあった。

「僕たちは番組の作り手であると同時に、フジテレビの社員でもあります。今、その会社が『超人気番組の休止』という窮地に陥り、考えた末に僕たちの手を借りたいと言ってきた。誰かがこのぽっかり空いた枠を埋めなくてはならないけど、誰にでも任せられる枠ではない。ならば、冒険にはなるが、今最も勢いのあるタレントとディレクターに賭けてみよう。僕たちに話が来たのは、こういう事情からだったと思います」（※20）と吉田は状況を振り返った上で当時の心境を語っている。

「僕はこの話に宿命のようなものを感じていました。『ひょうきん族』が終わった今、僕たち若手のディレクターに与えられた使命は、ポスト『ひょうきん族』を作ること。この番組は間違いなくその絶好のチャンスになるだろう。そんな思いがあったのです」（※20）

制作者、演者、事務所、それぞれが悲壮な覚悟で始まった『誰かがやらねば』は、準備期間の少なさ故、「事前に収録したスタジオコントのVTRを観ながら、生放送でトークする」という変則的な形式に落ち着いた。内村にとって「スタジオコントが中心の番組」というのが、番組を引き受けるにあたって絶対条件だったが、それだけでゴールデンの1時間番組を作るのは時間的に極めて困難だったからだ。当初、内村は「生放送だったらやりません！」と反発したが、あくまでも収録したスタジオコントが中心であることで納得した。

この番組を機にADとして吉田班のスタッフに加わったのが、のちに『めちゃ×2イケてるッ！』などを手がける片岡飛鳥と、のちにドラマプロデューサーとして名を上げる栗原美和子だった。

『誰やら』は当初の予定通り半年間でその役目を全うし終了した。

その半年間、『誰やら』も高視聴率を記録していた。そのまま終わらせるのは惜しい、そうフジテレビ側も考えていた。だから、その後継番組の企画が持ち上がった。当然の成り行きだった。だが、吉田たちはおののいた。なぜなら、提案された放送枠がなんと土曜8時、いわゆる「土8」枠だったのだ。

8 吉田正樹の野心

『誰やら』の後継番組の放送枠に「土8」を提案したのは編成の小牧次郎だった。

小牧は『夢で逢えたら』を全国ネットに押し上げた影の立役者のひとりだった。松下電器一社提供の土曜23時半枠の立ち上げを担当した男なのだ。また吉田とは同期入社。「お前がやるならこの企画を具体化したい」(※20) とその記念すべき第一作に『夢で逢えたら』を編成したのだ。

だから吉田と小牧にはどこか戦友意識があった。

そんな小牧からの申し出だったが、さすがの吉田もこれには躊躇した。

「土8」枠といえば本書でも何度となく登場するお笑い番組としてはもっとも権威ある枠と言っていいだろう。『コント55号の世界は笑う』に始まり、『8時だョ!全員集合』、『欽ちゃんのドンとやってみよう!』、『オレたちひょうきん族』……と数多くの〝伝説〟の番組がしのぎを削った枠だ。そんな枠にまだ新人芸人ともいえるウッチャンナンチャンを抜擢しようというのである。当時、裏番組として放送していたのは、『オレたちひょうきん族』を打ち破った『加トちゃんケンちゃんごきげんテレビ』だ。

「いくらなんでもそれは……」

吉田は「悩み狂った」と自著（※20）で述懐している。

『夢で逢えたら』や『誰やら』でのパートナーである星野淳一郎は断固反対の立場をとった。「もともと半年という約束なのだから、自分たちのホームである『夢逢え』に戻るべきだ」（※20）と。

一方、吉田は揺れていた。

「俺は会社を代表して、お前にやってほしいと思っている」（※20）

小牧のその言葉が耳に残っていた。

小牧は「今こそフジテレビのバラエティを変える時だ」という強い意志を持っていたという。そしてその仕事を自分に託そうとしている、吉田はその気持ちに応えたいと思い始めた。何より、「ディレクターとしての欲」があった。『ひょうきん族』で育った自分がそれを打倒した王者『加トケン』に挑戦する。そんな魅惑的な「ストーリー」を前に逃げたくはなかったのだ。

そして星野淳一郎に対する複雑な思いもあった。吉田と星野は自他ともに認める「盟友」だった。

「俺たちは分かり合っている。ほかの連中にこんな面白い番組は作れない」（※20）と酒を呑み交わしそんな風にお互いを称え合ったことも一度や二度ではないという。しかし、「この頃も、ディレクターとしての実力は星野の方が圧倒的に上でした」（※20）と吉田が認めるように、吉田にとって星野の存在はコンプレックスでもあったのだ。

星野は吉田のひとつ年下だが、高校時代からフジテレビでバイトをしてきた。だからキャリアは星野のほうが長かった。まだ2人が『笑っていいとも！』のADをしていた頃、先にディレクターに昇進したのは年下の星野のほうだった。さらにフジテレビ版の『24時間テレビ』である『1億人のテレビ夢列島』、その第1回の総合演出[*6]を務めたのも星野だった。これが高視聴率を収める大成功だったため、「1回限り」という約束は反故にされ、第2回の企画が立ち上がった。だが、その総合演出は誰もが尻込みした。それはそうだ。1回限りというつもりで制作されたためスタッフは燃え尽き、1回目を超えるのは極めて難しい。にも関わらず、必ず1回目と比べられてしまうのは明らかだ。星野は引き続き演出を務めるのは固辞した。そこでお鉢が回ってきたのが吉田だった。またも星野の後を歩まなければいけなくなったのだ。しかも、制作準備中にプロデューサーの佐藤が胃潰瘍で入院。吉田は強烈な孤独感を抱えたまま、なんとか大役を務め上げたが、無事放送が終わって抱いたのは充実感よりも、敗北感だった。

だから吉田にとって星野は超えなければならない壁だったのだろう。そんな吉田に星野の言葉が間接的に耳に入ってきた。

「俺がいなかったらあいつはできないでしょ。でも、俺はやらないよ」(※20)

伝聞だから星野が本当にそんなことを言ったのかは分からない。だが、吉田にとっては決断の背中を押すには十分だった。

こうして吉田と星野は決別した。

「星野はやらないと言っている。君たちはどうする？　僕一人でもやるつもりはあるか？」（※20）

吉田は内村と南原に対して切り出した。実はふたりは前日までに話し合い、「やらない」と結論を出していた（※120）。

だが、しばらく考えた内村は沈黙ののち吉田の熱意に押され答えた。

「やります！」

驚いた南原は内村を見入り、その決意が固いことを悟り、「じゃあ、いいか」と承諾した。

こうして1990年10月13日に始まったのが『ウッチャンナンチャンのやるならやらねば！』（フジテレビ）だった。

星野に代わり吉田とともにディレクターを務めることになったのは、『誰やら』チーフADだった片岡飛鳥。

「『誰やら』の時から飛鳥はチーフADとして非常に頼りになってたんですよ。キャラクターものをやる時なんか、本番前に裏で打ち合わせるんですけど、その時チーフADとして見事な助け舟があって。いずれディレクターになるんだろうなと思ってました」（※20）と内村が評するようにその後、片岡は『101回目のプロポーズ』（フジテレビ）のパロディコントなど、番組を代表するコントを生み出していった。

また『誰やら』もう一人のADだった栗原美和子は、自らアシスタントプロデューサー（AP）というそれまでなかった役割を志願しそのポジションに就いていった。

まだ30歳になったばかりの吉田とディレクター経験の浅い片岡、そしてデビュー5年に満たないウッチャンナンチャン。彼らが伝統の「土8」をやることに、フジテレビ局内は冷ややかだったという。「もっと力のある連中を使うべき」などという雑音が聞こえてきた。

そんな状況で始まった『やるやら』は前評判に反して好調だった。王者『加トケン』を僅差の視聴率で追う展開が続いたのだ。そして、番組開始からわずか3ヶ月後の12月、早くも『加トケン』を抜き去り、同時間帯トップに踊りでた。

その後も好調を維持し、1992年3月28日、ついに『加トちゃんケンちゃんごきげんテレビ』を終了に追い込んだのだ。

その少し前の91年秋、ダウンタウンにレギュラー番組の企画が持ち上がった。

その年のお正月に放送された『ダウンタウンのごっつええ感じマジでマジでアカンめっちゃ腹痛い』や2度の特番を経て、そのままこのパッケージで日曜夜8時の枠でレギュラー化しようというのだ。プロデューサーの佐藤は二つ返事で了承した。だが、ディレクターの星野はここでもやはり固辞したのだ。そこで佐藤は吉田に星野の説得を依頼。しかし、吉田の説得にも星野は首を縦に振らなかった。この時、吉田にはふつふつとある野心が生まれた。「自分がダウンタウンの番組を作りたい」と。『夢で逢えたら』のパッケージではなくウッチャンナンチャンだけでゴールデンに行ってしまったというダウンタウンに対しての負い目もあった。またそのウッチャンナンチャンの番組を自分一人で成功させたという自信もあったからだろう。

「3ヶ月『やるやら』を休んで、『ごっつ』が軌道に乗るまで向こうに行ってもいいか？」（※20）

内村や南原、そして片岡たちにそんな了承までとりつけ、吉田は最後の説得に向かった。

「お前がそこまで言うのなら……自分がやるよ」

ようやく星野が重い腰を上げたのだ。

一方、当のダウンタウンも『ごっつ』レギュラー化に難色を示していた。ネックになったのは「日曜夜8時」という放送枠だった。「日8」といえばNHKでは「大河ドラマ」が立ちはだかり、日本テレビにも『天才・たけしの元気が出るテレビ‼』があった。フジテレビは何をやっても勝てないという状況が続いていた。

「あの頃、『元気が出るテレビ』かな、あと大河ドラマとか。うん。それが強くて、何やってもあかんくて、で、僕らも、日曜8時っていうのは、あんまりやりたくないっていうのは当初からあったんですよ」（※110）と松本も振り返る。浜田も「果たして自分たちのやることがどこまで受け入れられるのかっていう不安はありました」（※136）と口を揃える。ファミリー向けの番組が成功する中、若者向けの笑いを得意とする自分たちでは受け入れられないと考えたのだ。

マネージャーの大崎に対しては「ありえへん！　その枠では俺たちの笑いは成立せえへん。絶対に嫌や！　死んでもやらへん！」（※24）などと強硬に拒否したという。
大崎は2人と何時間にわたり話し合いを持った。
「そんなこと言わんと、やろうや、やろうや。とりあえず半年やって、秋には枠を移動してもらおうや。な、な」（※24）
そんな大崎に根負けする形で、ダウンタウンはレギュラー化を承諾した。
「ごめんなあ、でもやってみれば、絶対いい風に行くと思うわ」（※24）
こうして1991年12月8日、『ダウンタウンのごっつええ感じ』が産声を上げたのだ。

9　貴ちゃんとツッチー

一方の日本テレビでは……。

「とんねるずを取って来い！」

前述のとおり、1989年頃に編成部に異動になった土屋敏男は、異動初日に編成部長に呼ばれこう〝密令〟を受けていた。

当時のとんねるずといえば、フジテレビの『とんねるずのみなさんがおかげです』全盛の頃。89年は、全バラエティ番組トップの視聴率を獲っているほど。しかも、土屋はそれまでとんねるずとは一切面識がなかった。だから、その使命は、それこそ『進め！電波少年』（日本テレビ）ばりのムチャぶりだったのだ。

困った土屋は何か接点がないか思案した。

そこで思いついた線が、テリー伊藤だった。

制作部時代、『元気の出るテレビ』のディレクターをしていた土屋。そのトップだったのが伊藤輝夫、のちのテリー伊藤である。

伊藤はフジテレビでとんねるずと組んで『ねるとん紅鯨団』を作っていた。

そこで土屋は、ダウンタウンには『夢で逢えたら』に、ウッチャンナンチャンには『オールナイトニッポン』に乗り込んでいったように、伊藤の許しを得て、他局の番組である『ねるとん』の収録現場に潜入するようになったのだ。

『ねるとん』の収録後、必ず出演者やスタッフが一緒になって食事に行っていた。

「あれは誰？」

石橋貴明は、訝しげにその見覚えのない赤塚不二夫似の男を眺めていた。とんねるずは当時、いわゆる〝身内〟しか付き合っていなかった。だからその〝怪しい〟男が気になっていた。フジテレビのスタッフではないのはもちろん、番組制作に関わっていた関西テレビやＩＶＳテレビのスタッフでもない。

土屋はあえて自分からすぐに挨拶に行くようなことはしなかったという。

「だって、なんかいきなりいくのもイヤじゃない。杓子定規な感じで、名刺出して挨拶して『日本テレビ出てください』ってのもね。まずは馴染んでからと思って」(※146)

収録に訪れ始め、何度目かの時だった。土屋は石橋とともに麻雀を打った。そのうちに石橋の大きな役に、土屋が振り込んだのだ。大きな手で上がって喜ぶ石橋に土屋は言った。

「名刺代わりです」(※146)

ようやく、土屋敏男は石橋貴明に自己紹介をしたのだ。

その後も2年くらいそんな関係が続いた。

いつしか、彼らは「貴ちゃん」「ツッチー」と呼び合うほど気心が知れた仲になっていった。

だが、土屋は自分からは「日テレに出てください」とは言えなかった。

編成部長からは連日のように「どうなんだ?」と聞かれるが、「いい感じです」などと答えていた。「いけるのか?」と食い下がる部長に「この春は無理ですけど秋なら……」などとかわすのが精一杯だった。

結局、土屋は最後までとんねるずに日テレのバラエティ番組をやってほしいという依頼をできないまま、1991年頃、制作部に再び異動になった。

それから少し経って、土屋のもとに石橋から電話があった。

「キャピトル東急でお茶飲もうよ」と。

「制作戻ったんだよね？」と石橋が切り出し、そして続けた。

「ツッチーやって」

制作に戻った祝儀ではないが、秋から新番組をやろうというのだ。

「それまでその一言が欲しくて近寄っていたんだけど、言い出せないまま制作に戻って、結局貴ちゃんから言ってもらった（笑）」（※146）

石橋だって土屋が通った2年間、当然その真意はわかっていたのだ。

こうして1991年10月16日から始まったのが『とんねるずの生でダラダラいかせて‼』。〝密令〟を受け2年あまりが経った秋のことだった。

10 フジテレビの誤算

1989年4月、ウッチャンナンチャンとダウンタウンは揃って『笑っていいとも！』のレギュラーに抜擢された。

『夢で逢えたら』によって若者に支持され『いいとも！』によって世間一般のお茶の間に認知された2組はまさにフジテレビが〝育てた〟と言っても過言ではなかった。

そしてそのフジテレビでの冠番組『やるやら』と『ごっつええ感じ』で、彼らは時代の寵児になろうとしていた。

だが、この2つの番組は、思わぬ形で不幸な終焉を迎えることになってしまう。

1993年6月23日。宇田川町・第4スタジオで行われた『やるやら』の収録である。その日は香港の人気ロックバンド・BEYONDが収録に参加していた。日本での活動のプロモーションの一環として人気バラエティ番組に出演しようというのだ。

香港ではコントやトークもこなしバラエティ番組対応能力はあったが、吉田は日本のバラエティでいきなりコントは難しいだろうと考えた。そこで、ゲームコーナーである「やるやらクエストⅡ」にBEYONDのメンバーが参加することになっていた。

ウッチャンナンチャン中心のレギュラーチームとBEYONDが入ったゲストチームが対決するという形式。水槽に浮かべた浮島を伝わりながら宝物を取り合うゲームだった。

本番の収録が始まったのは深夜1時。そのわずか15分後のことだった。

全員が濡れた平台の上で激しくもみ合う中、事故が起こってしまう。

BEYONDのリーダーであるボーカルの黄家駒と内村が水に足を滑らせ2・25メートルの高さからスタジオ地面に転落してしまったのだ。内村は胸と腰を強打したが意識はあった。しかし黄は、意識がなかった。

すぐに2人は救急搬送された。救急車を待つ間、息も絶え絶えのはずの内村は吉田に声を絞り出して言った。

「ごめん、吉田さん、明日の収録できないわ……」（※20）

皮肉なことに26日には南原の結婚式が予定されていた。当然延期も検討されたが、本人と社長、そして仲人の内海好江の3者で話し合いがもたれ「ここで延期するのはほかの人に迷惑がかかる」（※147）という判断で決行。自宅療養中の内村は無念の欠席だった。

そして6月30日。最悪の結果となってしまう。黄家駒は最後まで意識が戻ることなく息を引き取った。

現場責任者だった吉田正樹は業務上過失致傷で書類送検。連日の取り調べを受けた末、不起訴となった。

事故の結果、『やるならやらねば』はその後、一度も放送されないまま正式に打ち切りが決定した。

ウッチャンナンチャンは以降しばらくの間、お笑い色の強い番組から距離を置かざるを得なくなってしまったのだ。[*7]

一方、ダウンタウンは94年に松本人志が長者番付で芸人トップに立ち、95年には松本人志がエッセイ『遺書』（朝日新聞社）を、浜田雅功は小室哲哉と組んだ音楽ユニット「H Jungle with t」で「WOW WAR TONIGHT～時には起こせよムーヴメント」をそれぞれ大ヒットさせた。「一応頂上に旗は刺したぜっていう気持ちはある」（※114）と松本が語るように、ダウンタウンはお笑い芸人の中で間違いなく天下を獲った芸人の一組となっていた。

それでも97年頃になると、『ごっつ』も高視聴率をとり続けるというわけにはいかなくなっていった。元々ダウンタウンの笑いは一般受けしやすいものではない。前述のように「日曜8時」というファミリー向けの時間帯で高視聴率を続けるのは無理があった。だから、ダウンタウンは再三再四、枠の移動を希望していたが、それが通らなかった。

「小松さん、えらいことになりました！」

『ごっつ』のディレクターを務める小松純也のもとにADを務めていた亀高美智子が青い顔で走りこんできた。その話を聞いても小松はまだ「すぐにおさまるだろう」と思っていた。だが、小松の予想を裏切り、この問題は大きくなっていった。

発端は、野球中継だった。ヤクルトスワローズの優勝マジックが「1」になったところで、試合中継権を持っていたフジテレビは急遽、優勝決定戦の生中継を決定。その結果、予定されていた『ごっつ』の2時間スペシャルの放送が延期となってしまったのだ。

もちろん、このようなことは別に特別なことではない。しかし、どこかの行き違いで松本へ事前にその連絡が入らなかった。そのためニュースで差し替えを知った松本が激怒したのだ。

「どういうことやねん！　俺は聞いてへんぞ！」（※24）

松本は大崎を呼び出し、「もうこれ以上、『ごっつ』はできない」と告げた。話し合いの結果、浜田も同意見だった。

そして松本は親友でもある高須に言った。

「その場の感情だけで言うてるんちゃうから。ちゃんと冷静に考えて、答えを出したことやから」（※148）

実は、この直前から『ごっつ』には「リニューアルプラン」が準備されていた。松本の発案だった。それは「当時のテレビの状況へ『合わせる』方向性」（※148）のものだったという。小松は、そのリニューアルプランに賛同できずにいた。ダウンタウンが視聴率のために「合わせる」という方向に向かうのが不安でつらかったのだ。だからこの騒動は「これはこうなる運命やったんかな」（※148）と感じていた。

おそらく、松本も「合わせる」なんてことは嫌だったに違いない。苦渋の選択だったはずだ。そんな中で起きた信頼関係を揺るがす事態に、もはや無理をしてまで続ける意味がなくなってしまったのだろう。

当初は同じフジテレビの『HEY！HEY！HEY！』も降板の意向を示していたが、大崎の必死の説得でこれは回避。

『ごっつええ感じ』は1997年11月2日の放送を最後に終了した。その最終回のエンディングには「この番組がいつか復活して欲しい」という小松の思いを込め、第1回目のオープニング映像が使われていた。

思わぬ形での終了といえば『ウッチャン・ナンチャン with SHA.LA.LA.』もそうだ。この番組は遡ること92年、バラエティ番組としては中途半端な6月という時期に突然終了を迎えている。

その理由として挙げられているのが映画『七人のおたく』[*8]だ。ウッチャンナンチャンが主演したこの映画の撮影にかかりっきりになってしまうという理由で、ウッチャンナンチャンが番組を降板したのだ。

たとえ映画の撮影があるとはいえ、いくらでもやりようがあったはずだが、急に番組を辞めるという〝横暴〟ともいえる決断をくだしたのだ。

実はこの降板劇の裏で暗躍した男がいる。それがフジテレビの吉田正樹である。

伏線は、90年の年末に遡る。『やるならやらねば』の忘年会が行われた。そこで吉田正樹は号泣していた。

大きなプレッシャーの中始まった『やるやら』がついに『ごきげんテレビ』を追い抜いたのだ。先輩テレビマンからの雑音から耐え、結果を残した直後ということもあり、吉田は酔いに任せ、感情を爆発させていたのだ。

店を移動すると、たまたまそこに土屋敏男が美女を侍らせ飲んでいたという。

当時土屋は編成マン。会社の命を受け、フジテレビがほぼ独占していたダウンタウンやウッチャンナンチャンを日本テレビのバラエティに引っ張り出し番組を生み出していた。土屋にしてみれば当然の仕事をしているまでだが、吉田にはそれが気に食わなかった。ダウンタウンやウッチャンナンチャンは自分たちフジテレビが育てたという思いがあったからだ。特にウッチャンナンチャンへの思い入れは誰よりも強かった。

「日テレなんかにウンナンを出さないぞ!」(※129)

悪酔いした吉田は土屋に絡んでいった。困惑する土屋をよそに「土屋、コノヤロー!」とケンカを売り続けたのだ。

「こっちは死ぬ思いでウンナンとモノ作りしているのに、日テレは人のマネばっかりするな!っていう気持ちだった」(※129)と吉田は述懐している。

そんなことがあった1年半後の92年、『シャララ』は突然終了する。

「フジがちょっと意地悪をしまして、ウンナンを日テレから取り戻して『シャララ』を辞めさせちゃった」(※129)

吉田正樹は土屋敏男との対談でそうハッキリと告白している。「フジテレビの意地悪」と自ら認めているのだ。

『七人のおたく』はフジテレビ製作の映画である。もちろん、吉田正樹も「プロデュース協力」という形でクレジットされている。

学生時代から映画業界を目指していたウッチャンナンチャンにとって、映画の主演は念願だったはずだ。しかし、それを実現するためには『シャララ』の降板が必要だと選択を迫られたのだろう。映画への夢と自分たちのキャリアアップのかかった仕事である。それと学生時代の同級生と楽しくやっている番組とを天秤にかけなければならなかった心中は察するにあまりある。

結局、ウッチャンナンチャンとマセキ事務所は映画『七人のおたく』を選択したのだ。


窮地に立たされたのは日本テレビだ。

突然、日曜夜10時半の30分の枠がぽっかり空いてしまったのだ。

「何でもいいから明日までに企画書持ってこい」(※129)

その直前に編成から制作部に戻ってきていた土屋敏男がそう言われて書いた企画書が『進め！電波少年』だった。仮タイトルは『やったろうじゃん』だった。

どうせこの新番組はウッチャンナンチャンが映画の撮影から戻ってくる3ヶ月間限定のつなぎ番組だ。

「視聴率なんかとらなくてもいい。そのころテレビに対して抱いていたストレスのようなものを、とにかく全部ぶつけてやろうという気持ちだった。

だからタイトルが『やったろうじゃん』なのだ。捨てばち、そしてやぶれかぶれの『やったろうじゃん』なのだ」（※149）

そんな気持ちで企画書にある一文を書き加えた。

「これは、やっちゃいけないってことを、ちょっとでもいいから、やってみたい、番組」（※149）と。

編成からは既に出演タレントが用意されていた。

松本明子と松村邦洋である。

「オレ、知らない……。誰？」

土屋がそう思うほど、当時の2人は無名の若手タレントだった。そんな2人がMCの番組なんて誰が見たいだろうか、そんな発想から生まれたのが、当時は斬新だったCGのセットに顔だけが浮かぶというスタイルだったのだ。

当初の番組のコンセプトは「会いたい人に会う。見たいものを見る。したいことをする」。

その初回の企画が松本明子の「憧れの227センチの岡山さんに会いたい」というものだった。

「岡山さん」とは当時、住吉金属に所属していたバスケットボール選手の岡山恭崇のこと。彼に会いたいとスタッフが普通にアポイントメントを取ろうとしたが断られてしまった。ロケ予定日は翌日に迫っている。困ったディレクターが土屋に相談した。

「じゃあ、とにかく行っちゃえ」

それが『電波少年』の最初の代名詞になる「アポなし」誕生の瞬間である。

そして「アポなし」に代わって番組の象徴になる「ヒッチハイク」[*9]もまた、無名のタレントしか使えないという苦肉の策から逆算して企画されたものだった。

当初、ウッチャンナンチャンが戻るまでの3ヶ月限定だった番組はまさかの高視聴率をたたき出し、その後、シリーズを重ね『雲と波と少年と』終了の2003年まで継続。大晦日特番も作られるなど、まさに日本テレビを代表する番組へと成長していったのだ。

フジテレビの〝意地悪〟で苦肉の策で生まれた番組が、「日本テレビ的ドキュメントバラエティ」ともいえるスタイルを完成させた。それはその後、同じく土屋敏男演出の『ウッチャンナンチャンのウリナリ!!』（日本テレビ）などに応用されていくことになる。この「日テレ的ドキュメントバラエティ」の成功を契機に、フジテレビが1982年以降12年間もの間守った視聴率三冠王の座を奪い、以降、10年間、日本テレビが視聴率四冠王[*10]になっていくのはなんとも皮肉な話だ。そしてそれは現在の『世界の果てまでイッテQ！』（日本テレビ）などに受け継がれ、今もなお、お家芸のひとつとして、王者・日本テレビを支え続けている。

＊　＊

ちなみにこの吉田正樹と土屋敏男の因縁には〝続き〟がある。

内村光良（のちに南原清隆も参加）とネプチューンらが98年に立ち上げた『笑う犬の生活』シリーズ（フジテレビ）のプロデューサーを務めたのはやはり吉田だ。その立ち上げの経緯を吉田は「僕が『笑う犬』でコントをやろうと思ったのは、フジの中でも本当に土屋さんに戦いを挑む人がいなくなったから」（※129）だと語っている。また内村に「またコントをやってくれ」とけしかけたのは、土屋敏男による『ウリナリ』での共演で親しくなった後輩芸人・キャイ〜ンのウド鈴木だ。

「土屋さんには感謝しているんです」

と先述の対談で吉田は漏らしている。

「海外にはいろんな夢もあったのですが、迷惑をかけてしまったこともありました」と。それはもちろん、『やるやら』でのBEYONDの事故のことだろう。「でも『ウリナリ』で南原が、嬉々として上海や台湾に行って、楽しいと言っているのを見ると、あー良かった、と」（※129）『ウリナリ』の成功は、ウッチャンナンチャンが自らのせいで背負わせてしまった重い十字架のいくらかを解消させてくれたのだと吉田は思った。

さらに奇妙な因縁がある。

前述のとおり『シャララ』の代わりに『電波少年』が始まったのは92年。『やるやら』で不幸な事故が起こる1年前だ。その『電波少年』を象徴するオープニングテーマ曲は印象的なものだ。番組開始当初から最後まで使われていたこの曲は実は、偶然にもBEYONDの日本デビュー・シングル「THE WALL～長城～」のイントロ部分なのだ。

*1　全日本冷し中華愛好会。通称「全冷中」。「冬に冷し中華を食べられないのはおかしい」という思いから結成された。初代会長は山下洋輔。2代目は筒井康隆。

*2　滑舌が絶望的に悪く「サイトウです」という名乗りが「ヘイポーです」に聞こえたのが由来。

*3　松本は面と向かってでは言えない自分の考えなどをコンビ揃って受ける取材などを通じて伝えていたという。

*4　専門学校時代は今村昌平特別賞を受賞。卒業後、今村昌平プロデュース映画『君は裸足の神を見たか』『キネマの天地』のほか、映画『男はつらいよ』(37～41作)などにも出演している。

*5　もちろんジャッキー・チェンに似ていることが由来。バカリズムを「まこっちゃん」とか東野幸治を「ひがしのりん」と呼んだり、出川のあだ名は独特。自分が〝認めた〟人物にはオリジナルのあだ名をつけるという。

*6　もともと高校生だった星野が企画書を書いてそれがのちに採用されたという〝伝説〟があるが、これは横澤が否定している。

*7　ビートたけしがいち早く手を差し伸べ、同年10月から始まった新番組『ビートたけしのつくり方』のレギュラーに起用されたのがほぼ唯一の例外。この番組でウッチャンナンチャンはたけしとコントを演じた。

*8　一色伸幸が原作・脚本のウッチャンナンチャン主演のアクション・コメディ映画。監督は山田大樹。共演には江口洋介、山口智子、武田真治ら豪華布陣。ウッチャンナンチャンは「日本アカデミー賞」の新人俳優賞、話題賞を獲得。

*9　言うまでもなくこの企画で大ブレイクを果たしたのが猿岩石。その後、有吉弘行は再ブレイクを果たした。

*10　土屋敏男によるドキュメントバラエティの他、五味一男が手がけた『マジカル頭脳パワー!!』『クイズ世界はSHOW by ショーバイ!!』といったファミ

リー向けバラエティも好調を支えた。

第7章　BIG3の1989年

1986　たけし、フライデー事件で逮捕

1987　フジテレビ版『24時間テレビ』開始

1988　さんま、大竹しのぶと結婚
『あっぱれ！さんま大先生』開始

1989 『その男、凶暴につき』公開
『今夜は最高！』終了
『オレたちひょうきん族』終了

1991 『平成教育委員会』開始

1992 さんま、大竹しのぶと離婚

タモリ
41歳～46歳

ビートたけし
39歳～44歳

明石家さんま
31歳～36歳

1　BIG3の更新

「こんばんにゃ」

タモリのそんな第一声で始まったのが、『FNSスーパースペシャル1億人のテレビ夢列島』、いわゆるフジテレビ版の『24時間テレビ』である（現在の『27時間テレビ』になったは97年から）。1987年7月18日の夜9時からスタートした。

もともとは、78年から萩本欽一[*1]を司会に据えて日本テレビで始まった『24時間テレビ「愛は地球を救う」』のパロディとして作られた。

「フジネットワークである、FNSの北海道から沖縄までの各局でひとつの番組ができないだろうかと。当時は日本テレビで『24時間テレビチャリティー』があったので、フジテレビでやるなら同じことはできないので、お笑いでやろう」（※150）という発想だったとディレクターのひとりとして参加した三宅恵介は証言している。

当時は『オレたちひょうきん族』、『笑っていいとも！』全盛の時代。

総合司会に選ばれたのはタモリと明石家さんまだった。

そして、前年の年末にいわゆる「フライデー事件」を起こして謹慎中だったビートたけしのテレビ復帰の場としても計画された。発案者は横澤彪。横澤と佐藤義和、そして三宅は、たけしをゴルフに誘って、その企画案をたけしにぶつけた。

「出るのなら深夜のほうがいい」

こうして、たけしが突然〝乱入〟するという形でのテレビ復帰が決まった（※151）。

「え？　たけちゃん来たの？」

淡々とスタッフに確認するようにタモリが言うと、さんまが大袈裟に驚いた。

「ええ!?　たけしさんが！」

逃げないと大丈夫か、と慄くように振る舞うさんまを尻目に、たけしが照れくさそうに登場した。

「冗談じゃないよ」

その後、３人のトークは1時間あまりにも及んだ。この時間帯は深夜1時すぎにも関わらず約20％という驚異的視聴率を叩きだした。

あくまでも『24時間テレビ』のパロディなのだから「1回限り」という約束だった。だが、24時間全体でも、平均世帯視聴率で19・9％という数字を獲ったこともあり、その後の継続が決定した。

たけし、タモリ、さんまという組み合わせは、この放送翌年、88年1月3日に同じくフジテレビの『タモリ・たけし・さんま　世紀のゴルフマッチ』（91年から『タモリ・たけし・さんまＢＩＧ3世紀のゴルフマッチ』と改称）でも顔を合わせることになる。この2つの番組によって、彼らを「ＢＩＧ３」と呼ぶことが定着した。

それまで、「ＢＩＧ３」といえば、たけし、タモリ、萩本欽一を指していた。事実、86年1月23日発行の『週刊明星』では、「お笑いＢＩＧ３　欽ちゃん・タモリ・たけし　マルチ比較大研究」なる企画が掲載されている。少なくても85年に萩本が休養するまで、「ＢＩＧ３」のひとりは萩本だったのだ。それが、完全に入れ替わったのが89年頃と言えるだろう。

さんまを加えた「ＢＩＧ３」という概念はフジテレビによって更新され作られたものだったのだ。

88年の『テレビ夢列島』も当初は、タモリとさんまによる司会が構想されていた。だが、2人とも、これを固辞する。前回は「1回限り」という約束で引き受けたからだ。

それでも粘り強い交渉の結果、タモリはその役を引き受けた。なぜなら、さんまが引き受けたと聞いたからだ。さんまが引き受けたのなら仕方がない。自分もやるしかない、と。しかし、これは交渉役を担った横澤の〝ウソ〟だった。

「裏切り者！」

そんなこととは知らず、蓋を開けたら司会に名前がないさんまに対してタモリは激昂し、連日酒浸りになったという。さんまに代わってタモリのパートナーとして総合司会を務めたのが笑福亭鶴瓶だった。

そして翌89年7月15日、幾ばくかの責任を感じたのか、さんまは総合司会に復帰する。再び、タモリ、さんまが総合司会を務めた。

この年は、ウッチャンナンチャン、ダウンタウンも初登場している。2組揃って、タモリ、さんまの元を訪れた。

「ダウンタウン来たから、私がタモリさんの代わりに言います」

さんまが口を開く。当時、ダウンタウンは「生意気」の代名詞のような存在だった。『いいとも』レギュラーになったばかりのダウンタウンだったが、タモリに対しても〝生意気〟な態度を取っていた。そんな態度を注意しようとさんまは言うのだ。

「ダウンタウン……、これからもガンバレ！」

タモリはずっこけた。

そして番組の終盤にはビートたけしも登場。2年ぶりに新生「ＢＩＧ３」が揃い踏みした。

その後、タモリ、さんまはぶっ通しの総合司会の座からはしばらく遠ざかることになるが、90年から96年まで2日目のお昼に3人が集まる「ＢＩＧ３」企画が恒例になっていった。91年には、さんまが所有する高級外車・レンジローバーでの車庫入れ企画が行われた。

「やめろー！」

とさんまが絶叫する中、たけしの〝暴走〟により車が大破。ＢＩＧ３は〝伝説〟となった。

2 タモリの〝変化〟

「ＢＩＧ３」が約13年ぶりに顔を合わせ、３ショットが実現したのが、２０１２年の『ＦＮＳ27時間テレビ笑っていいとも！真夏の超団結特大号‼徹夜でがんばっちゃってもいいかな？』内の深夜放送のコーナー「さんま・中居の今夜も眠れない」だった。照れくさそうに３人だけで話す姿は80〜90年代の彼らを見てきた世代にとっては極上の空間だった。

この年の『ＦＮＳ27時間テレビ』は、そのタイトル通り、『笑っていいとも！』をベースに作られたもの。総合司会は89年以来、23年ぶりにタモリが務めた。

『笑っていいとも！』が始まったのは、１９８２年10月４日。以降、２０１４年３月31日に終了するまで実に約32年にわたって、日本のお昼の顔で在り続けた。

だが、当初はこんなに長く続くとは誰も思ってなかった。そもそもが、「３ヶ月だけならやる」という〝約束〟のもとスタートしたからだ。

前身番組である『笑ってる場合ですよ！』はマンザイブームの余波もあって、全盛期ほどではないにせよ、まだまだ人気もあった。だが、演者たちの熱気は明らかに落ちてしまったとプロデューサーの横澤は感じていた。楽屋で話すことといえば、女と金のことばかり。観客も低年齢化し、笑いのレベルも低下していっていた。

「お前ら、じつは全部だましてたんだ。お前らみたいな客は大嫌いだ。なんでもゲラゲラ笑いやがって！」（※21）

『笑ってる場合ですよ！』は、こんなたけしの言葉で幕を閉じた。

後継番組の司会に最初に候補に上がったのは、そのビートたけしだったという。

「俺やってたら大変な事になって、まあ3年で終わってた」（※152）と述懐し、そのオファーを断ったことを後に告白している。

横澤が必要としていたのは「知性」だった。そういう意味で、タモリしかいないと考えるようになっていた。

「僕はあの当時、テレビにほぼスレスレに出ちゃいけない人間だった……。ヤバイやつだったんですよ、今で言うと誰かな？　江頭2：50。あんな感じのイメージですからギリギリですよ」（※153）と本人が言うように当時のタモリはカルト芸人として「夜の顔」という側面が強かった。だが、81年を境に大きなイメージチェンジを図ったと『タモリと戦後ニッポン』の著者・近藤正高は指摘している。

この年、タモリにとって大きなトピックスは何と言っても『今夜は最高！』のスタートだ。また筑紫哲也の『日曜夕刊！こちらデスク』（テレビ朝日）をもじった『夕刊タモリ！　こちらデス』（テレビ朝日）も開始。既にレギュラーだったＮＨＫの『テレビファソラシド』やラジオ『だんとつタモリ！おもしろ大放送』（ニッポン放送）と併せ、アナーキーなだけではない知的な側面を見せ始め、主婦層からの支持も集めた。名古屋五輪招致失敗を機に名古屋への口撃も控えるようになり、さだまさし批判も終結を宣言。毒舌イメージの脱却を目論んでいる。さらにそれまでレコードでは毒の強いパロディ要素のものを制作していたが、初めて楽曲重視のジャズレコードをリリース、全国ツアーも敢行した。国鉄（現：JR）のCMに加え、民放連と朝日新聞のCMにも起用。「活字と電波」を制覇したイメージを植え付けようとしたと近藤は分析している（※154）。この戦略が功を奏したのが、まさに横澤によるタモリの『いいとも』抜擢だ。横澤は、いまだ「夜」のイメージの強いタモリではあるが、『夕刊タモリ』や『だんとつタモリ』を通して、主婦層に受け入れられ始めているのをいち早く察知した。また、『ラジカル・ヒステリー・ツアー』のコンサートにおけるMCを生で観て、彼のアドリブ力がずば抜けていることを実感した。

横澤のオファーに、タモリも所属する田辺エージェンシーも当初難色を示した。『笑ってる場合ですよ！』という人気番組の、それも同じタイプの番組の後番組。二番煎じの誹りを受けることは間違いない。お昼の帯という重要な場所で失敗してダメージを被るのはタモリ本人だ。あまりにも無謀でリスクの大きな挑戦になる。

渋るタモリを前に横澤は必死で説得を試みた。

「これは森田一義ショー、つまりあなたのショーなんですよ」

こうして、1982年10月4日正午、『場合ですよ』と同じスタジオアルタを舞台にした

『森田一義アワー　笑っていいとも！』は始まった。

横澤は始まって3日で手応えを掴んだという。

「高平さん、まだ僕たちは河田町のフジテレビの廊下の端を歩いてますけど12月にはセンター歩けますから。きっとそうしてみせます」

始まって1週間が経った頃、横澤は番組の構成作家を務める高平哲郎にそう言ったという（※155）。そしてその言葉は、実現した。

当初番組の〝柱〟と構想されていたコントコーナー「ふんいき劇場『タモリ＋1』」はまったく振るわなかったが、逆に〝添え物〟として企画された「テレフォンショッキング」の次に誰が出てくるかわからない意外性が評判を呼び人気を呼んだ。番組開始から1ヶ月を過ぎたあたりからは、出演者に花輪や電報が届くようになった（※22）。2ヶ月後には「いいとも」や「友達の輪」というフレーズが、巷で流行の兆しを見せ始めていた。初回視聴率わずか4・5％だったのが順調に上昇を続け、20％を超えるまでになっていった。タモリはそんな状況を見て「これは3ヶ月では終わらない」と覚悟を決めた。当初、予定を入れていた正月のハワイ旅行もキャンセルせざるを得なくなった。

一方でタモリはこの頃、「変わってしまった」と批評されることが多くなった。

たとえば、山藤章二による「『深夜の密室芸人』から『白昼堂々芸人』になり下がった」というものや、景山民夫によるタモリに対するイメージと違うことを彼が始めた」「怖いもんで、毎日、週に五日間、あのオバさんとミーハーのバカな女の子の前に出ると、つまり自分が接してる人間に合わせてる」「だから、はっきりいってしまえばつまり流す芸になっちゃった」（※156）といったものが代表的なものだろう。

そして、こうしたタモリへの評価を決定づける形になってしまったのが『今夜は最高！』の終了だった。

『今夜は最高！』は81年4月4日から中断を挟みながら、89年10月7日まで放送された番組である。

『いいとも』は「ラジオ」をイメージして作られたが、『今夜は最高！』は「雑誌」をイメージして作られたと高平哲郎は証言している（※150）。

「表紙があって、グラビアがあって、座談会があって、読み物があって、音楽欄がある」（※41）、高平はそんな番組をイメージして構成していった。「表紙」にあたるタイトルバックは和田誠に依頼。和田誠が描いたニューヨークのビルの間からタモリが顔を出すというオープニングに決まった。「パートナー」と呼ばれる女性ゲストは原則的に2週続けて出演、それに加えて「ゲスト」と呼ばれる男性ゲストが週替りで登場し、タモリを含めトークをする。これが「グラビア」であり「座談会」にあたる。そして、ゲストとレギュラー陣が「スケッチ」（コント）を演じ（これが「読み物」）、「音楽欄」となる歌をゲストとタモリが披露する。

『シャボン玉ホリデー』の流れを汲むような本格的音楽バラエティショーだった。番組はいわゆる〝大人〟な視聴層に支えられ、23時台という時間帯にも関わらず、高視聴率を獲得した。

だが、番組開始から7年が経過した88年頃になると、その勢いは急速に衰えていた。番組のマンネリ化、初期スタッフの降板など要因は様々だが、大きな理由のひとつとしてあげられるのが、87年から始まった裏番組『ねるとん紅鯨団』の存在だ。88年には、『みなさんのおかげです』もレギュラー化され、相乗効果で大きな人気を呼んでいた。新進気鋭のとんねるずの勢いに当時のタモリは太刀打ちできなくなっていた。そして89年10月、番組は最終回を迎えた。

「もうタモリだけじゃ数字は稼げないだろう」

そんな声がスポンサーから挙がりタモリが激怒し番組が終了したという説もあるが、これは高平が否定している。だが、「この終了に関して田辺エージェンシーが憤り、今後、日テレへのタモリの出演はまかりならんと断言したことは事実」(※41)とも書いている。

いずれにしても、この番組の終了により、当時のタモリがコントや音楽といった〝芸〟を見せる場をほぼ失ったことは確かだ。

これ以降、90年代前半を中心に「タモリ=つまらないものの象徴」という言説が拡がり、いつしか〝嘲笑〟の対象になっていくことが多くなった。

3　さんまの転身

『いいとも』には『場合ですよ』のレギュラー陣は起用しないという暗黙のルールがあった。もちろん、番組を差別化するためだ。

だが、その禁を初めて破ったのが明石家さんまだった。

きっかけは、84年2月13日にドラマ『のんき君』（フジテレビ）で共演した斉藤慶子からの紹介で出演した「テレフォンショッキング」だった。タモリを相手に丁々発止で当時の最長記録となる35分間しゃべり続けた。これに手応えを掴んだのか、「どうしても出たい」とさんまはプロデューサーの佐藤に直訴したという。実は「タモリとの相性は非常に良い」と感じていた佐藤もそれを計画していたところで、渡りに船だった(※22)。

このさんまの起用は大成功だった。『いいとも』という番組だけではなく、タモリにとっても、それまで隠れていた才能を引き出す結果になった。それが、さんまがレギュラー降板まで約11年にわたってタイトルを変えながら続いたフリートークコーナー「日本一の最低男」である。

そこで2人は台本が一切ないアドリブのトーク、つまり「雑談」を十数分にわたって毎週披露したのだ。

「雑談を芸にできたら一流や」

それが、さんまの師匠である松之助の口癖だった。タモリとなら、それができるのではないか。さんまは放送終了後の後説で交わすフリートークなどで手応えを掴んでいた。だから、さんまがコーナー化することを提案したが、『いいとも』スタッフは「成立はしても視聴率は取れないだろう」と大反対だったという（※40）。

「テレビの歴史上ないことだからこそやらしてくれ」

というさんまの熱意に押し切られる形で前代未聞の雑談コーナーはスタートした。始まったのはさんまがレギュラーに加入した84年4月から約8ヶ月が経った12月だった。

タモリも日本で初めて「雑談」というものをテレビでやったと胸を張るように、エポックメイキングなコーナーであり、さんまとタモリの実力を世に知らしめるコーナーだった。

そんなさんまにとってひとつの転機になったのは大竹しのぶとの結婚だった。

86年の『男女7人夏物語』、87年の『男女7人秋物語』（ともにTBS）に共演した2人は意気投合。88年9月に結婚したのだ。まだまだ決して〝モテる〟職業として認知されていなかったお笑い芸人と一流女優との結婚は、芸人のステータスアップを印象づけるのに十分だった。

2人の出会いはドラマ共演ではなく、関西のワイドショー番組『八木治郎ショー・いい朝8時』（毎日放送）だった。このとき、大竹は出演舞台のPRに、さんまは2枚目のシングル

「B・igな気分」を発売していたため〝歌手〟として出演していた。80年の頃である。

「可哀そうに、風邪ひいてて」

さんまのガサガサの歌声を聴きながら、大竹はそんなことを思っていたという。もちろん、さんまは風邪など引いていない。「絶好調だった」という（※157）。

そして、ドラマで再会。意気投合した。ドラマが大ヒットし、そのスピンオフともいうべきトークバラエティ番組『男女7人夏物語　評判編　生放送だよ！さんちゃん・しーちゃんのなんでもトーク』（TBS）も放送された。このときはまだ、〝噂のカップル〟という段階だったが、さんまは大竹しのぶを「どの道を選んでも頂点に立つ人」と手放しで絶賛している。

「笑いのリズムとか、ここで何を言うのがベストとか、何もかも知ってるんです。お笑いの人が欲しいものを自然に持ってるんですよ。ホントにすごい才能ですよ。テレビの中の笑いのテンポ、間のとり方、空気を感じる能力、ベストの反応を選ぶ瞬間的早さ、どれをとってもほかの女優さんとは数段違いますよ。世間ではボーッとしたイメージがありますが、ぼくは最初からそういうすごい人だと思ってましたから。（略）今のテレビに必要な人です」（※157）

前夫と死別した大竹は、一周忌を待ってさんまと結婚。大竹と前夫との間に子供がいたため、さんまは結婚と同時に〝子持ち〟になった。

そして1989年9月、さんまと大竹しのぶの間に子どもが産まれた。座右の銘「生きてるだけで丸儲け」から、「いまる」と名付けられた。

この頃、さんまは自らのテレビでの立ち位置を模索していた。

「お前はどっちの味方なんだ！」

「あんたに決まってまんがなぁ～」

『いいとも』ではタモリ、『ひょうきん族』ではたけし、それぞれの「腰巾着」として、いわゆる「コバンザメ的」なキャラを演じてきたさんまだったが、もはや「ＢＩＧ３」の一角として〝回される方〟から〝回す方〟への転身しなければいけない時期だった。

その〝実験〟のひとつになったのが、結婚直後の88年11月に始まった『あっぱれさんま大先生』（フジテレビ）だろう。

さんまが「先生」として子どもたちと様々なコーナーを通じてトークを繰り広げる〝子ども番組〟である。

「さんまさんも僕も、これが初めての子ども番組でしたが、２人とも子ども番組とは思っていなかった」と、ディレクターを務めた三宅恵介は振り返る。

「子どもに合わせる番組はダメ、大人が観ても面白い番組にしなきゃと思ってましたから。さんまさんは『〇〇でちゅか～？』とか絶対に言わない。子どもたちには一人の人間として、対等に接していました。単純に『教室を舞台にした大喜利』ですね」（※151）

この子どもとの接し方は、恐らく結婚し子どもを持ったことが大きかったであろう。

生徒たちのオーディションには、さんまも自ら参加した。選出の基準は「子どもらしい子ども」。「自分が思っていることや感じていることを素直に言葉・表情・態度で表現できる子ども」(※151)だった。いわゆる「子役」として〝完成〟されているような子どもは、その時点で落選[*2]だったという。

さんまがフリ、子どもたちが子どもらしい発想で答え、それに対してさんまがツッコんで笑わせる。

必ずしも子どもたちの「答え」が、ちゃんとしたボケでなくても構わない。この場では「権力者」であるさんまが執拗に問い詰め緊張を強いることで相手にツッコミどころができていく。それをすかさずさんまがツッコミ大きな笑いを生むのだ。いわば、コント55号で萩本欽一が坂上二郎に用いた手法に近い。それをさんまは大多数の相手に行っているのだ。

これが現在も続く、さんま一人が大勢の相手を回して仕切り、最終的にさんまがツッコミ笑わせるという、さんま流の「ひな壇」スタイルの原型となったといえるだろう。

萩本欽一に代わり「BIG3」の一角を継承したさんまは、実は芸風でも萩本欽一を継承していたのだ。

4　さんまの低迷期

「日テレです、ストーブ持ってきました！」

明石家さんまがいるＴＢＳラジオに日本テレビの菅賢治が乗り込むと、その場にいた者たちは唖然として一瞬の沈黙ができた。その沈黙を破ったのは、さんまだった。

「日テレにもシャレのわかるヤツいるな～」

その一言で、スタジオ内は一気に爆笑に包まれた（※127）。それが、菅賢治と明石家さんまの初対面である。

事の発端は、その前の週。ＴＢＳラジオのレギュラー番組内でのさんまの発言だった。

「フジテレビからは全自動麻雀卓もらったからな～こうなったら各局からなんかもらおうか……日テレからは、そうやの～、家の麻雀部屋寒いからストーブもらおうか」

ＴＢＳには、何々、テレ朝からは……と続けていく。もちろんさんま一流のシャレの発言だ。だが、菅はこれを聴いてチャンスだと思った。ＡＤとして苦しい修業時代、支えになったのは『オレたちひょうきん族』でのさんまのコントだった。「いつか一緒に仕事をしたい」。それは菅の念願だった。さんまのシャレを真に受けた振りをして、ストーブを持っていけば、笑ってくれるのではないか、と。すぐに同僚の吉川圭三（のちに『世界まる見え！テレビ特捜部』、

『どちら様も‼笑ってヨロシク』などを手がけるプロデューサー）に相談し、ストーブを準備したうえで、緊張に顔をこわばらせながらTBSラジオに向かったのだ。

さんまはそんな彼らを大喜びで迎えた。

それから菅は、毎週のようにTBSラジオに通うようになった。最初こそ、大歓迎だったが、次第にさんまとのやり取りは「おい〜っす」という挨拶のみ。相手にされなくなった。

なぜなら、当時さんまは日本テレビに対していい印象を持っていなかったのだ。「日テレにはぜったい出演せん」と公言していたほどだったという（※127）。それでも、菅は通い続けた。

「さんまさんはね、ああ見えて人見知りの激しい人なんですよ。菅さんのこと無視しているようでよく観察しているんです。そのうち向こうからぜったい、声かけてきますから、もうすこしがんばったほうがいいですよ」（※127）

TBSラジオのプロデューサー・鈴木豊久のその言葉を支えに、菅は3ヶ月間、ほぼ無視されながらも通い続けていた。

そして4ヶ月目に入る頃、鈴木の言葉が現実になった。

「今日、収録終わってから時間ある？」

その声の主は明石家さんまだったのだ。

さんまと菅は、局の人間はもちろん、事務所のマネージャーたちも連れて行かず、2人っきりで喫茶店に入った。それが大事な話をするときのさんまのスタイルだった。

「で、何したいのん？」

さんまは世間話もせずにいきなり核心をついた。菅はもちろん日本テレビのディレクターである。当然、さんまは「自分とどんな番組を作りたいのか？」と迫ったのだ。

「あの……」

答えに詰まった菅は思わず本音を口にしてしまった。

「ただ、友だちになりたいな～って」

さすがのさんまもこの答えには絶句した。一瞬の沈黙の後、さんまは目を輝かして言った。

「おまえ、おもしろいやっちゃの～」(※127)

「まあ友だちと言ってもなんやからの……」

と言ったさんまが「ちょっとやりたいのがあんねん」と提案して始まったのが、『さんま・一機のイッチョカミでやんす』（日本テレビ）だった。出演はさんまの他、小堺一機、ラサール石井、松尾伴内。プロデューサーに小杉善信、ディレクターとして、菅賢治と吉川圭三が入った。

1989年11月4日、あの『オレたちひょうきん族』終了の1か月後に始まったトーク＆コント番組だった。

だが当時、日本テレビには、コント番組のノウハウがまったくなかった。それは一回目の収録からあらわになった。さんまがリハーサルとは違う台詞と動きをした。さんまのコントの作り方としては当たり前のことだった。『ひょうきん族』でも本番のアドリブを増幅させることで、大きな笑いを取っていた。だが、そんなアドリブに対して、チーフカメラマンが、あろうことか「違う!」と叫んで、収録を止めてしまったのだ(※12)。

さんまはスタッフにイチから自分たち流のコントの作り方を教えることから始めなければならなかった。

「スタッフは必死だった」とレギュラー出演者として間近で見たラサール石井は述懐する。

「少しでもさんまさんのバラエティの考え方、コントの撮り方を吸収しようとしていた。さんまさんの言うことには100パーセント従い、お金がかかっても実現させた。さんまさんが終わりと言うまで誰も帰らなかった。この時の習慣がそのあと他局にも伝わっていき、さんまさんの収録は長いという不文律ができあがったのだ」(※12)

だが、奮闘むなしく『イッチョカミでやんす』は視聴率が振るわず1年間で終了してしまった。

この1989年を境に明石家さんまは85年から1位を獲得し続けていたNHKの「好きなタレント調査」でトップから陥落。わずかであるが、その人気に陰りが見え始めてきた。事実この時期、全国ネットのゴールデンタイムの番組は『イッチョカミでやんす』のみ。この番組も短命に終わった。また、自らの意志で仕事をセーブしていた側面もあった。「結婚したときはそう（家族優先だと）思って結婚してんな。もう仕事を半分やめて。子どももいるしあれやから。34から37歳やな。あのときちょっと仕事休もう、疲れたっていう1回目の疲れた時期やな」（※158）

この80年代末から90年代前半までをさんまの数少ない「低迷期」と言われることもある。だが、アイドル的人気を誇っていた20代を過ぎ、結婚もし、先輩のコバンザメキャラから、自分が上に立つポジションに変わろうと模索していた時期でもあった。

『ひょうきん族』という〝青春〟が終わり、『イッチョカミでやんす』では、全国ネットのコント番組でほぼ初めて成熟した〝座長〟として自らが企画段階から関わり、イチから番組を作り上げた。加えて先出の『あっぱれさんま大先生』では、自らの司会スタイルを確立していった。

そして1992年、大竹しのぶと離婚。莫大な借金を背負った。

「自殺するか、しゃべるか」（※50）

それしか選択肢がなかった。答えは簡単だった。

こうして明石家さんまの逆襲が始まる。

『あっぱれさんま大先生』で確立したさんまの司会スタイルを応用し発展させ、『イッチョカミでやんす』で「さんまイズム」を叩きこまれたスタッフが作り上げたのが、94年から始まった『恋のから騒ぎ』（日本テレビ）であり、97年から現在も続く『踊る！さんま御殿!!』（日本テレビ）なのだ。

5　監督・ビートたけし

「やっと、この時代から、こっちが、主導権をとれるようになった。好き勝手にテレビを使って、おもちゃにできた。たけしバブルの始まりだ」（※14）

ビートたけしがそう語るのは80年代半ばのことだ。

「テレビへの関わり方を変えた」（※16）という。それまではあくまでも演者のひとりだった。だが、番組の企画やコンセプト作りから関わることにしたのだ。その結果、たけしのテレビプロデューサー的な才能が一気に開花していく。

「テレビなんて、プロの芸を見せる必要はない」「学校の運動会が、盛り上がるのは、知ってる仲間がでてるから」という考え方を発展させて数々の番組を作っていく。

「素人やたけし軍団、フツウのタレントを使って、テレビのなかで、平気で、草野球やママさんバレーをやったり、芸のいらない番組をつくった」（※14）と。これが85年に始まった『ビートたけしのスポーツ大将』（テレビ朝日）。スポーツバラエティの先駆けである。

『痛快なりゆき番組風雲！たけし城』（TBS）もたけしのこんな一言から始まった。

「今アメリカの大規模なゲームセンターで、光線銃を撃ち合う遊びが流行しているから、それ

をテレビでやったら？」（※159）

元々はプロデューサーである桂邦彦が、『忠臣蔵』をたけし主演の連続ドラマとして企画していた。だが、スケジュール的に事務所からNGが出た。困った桂にたけしから助け舟が出たのだ（※159）。桂とたけしは、ツービートとして『ヤングおー！おー！』で出会い、83年には『笑ってポン！』（TBS）を作った仲。桂はたけしの提案に対し、「現代の設定で『戦争ごっこ』をやると生々しいから」と戦国時代に設定を変え、TBSが所有する約23000坪の横浜・緑山スタジオの土地に、大規模な「たけし城」のセットを約1億円かけて作り上げた。毎回数百人が「攻撃軍」として〝難攻不落〟の「たけし城」を様々な体力系ゲームに挑戦しながら攻め入るという、現在も『SASUKE』（TBS）などに継承される視聴者参加型アクションバラエティの礎を築いた。また、番組は100カ国以上に〝輸出〟され、放送されている。

83年に始まった『スーパージョッキー』（日本テレビ）では、たけし軍団が体を張って様々なことに挑戦する「THEガンバルマン」やダチョウ倶楽部らによる「熱湯コマーシャル」によって、現在のリアクション芸の基礎が作り上げられた。ちなみに「たけし軍団」は、同時期に放送されていた『アイドルパンチ』（テレビ朝日）で生まれた名称だという。名付け親は、番組のディレクターで、現在は「オフィス北野」の社長である森昌行だった。服が汚いから、おそろいのトレーナーを作ろうということになり、そこに「たけしアーミー」とデザインしたのがきっかけだった（※18）。

そして80年代の〝たけしプロデュース〟番組として最大の成果といえるのが、『天才・たけしの元気が出るテレビ‼』だろう。

ロケ企画で撮影されたＶＴＲをスタジオでモニタリングするという現在主流となっているスタイルを作り上げた番組である。この番組で、その後のたけし最大の武器のひとつになるたけし独特のＶＴＲ感想コメントのツッコミ芸が披露されたのだ。「その情景に合わして、何かしゃべり込もうということが得意かなという気がするんですよね」(※160)とたけし本人が言うように、散々ＶＴＲで笑わせれた後、スタジオに戻ると、たけしが短い言葉でスパッとＶＴＲに対してツッコミ、さらに大爆笑させる。それが『元気が出るテレビ』の大きな魅力だった。

また、番組の重要なパーツであるロケ企画ＶＴＲの指揮に当時「ＩＶＳテレビ」という〝弱小〟制作会社に所属していた伊藤輝夫、のちのテリー伊藤を抜擢したのも、たけしの英断だった。たけしは『いじわる大挑戦』などに出演する中で、テリーの仕事に一目を置いていた。「ＩＶＳには活きのいい奴がいるから、チャンスを与えてやってくれ」(※39)

そうしてたけしはテリー伊藤を抜擢したのだ。

「これから革命起こすからついてきて」

テリー伊藤はスタッフを集めてそう宣言した。『全員集合』や『ひょうきん族』のような番組はもう形が確立しているから勝ち目がない。「荒っぽいロケなら自信があったし、まだ誰もやっていないジャンルを開拓しよう」と(※161)。

番組の制作は過酷を極めた。火曜日にネタを決める会議があり、木曜日に『たけしのオールナイトニッポン』の放送後、たけしにネタの可否をテリーが聞きに行く。NGが出るとまた朝まで会議を開き、OKが出ると金曜にロケの準備。土・日でロケを行い、日曜の夜から月曜にかけてVTRの編集。そうして、月曜のスタジオ収録に間に合わせるという超過密スケジュールだった。さらに水曜には、スタジオ収録したVTRを放送時間用に直す〝本編集〟もあった。だからもともと休日なんてなかった。スタッフを苦しめたのは過密スケジュールだけではない。当時、テリーは常にピリピリしており怒号が飛ぶことは日常茶飯事だった。ギラギラしたテリーから理不尽で無茶な要求をされることも一度や二度ではない。そんなテリーにも逆らえない絶対政治が敷かれていた。

テリーがそのようにして自分やスタッフたちを追い詰めていったのは、ひとえに「日本でいちばんシビアなバラエティを見る人」(※162)だとテリーが評すビートたけしを笑わせるためだ。

「だってさ、日本でいちばんお笑いのことが分かってる人じゃない。俺その頃、自分でディレクターやって編集してさ、サブ出しで見せるわけじゃん。でもたけしさんが笑わないと、客も笑わないいんだよ。客もたけしさんの目を見てるんだよ。ゴッドファーザーみたいなもんだよ」(※163)

そうして「早朝バズーカ」などのパンキッシュな企画から、「勇気を出して初めての告白」

のようなロマンチックな企画、そして「ダンス甲子園」などを生み出し、ドキュメントバラエティの原型を作っていったのだ。

水道橋博士によるとテリー伊藤はダンカンとの会話でビートたけしの最大の魅力を「誰よりも男の哀愁がある」ところだと言ったという。だが、続けてテリーは言うのだ。

「でもさぁ。オレだけは、たけしさんの哀愁以外だけを演出したいんだよぉ！」（※164）

「林家ペーさんって面白いよな」

そんな一言で始まったのが、『ビートたけしのお笑いウルトラクイズ!!』（日本テレビ）だ。「ペーさんを含めて光の当たっていない芸人さんを表に出そう」（※165）とコンセプトで始まったのだ。

1989年1月2日、記念すべき第1回が放送されたのだ。80年代後半に生まれた一連の〝たけしプロデュース〟番組の集大成的な番組と言っても過言ではないだろう。

もちろん同局の『アメリカ横断ウルトラクイズ』をパロディにしたものであるが、番組はクイズとは名ばかり。芸人たちを追い詰めそのリアクションを楽しむ徹底的にバカバカしい番組だった。構成に参加したのは、『元気が出るテレビ』のテリー伊藤。「バス吊り下げアップダウンクイズ」や「リュックサック爆破クイズ」、「屋上バンジージャンプ」など、『スーパージョッキー』や『たけし城』をさらにスケールアップし過激にしたような企画が次々と生まれていった。この番組でのたけし軍団との集団芸の中で育成され、ダチョウ倶楽部や出川哲朗、松村邦洋といったリアクション芸人が脚光を浴びていくことになる。まさに「光の当たっていない芸人さんを表に出そう」というコンセプトを実現していったのだ。また名物企画「人間性クイズ」からはナインティナイン・岡村隆史らが人気を獲得する足がかりを掴んでいった。

これらの番組に共通するのが、たけしは演者のひとりでありながら、常に一歩引いた位置で、いわば「監督」的な役割を担っていることだ。「たけしさんを笑わせたい」という一心で過激でバカバカしいことをやる演者たちを、「くだらねえな〜」と笑いながら当意即妙なツッコミを入れることでコントロールしていく。

同じ1989年、ビートたけしは「北野武」として映画を監督するが、それはバラエティタレントとしてのビートたけしの「監督」性を考えれば、当然の帰結だったのかもしれない。

6 監督・北野武

「松方さん、俺、本当は、映画がすっごく好きなんだ。映画に出られるなら、すぐ殺されてしまうチンピラの役でもいいんです。だから、いつか松方さんの映画で使ってくださいよ」

『元気が出るテレビ』の収録後は毎週のようにスタッフも出演者も一緒になって飲みに行くの

が通例だった。飲むとたけしはお決まりのように松方弘樹に映画の話をしたという(※166)。たけしはこんなことも言っていた。

「だけど俺、お笑いの出身で、何となくテレビのお陰で急に、自分で言うのもおかしいけど、人気者になっちゃったから、大変なんだ——」

松方弘樹とたけしは『元気が出るテレビ』の共演で知り合うと急速に仲良くなっていった。気が合ったのだろう。自分より〝上〟の存在がほしかったのかもしれない。たけしはそんな身の上話も漏らすようになっていた。

「だから俺、苦労して、貧乏していた時代から、気がつくとなんだか急に高い山に登ってしまった感じなんだ。だから昨日まで、たけし、たけしの野郎!って叱ってくれた人が、もう全然叱ってくれない。俺に愛想笑いをするように変わってしまった。やだね。気がついたら俺、もうブレーキの利かなくなった車みたいに、ただ走りっぱなしなの。それも孤独の世界の中を走ってるみたいで、俺、淋しくなっちゃってね」

松方は返事もすることができずただただたけしの言葉に耳を傾けていた。

「だから、俺、今、目茶苦茶に仕事をしているんです。その方が何か考える余裕がなくて、俺、その方がいいんです……」(※166)

フライデー事件を起こす直前、たけしの苛立ちはピークに達していた。

「俺だよ、ビートたけしだよ。お前ら今日俺のおネエちゃんの所へ行っただろう。殴る蹴るの暴行をしてくれたそうだな。取材に行った記者を出せ！」

当時付き合っていた愛人への執拗な取材に腹を立てたビートたけしが、『フライデー』編集部へ怒りの電話をしたのがその〝事件〟の始まりだった。

相手の電話対応でさらに怒りに火がついたたけしは、弟子のたけし軍団メンバー11名を連れて、講談社『フライデー』編集部に乗り込み、編集部員たちに暴行した。すぐに駆けつけた警察[*3]によってたけしとたけし軍団は逮捕された。

「悪かったな、お前らには感謝してるぜ……」

階段を下りながら軍団に小声で言った。後にも先にもたけしが軍団に感謝を口にしたのは、この時だけだった。続けてたけしは言った。

「土方をしてでも、お前らの面倒は一生見るからよ」(※18)

1986年12月9日未明に起きたいわゆる「フライデー事件」である。

「鉄砲でシラサギを撃ったと思ったら特別記念物のトキに当たっちゃったようなもの」

たけしは、会見で事件をそう振り返った。

「ビート君の気持ちもよくわかる」

と時の官房長官・後藤田正晴までも口を開くような大論争に発展してしまったのだ。「報道の自由」を巡って、政治的な[*4]〝利用〟もされ、当時全盛を極めていた写真週刊誌は、それまでくすぶっていた批判が爆発、結果大きく部数を減らし、一部が廃刊に追い込まれた。

もちろん、事件を起こしたビートたけしも裁判にかけられ執行猶予付きながら懲役刑が言い渡され、6ヶ月間の謹慎を余儀なくされた。

この頃、ビートたけしはまさに絶頂期だった。

『オレたちひょうきん族』に加え、『スーパージョッキー』、『ビートたけしのスポーツ大将』、『風雲！たけし城』、そして『天才・たけしの元気が出るテレビ!!』などと多くの人気番組を抱えていた。そんな中で起きた事件にテレビ界は大混乱に陥った。

この事件の謹慎期間が逆に、たけしの存在感を際立たせることになったのだ。

なお、たけしはこの事件の「けじめをつける」(※14)ために太田プロから独立し、森昌行と「オフィス北野」を設立した。

「あらゆることは、終わりになるなあって予感がした」(※14)

86年年末に起こした「フライデー事件」による謹慎から翌年7月[*5]にテレビ復帰したビートたけしは、復帰前と変わらない、いや、むしろ復帰前よりも多くの仕事をこなしていた。だが「復帰してみると、やっぱり、なんか、やっていてね。もとのひょうきん族でもないし、あらゆる番組が、捕まる前と、ぜんぜん違う状態」(※14)のように感じた。年末年始の仕事も「ダッダダッダダッダ」と片付け、1988年が始まった頃、たけしは、「あらゆること」の「終わり」を予感していたのだ。

「ひょっとすると殴りこんだ実績が、『その男、凶暴につき』に、つながったんじゃないかな」(※14)

1989年8月に公開された映画『その男、凶暴につき』で、ビートたけしは「北野武」として初めて映画の監督をすることになった。

もともとこの企画は奥山和由がプロデュースし、ビートたけし主演で、野沢尚の脚本を、深作欣二が監督をして撮るというのが、当初の予定だった。だが、「スケジュールがうまくいかなくて」(※59)など様々な理由で深作は降板。奥山から「あんたが監督やりませんか」と問われ、たけしは、脚本を自由に改変することを条件に引き受けたのだ。

そうして1989年、映画監督「北野武」が誕生した。

監督のクレジットを「北野武」にするというのは、たけしは最初からこだわっていたという。「ビートたけしじゃない」と(※167)。

実はたけしが準主役を演じ高評価を得た『戦場のメリークリスマス』を、自らも映画館で観たという。シリアスな役柄にもかかわらず、丸坊主のたけしがスクリーンに登場したときに笑いが起こってしまった。たけしは「お笑いではなく自分が持ってるシリアスさを映画でやりたかった」(※167)のだ。だから、映画を撮る自分は「ビートたけし」ではなく、「北野武」でなければならなかった。

『戦場のメリークリスマス』については、「オレにとっては最高にメリットのある仕事だった」(※14) とたけしは振り返っている。大島渚が監督し、海外ロケで、坂本龍一や外国の俳優と共演、海外マーケットに打って出た、それまで経験したものとは「ケタ違い」の映画だった。

それまでもたけしはドラマや映画に俳優として出演している。だが、久世光彦演出の『刑事ヨロシク』(TBS) が「ビートたけし」の存在をメタ化し、バラエティ要素を重視した演出で異彩を放っている他は、大きな印象を残すものではなかった。

その『刑事ヨロシク』終了直後に大島渚から『戦場のメリークリスマス』出演オファーの手紙が届いた。吉川潮によると、たけしは、「映画製作資金を稼ぐため、テレビに出ては着物姿でピエロ役を演じていた監督に共感するところ」もあり、また小林信彦から「あなたにとってターニングポイントになる仕事ですよ」と勧められ、その出演を引き受けたという(※18)。

「まあ、自分に飽きててね、お笑いに。だから、『ちょっとシリアスなことでも』っていうのが、ホンネ」(※14) ともたけしはこの頃の心境を振り返っている。失敗しても「お笑いだもん」と言い訳ができるから、「気楽だった」と。

だが、映画の完成ラッシュを観てたけしは愕然とした。自分の想像以上に自分の演技が下手で悲惨だったのだ。その頃、吉川と会ったたけしは、相当滅入っていたという(※18)

「2人でフィルムを盗んで燃やしちゃおうか」

共演した坂本龍一とそんな相談さえしていた。だが、関係者の評判は正反対だった。

「メリークリスマス、ミスター・ローレンス」

と言って見せる笑顔は、「役者・ビートたけし」の評価を一変させ、その後、『昭和四十六年大久保清の犯罪』や『イエスの方舟』（ともにTBS）といった犯罪実録ドラマを始めとして、多くのオファーが舞い込むようになっていった。

「あれで映画は面白いなぁって思ったんです」（※113）

『戦場のメリークリスマス』で映画の面白さを知ったたけしは、『その男、凶暴につき』で期せずして監督デビューを果たした。

公開は1989年8月12日。奇しくも『オレたちひょうきん族』が8月26日に通常放送最終回を迎えた直前だった。そのレギュラー最終回には、『その男、凶暴につき』のパロディコントが放送された。その内容は以下の様なものだったという。

「ヒット作に恵まれない映画監督の鬼瓦権造（たけし）が、北野武監督（これがたぶん番組デビューの松村邦洋）から、映画制作の約束を取りつける。ところが撮影をはじめたものの、何を撮っても喜劇になってしまい、関係者は頭を抱える。たけしが『その男、凶暴につき』のリンチの場面をコメディ調に演出するという、北野映画ファン必見のお遊びもあった」（※3）

『ひょうきん族』のある時期から、「徹底的にさんまを持ち上げた」（※168）とたけしは言う。

「演者」としてのさんまの才能を全幅な信頼を寄せ、それを最大限に生かすよう、自分は一歩下がって「演出」に徹したのだ。

「もし俺にその気があったら、さんまツブしにかかってるだろうね。『さんまじゃねえ、俺のほうが面白いんだ』って、絶対おんなじ画面の中で張り合ってたと思うね。だけど、俺は早々と引いちゃったんだよ。認めちゃったっていうか」(※168)

そして前述のように、たけし自らがプロデュースした数々の番組でもたけしは一歩引いたポジションから「監督」的に番組を作っていった。

「俺は完全に企画サイドに立っちゃった。(略)だから結構後ろに下がったね。『ここが俺の場所だ』ってのもあるし」(※168)

1989年。『ひょうきん族』終了と『その男、凶暴につき』の公開をもってたけしの「お笑い芸人」としての〝青春〟は終わり、自らその第一線から退いた。たとえば、その後、91年に自らが企画を立て始まった『平成教育委員会』(フジテレビ)についてたけしはこう自分の立ち位置についてこう述べている。

「タレントとしての最前線からちょっと外れたって気がするけどね」「だって、最前線にいるつもりであれば、あの番組では生徒側に回ってなきゃいけないよね。すごい面白い発想して答え出して、ってやらなきゃいけないけど、司会者に回るっていうのは、その答えを使うほうだからね。(略)ちょっと後ろに下がった感じはあったね、雰囲気的には。潮時といえば潮時だ

よね」（※168）

テレビにおいてはもう「評価されなくてもいい」という境地に辿り着いた。「その代わり金はもらう」（※18）と。

そしてビートたけしにおけるクリエイティビティはもっぱら「映画」という表現の場に移っていったのだ。

＊1　萩本が司会を引き受けるにあたって自身のギャラを限界まで釣り上げた挙句、それを全額寄付したという〝都市伝説〟は有名。

＊2　不合格者の中には後藤久美子、安達祐実らがいたという。

＊3　講談社が入っているビルには大塚署が隣接。たけしらが乗り込んでくる前から警察に連絡していたというのが、その後、講談社への批判の対象になった。

＊4　週刊誌の標的になったのはタレントだけでなく、政治家も〝被害〟を受けていたため、事件は週刊誌潰しに利用されたとも言われている。

＊5　ラジオは一足早く6月に復帰。たけし軍団が代打でパーソナリティを務めていた『オールナイトニッポン』に予告なく登場したため、マスコミからはまたも批判された。

最終章

テレビの嘘と希望

1989

天皇崩御

ダウンタウン、ウッチャンナンチャンが『いいとも！』レギュラーに

『オレたちひょうきん族』終了

2011　東日本大震災発生

2014　『笑っていいとも！』終了

2015

タモリ
44歳〜70歳

ビートたけし
42歳〜68歳

明石家さんま
34歳〜60歳

石橋貴明
28歳〜54歳

木梨憲武
27歳〜53歳

松本人志
26歳〜52歳

浜田雅功
26歳〜52歳

内村光良
25歳〜51歳

南原清隆
24歳〜50歳

てれびのスキマ
11歳〜37歳

1　自粛ブームと東日本大震災

「みなさん、お元気ですか」

林の中を走る車。その助手席のパワーウインドウが下がると、井上陽水が微笑みながら彼独特のねっとりした口調で、こちらに語りかける。

これは、1988年に放映されていた日産自動車・セフィーロのテレビCMである。[*1]

だが突然、映像はそのままに、この「みなさん、お元気ですか」の声だけが消されるという奇妙な改編が行われた。

実は、CMが放映開始された直後、昭和天皇が重篤な病状になってしまったのだ。その結果、日本中でイベントやお祭りなどが〝自粛〟されるようになった。テレビもその影響を大きく受ける。このCMもそんな〝自粛ブーム〟の流れで改変を余儀なくされた。井上陽水の台詞が「宮さん、お元気ですか」に聞こえ「不謹慎」だというのが理由だったという。

一体どこまで、何を自粛すれば正解なのか誰も分からぬまま、自粛は拡大していった。

この自粛の流れは病状悪化とともに勢いを増し、翌1989年1月7日に崩御されるとピークに達した。お笑い番組はもちろん、音楽番組やテレビCMまでも一時姿を消した。

山田五郎は「1989年がターニングポイントだった」と言う。

「それまで、人権的な問題とかでこれは言ってはいけないっていうのがあったわけ。だけど、『なぜ』言っちゃけないかっていうのと『誰に』『どう』配慮すべきかっていうのはハッキリしてた。ところが昭和天皇がご病気になられて自粛が叫ばれたとき、『誰に』対して『何を』『どこまで』自粛していいのかまったく基準がなかったわけ。だから業界中、なんだか分からないけど自粛したほうがいいんじゃないかっていう空気っていうのが、たぶん日本のマスメディア史上初めて起きた」（※169）

こうした〝自粛ブーム〟は今も続いている。何かが起これば際限なく自粛する。それどころか、何も起きていなくても自粛するのが当たり前のようになった。「コンプライアンス（法令遵守）重視」の風潮の中で、法令以上のものを遵守するようになってしまったのだ。わずかでも抗議が来ただけで、広告主が離れかねないからだ。

「その前がハンパなく浮ついていたから、そこでどうしていいか分からなくなっちゃって訳の分からない自粛なんかが出てきちゃって、それがデフォルトになっちゃったんだよね。そしたらその直後92年ごろにバブルの崩壊があってメディアから広告が一斉に減ったでしょ。それまでは広告はいっぱいあったからこっちは読者のこと考えてやってるから、スポンサーと意見が食い違ってもそこは戦おうよって納得しないでガチャガチャやってたんだけど、自粛ブームがあり、バブル崩壊でスポンサーが減ったら全面的に言うことをきくようになっちゃったんだよね。お互いにとってよくない」（※169）

２０１１年3月11日、東日本大震災が起きたときも、テレビ各局は当然のように通常番組を取りやめ、報道番組に切り替えた。

そうした報道特番が一段落しても、バラエティ番組の多くは自粛されたまま。放送されたとしても、それまでの総集編などばかりになった。

そんなテレビを僕は見知らぬ部屋で眺めていた。

僕は福島県いわき市に住んでいた。震災とそれに伴う原発事故で大きな被害があったとされる地域だ。けれど、僕はその日、その時間、たまたまそこにはいなかった。

14時46分。僕と妻は上京するためにたまたま高速バスの車中にいた。お笑い芸人・レイザーラモンRGのオールナイトライブを観に行くためだった。朝まで歌にのせた「あるある」を一晩中ひたすら聴くというちょっとどうかしてるライブだ。

当然高速道路も大きく揺れたはずだが、僕らはその地震にはまったく気づかなかった。普段止まらないサービスエリアに緊急停車し、アナウンスがあって初めて異変に気がついた。バスは一般道路に経路を変え、3時間以上遅れて東京駅に着き、僕らは多数の帰宅困難者たちが溢れる東京の街に放り出された。もともとオールナイトライブに行くつもりだったから宿もない。当然、ライブも中止になった。

あてどなく彷徨い、ようやく見つけた営業中のネットカフェに数時間待ちで入り、身をかがめながら眺めたテレビには悲惨な光景が広がっていて、初めて泣いた。ツイッター上ではライブができなかったレイザーラモンRGが一晩中ひたすら「あるある」ネタをツイートし続けていた。それを読みながらようやく少し笑えた。

長い夜が明けても交通は麻痺したままだった。

いわき市に帰れる見込みはまったく立たなかった。どうしようもなくなった僕らは妻方の親戚の家に身を寄せた。親戚とはいえ、初対面の僕は見知らぬ家であまりに心細かった。テレビから流れる悲観的なニュースやドキュメント映像はいっそう僕の心を蝕んでいった。

そんな中で「自粛」からいち早く解放され〝通常放送〟を再開したのは、やはり『笑っていいとも！』だった。

「♪お昼休みはウキウキウォッチング〜」

といつものテーマ曲が流れ始まったのは、震災発生10日後の3月21日正午。

いつものように登場したタモリに、いつも以上の割れんばかりの歓声が響き渡る。誰もが待ち望んでいたのだ。みんな笑いに飢え、解き放たれたように笑った。

僕も大いに笑って、そしてまた少し泣いた。

心細かった気持ちがその瞬間だけ強く、前向きになれたような気がした。

作り手にも演者にも様々な思いがあっただろう。それでも彼らは、『いいとも』のステージに変わらない日常を作り出した。それが虚構であったとしても、テレビは〝日常〟という希望だった。

　テレビの、笑いの力を見せつけられた放送だった。


　ようやく変則的なダイヤながら高速バスの運行が再開され、いわき市に戻った僕は真っ先にテレビの無事を確認した。倒れていたが無事だった。

　僕らの住む地域はそれくらい大きな被害はなかった。家族も友人も職場にも命を落とした人はいなかった。また職を失ったりしていたようなことが少なくなかった他の仕事と比べれば、当時僕が務めていた会社は、震災の影響をそれほど大きくは受けず、程なくして仕事が再開された。

　僕は運が良かったのだ。

　次第にテレビも通常放送に戻っていき、それが日常になっていった。

　職場では、仕事が少し遅れれば、あるいは、ちょっと上手くいかないことがあれば、その理由を「『震災の影響で』って言えばいいんじゃない？」と片付ける、薄っぺらな「震災ギャグ」が鉄板として使われ始めた。「それがダメなら『放射線のせい』にしとけば」と。全然関係ないのに。

　仕事でミスしたのも、風邪をひいたのも、腰が痛いのも、テレビ番組の録画失敗も、全部

「震災のせい」と軽口をたたくのだ。もううんざりだった。

けれど、この「すべてを震災や原発事故のせいにする」というのは意外と悪くないんじゃないかと思い始めた。自分の都合よく、言い訳やモチベーションの糧に、これらを利用することは、実は有益なことじゃないか、と。

たとえば何かに迷ったとき、僕らは無難な道を進みがちだ。テリー伊藤は「迷ったときは笑えるほうを選ぶ」と言った。僕はそれに憧れるけど、何の言い訳も用意せず、そういうことが出来るのは一握りの人間だけじゃないかと思う。

でもここで僕は、「震災のせい」にしてしまおうと思った。自分のやりたいことを自粛している場合ではないと。

そうして僕は「てれびのスキマ」を名乗り細々と副業としてやっていたライターの仕事を本業にする決意をした。

かつて「テレビを見るのが趣味」と言えなかった僕が、「テレビを見るのが仕事」になったのだ。

あの頃の僕にしてみたら〝嘘〟のような〝日常〟だ。

もちろん、大きな不安もあった。

けれど、堂々と大好きなテレビを見続けることができる仕事だ。経済的に苦しくなることもあるだろう。そんなときはテレビを見て笑っていればいいのだ。

悪い結果が待っているかもしれない。でも、まあ、いいや。

だって震災のせいにすればいいのだから、と。

僕はテレビに救われた。だったら、「テレビが終わった」などと言われている今、そのおもしろさを伝えたいと思ったのだ。いや、伝えたい、なんておこがましいことではない。ただ表明したいのだ。テレビに救われ、テレビで自分が変われたのだと。だから、自分が書くべきなのは、そのおもしろさだけではない。僕らの代わりに表舞台に立ち続け、おもしろいものを作ろうと死にものぐるいでもがく姿だ。何者でもなかった彼らが、いかに「おもしろい人」になったのか。その葛藤と苦悩の日々、そしてそれを超えて得られる悦びだ。僕はそこに鬱屈してすごした青春時代を重ねてしまうのだ。

2 夢の光景

『笑っていいとも！』は、2014年3月31日をもって、約32年もの歴史にピリオドを打った。

それはまさに、80年前半から形成され、89年に完成をみた〝フジテレビ的〟テレビバラエティの終わりを象徴するものだった。

「じょうひょう……あ、表彰状、タモリ殿。長らく『笑っていいとも！』の司会を務めてきたタモリさんに、私から表彰状を贈りたいと思います。ちなみにこの表彰状は、すべてゴーストライターが書いたものです」

『いいとも』最終回の「テレフォンショッキング」に紋付袴姿で登場したビートたけしは、自作の「表彰状」を読み上げた。ここ数年、たけしが得意とするスタイルだ。

「我ながらいい方法を思いついたね。あの『祝辞読み上げ』ってやり方だと、普通に喋ってりゃ放送禁止になってしまいそうなアブナイことでも、なぜかOKになっちゃう（笑）」（※170）

と語るように、「いいとも青年隊を忘れるわけにはいきません。かつて女を騙し、金をせしめ、恐喝で訴えられたH賀研二さん、パチンコでマンションを買ったといばっていたK保田篤さん……」「この番組の名物コーナーであるテレホンショッキング、友達を紹介するという名のもと、いきなり電話をして、出演をお願いするという斬新な企画でありました。しかしながら、女優の矢田亜希子さんが、大竹しのぶさんを友達として紹介した時、思わず『はじめまして』と言ったその日、それを聞いた時、私はショックのあまり耳が聞こえなくなりました」「明日からは、O倉智昭さんの『被っていいとも！』という番組が始まると知った時、私はその時思わず、聞こえなかった耳が回復し、今では聞こえるようになりました」などと言いたい放題。

タモリと『笑っていいとも！』、そしてフジテレビへ、たけし流のはなむけの言葉を送ったのだ。

そして、その日の夜に放送された「グランドフィナーレ」。

まずは、明石家さんまが登場し、タモリとの名コーナー「日本一の最低男」が復活する。

2人は予定時間を大幅に超え、約1時間にわたって、往年の雑談芸を見せつけた。

「長いわ！」

浜田の怒声とともに、そこに割って入ったのがダウンタウンとウッチャンナンチャンだった。その〝乱入〟に場内は大歓声に包まれた。〝乱入〟までは〝想定内〟の出来事だったのだろう。だが、松本はさらに確信犯的にある引き金を引いた。

「とんねるずが来たらネットが荒れる！」

と。とんねるずとダウンタウンはまことしやかに〝不仲説〟が流れていた。事実、2組の共演はこれまでほとんどなかった。だから、今回2組がともに出演予定者に名を連ねたとき、どのような形で〝共演〟を果たすのか、注目されていた。大方の予想では、別々のパートに出演するのではないか、というもので、実際に演出側もその予定だったという。だが、松本の言葉を聞いた石橋と木梨は、ほぼ同時に立ち上がった。

若き日に『夕やけニャンニャン』などで暴走を繰り返していたような鋭い眼光で石橋は「行くぞ、殴りこみだ！」と宣言すると、合流した木梨とともに、2人並んで無言でスタジオに向かった。

本来先に登場する予定だったナインティナインが前室で準備する中、ものすごい形相で石橋らが入ってきた。

「やってやるよ！」

そのままとんねるずはダウンタウンらが立っているステージに〝乱入〟していったのだ（※171）。

「えええ！」という悲鳴にも似た歓声とともに場内は総立ちになった。

テレビバラエティという壮大な大河ドラマを見てきたものにはたまらない、まさに夢の光景が広がっていたのだ。

最終的には、タモリ、笑福亭鶴瓶、明石家さんま、とんねるず、ダウンタウン、ウッチャンナンチャン、爆笑問題、ナインティナインというテレビの主役たちが、そのステージに一堂に会したのだ。

石橋貴明は番組終了後も興奮が収まらず「明石家さんががどうとかさ、ダウンタウンがどうとかさ、そんなのもういいじゃん、皆でやればいいんだよ！」「こういうことなんだよ！」と岡村にまくしたてた（※171）。松本人志も「なんかこう久しぶりにーワクワク、ドキドキもしたしワクワクもしたし、あーテレビってこんなんやったなあってのは思ったかなぁ」と振り返った。

そして少し照れながらこう付け加えた。

「ただ僕は、なんかええ格好言うつもりはないですけど、僕が思うのは、あれを見て、あのテレビ見た若い人が、あーテレビって面白いなぁ、俺もなんかあんなステージに立ちたいなぁとか、テレビの世界でなんかやりたいなぁって、もし思って貰えたらそれはホント素晴らしいなぁって」（※172）

タモリは打ち上げの席で「やっぱりお笑いっていうのの凄さなんだよね」と感慨深げに語り、乾杯の音頭を取った。

「日本のバラエティに乾杯！」

3　あの頃は戦国時代だった

「我々が血気盛んな頃、20代、30代の頃に、もう今のやっぱお笑い界とは違うかったのよ」

松本人志は、『いいとも』「グランドフィナーレ」の翌週、『笑っていいとも！増刊号』を放送していた枠に新たに始まった自身の番組『ワイドナショー』（フジテレビ）で、80〜90年代の頃を振り返ってそのように語った。

「ホンットにもう殺るか殺られるかみたいなとこでやってた。ホントに真剣持ってやってたみたいな時代やった」「僕らもやっぱり人に言われたこともあったし、人を傷つけることもあったし、そんな時代やった」（※172）

「土8戦争」勃発以降、芸人たちはテレビの頂点という、ひとつの「天下」を目指して真剣で斬り合うようにしのぎを削っていた。

1989年前後、彼らの青春時代はまさに「戦国時代」だったのだ。

「で、まぁ今はもうね、そういうの無くなって、〝平安時代〟じゃないですか。お笑い界はも

うみんな木刀しかもってないしね。真剣持ってたらまず下で止められるからね」(※172)

「仕切れ！」

レジェンドたちが居並ぶ『いいとも』「グランドフィナーレ」のステージでプロデューサーにカンペでそう指示されたのは、芸人の誰でもなく、ＳＭＡＰの中居正広だった。

また、自由に振る舞う先輩芸人たちの中、この状況の異常さとスゴさを必死になって視聴者に〝説明〟して伝えていたのはナインティナインだった。

前章で書いたように「ＢＩＧ３」は１９８９年を境に、90年代前半は相対的にいえば、お笑い界の中で影響力が一時的に弱まった。

逆にとんねるずやダウンタウンらのカリスマ的人気が上がっていき、存在感を増していった。90年代半ばには、松本人志のエッセイ『遺書』が大ベストセラーになり、その後のお笑い芸人の多くが彼らから多大な影響を受け、「松本病」あるいは「ダウンタウン病」などと呼ばれる者が続出するようになった。そのまま、「ＢＩＧ３」を駆逐し、ダウンタウンらがその天下を完全に奪うことさえ、十分にありえる勢いだった。事実、クレイジーキャッツにしろ、ドリフターズや萩本欽一も、その天下に立っていたのはせいぜい十数年だ。80年代半ばに頂点に立った3人が、10年余り経った90年代後半にその天下を明け渡すことは「順番」としては自然な流れだった。

しかし、30年経った2016年現在も「BIG3」は頂点の一角にいまだ立ち続けている。

もちろん、彼らの地力の強さや、時代の流れなど様々な要因があるだろう。

さんまは完全に自分の司会術を確立し、結果的に「BIG3」を引っ張っていく存在になった。タモリは『ボキャブラ天国』シリーズ（フジテレビ）などで一歩引いたところから若手を見守るポジションを手にしつつ、『タモリ倶楽部』（テレビ朝日）や『ジャングルTV～タモリの法則～』（TBS）で「趣味人」の側面も浸透していった。たけしはバイク事故から復活し『HANA－BI』で[*2]ヴェネツィア国際映画祭金獅子賞を受賞。一気に文化的ステータスを高め、その相乗効果でテレビタレントとしての存在感も一段さらに上がることになった。

だが、それだけではないだろう。

BIG3延命の一助となったのは、SMAPとナインティナインの存在があったのではないだろうか。

彼らは89年当時、まだ下積み、あるいは結成前だった。本格的にテレビバラエティに出てくるのは90年代初頭だ。91年にCDデビューしたSMAPは、初めての冠番組『SMAPの学園キッズ』（テレビ東京）を開始、ナインティナインも同年「吉本印天然素材」を結成し、知名度を高めていった。94年に中居正広と香取慎吾が、95年には草彅剛とナインティナインが『いいとも』のレギュラーに加入した。そして同じ96年に『SMAP×SMAP』と『めちゃ×2イケてるッ！』（ともにフジテレビ）というそれぞれの〝ホーム〟といえる番組が誕生している。90年代後半、彼らはその〝ホーム〟番組を中心にしながら、テレビの中で重要なポジションを獲得していった。80年代後半の「戦国時代」を経験していないことが逆に強みになった。

とんねるずや第3世代にとってBIG3世代はリスペクトの対象ではあったが、言ってみれば邪魔な存在。明白に「倒すべき相手」だった。だから特別な場面以外での共演は自然と避けてきた。それがお互いの〝不仲説〟が出る遠因だった。

しかし、SMAPとナインティナインは「倒すべき相手」と見るには世代的な距離がありすぎたのだろう。各番組でBIG3世代と積極的に絡んでいった。ある意味でイジり始めたのだ。さんまを「お笑い怪獣」と呼び、軍団でもないのにたけしを「殿」と崇め、タモリを「タモさん、タモさん」と慕う。

そのことで、BIG3が「レジェンド」というキャラになったのではないか。

BIG3は偉大な存在だ。しかし、「大御所」になってしまうとテレビでは使いにくくなってしまう。若い層にとってはその偉大さは実感がわかない。

けれど、〝キャラ化〟したことで、そのスゴさが記号的な分かりやすさで伝わりつつ、テレビ的な親しみやすさも同時に得た。

このナインティナインとSMAPの台頭と時を同じくして、「BIG3」は復権していった。

「後が詰まっているから早くいなくなってください」

よくＢＩＧ３を相手にそんなことを言っているナインティナインだが、実は知らず知らずのうちに彼らの〝延命〟に一役買っていたのだ。

ひとつの天下を争う戦国時代は終わり、共存しながら助け合う時代になったのだ。

『いいとも』「グランドフィナーレ」でのレジェンドたちの共演は、戦国時代が完全に終わったことに対する「グランドフィナーレ」でもあったのだ。

4 テレビの嘘

僕は胸をときめかしながらその「グランドフィナーレ」の光景に見入っていた。

１９８９年の『いいとも特大号』でまだ〝新人〟だったダウンタウンやウッチャンナンチャンが居並ぶスターたちに割って入っていったときのトキメキが甦ってきていた。鬱屈し何もできない僕の代わりに、彼らが上の世代に真剣で斬りかかり、時代を切り開いてくれているように感じたあの青春時代が交差した。

さんまとタモリの２ショットトークにダウンタウンとウッチャンナンチャンが割り込んでから、次々にレジェンドたちがステージに上ったそのコーナーが終わるまでは、時間にしてわずか30分足らず。だが、彼らの一挙手一投足には、ずっと青春時代をテレビとともにすごしてきたからこそ分かる「歴史」と「意義」が至るところに詰まっていた。大長編の青春ドラマのひとつの区切りのように見えた。

会社員から専業ライターになった僕は、この凄さを書き残したいと思った。『いいとも』に、そしてテレビに救われた僕にとってそれこそが使命であり、ライフワークなのだと勝手に思い込んだ。それにはまず、彼らのほとんどがターニングポイントとなった1989年を中心に80年代から90年代初頭のテレビバラエティ界を丹念に振り返る必要があったのだ。なぜなら、彼らの言動のすべては過去の彼らとつながっているからだ。そしてそのつながりがもっとも色濃いのが、89年前後、即ち彼らの青春時代のはずなのだ。そんな発想から本書の長い〝物語〟が始まった。


通常、ノンフィクションは、その事柄に対するできるだけ多くの関係者から直接話を聞き、それらを裏付け、〝真実〟を解き明かしていくものだ。そうして〝真実〟に肉薄すればするほど、それは優れたノンフィクションだと評価されるはずだ。

だが、こと「テレビ」に関しては、僕は違うアプローチも可能だと思っている。

なぜなら、数多くの〝証言〟があらかじめ僕ら視聴者に提示されているからだ。それはテレビからラジオ、あるいは雑誌のインタビューや書籍に。〝関係者〟本人の言葉が溢れているのだ。

僕は膨大にあるそれらの〝証言〟を丹念に集め、丁寧に組み立てることで「テレビ」のノンフィクションを描くことは可能ではないかと考えた。それこそが「テレビ的」ノンフィクションではないかと。

そして、この手法で書くにあたっては、関係者への取材は足かせになるのではないかと思った。だから、関係者への取材は一切せずに、一般の視聴者に明かされている〝証言〟だけを頼りに本書を構築したのだ。断片的に提示されている証言の点と点をつなげて、線にしていく。

それがテレビっ子としてテレビの嘘と希望に魅入られた青春をすごした僕の、矜持でもあった。

だが、ここで、証言によって語られた輝かしい青春群像は全部〝嘘〟かもしれない。

芸人であれ、作り手であれ、事実とは違う話で本音を隠し自己をプロデュースしたり、より〝おもしろい〟ものに仕立てあげることもある。それが〝伝説〟として伝わっていくことは少なくない。だから、いわゆる〝真実〟には、たどり着かないかもしれない。

けれどその距離感こそが「テレビ」そのものなのではないか。そう僕は思っている。なぜなら、ただの〝嘘〟ではないからだ。その〝嘘〟は、彼らが何者でもない自分から「おもしろい人」になるために、死にものぐるいでついた〝嘘〟だ。いわば「作品」のひとつなのだ。

テレビが映しているものは、〝嘘〟なのかもしれない。けれど、それは時に〝事実〟よりも〝真実〟を映し出す。それこそが「テレビ」だ。

ならば、僕は現実にある〝事実〟よりも、テレビが映した〝真実〟の断片で物語を綴っていきたい。語られていない余白は当然出てきてしまうだろう。けれどその余白に残る〝幻想〟に、僕の心は震えるのだ。

つまらない現実を生きるために、美しい嘘を享受して生きていく。

それが僕の思うテレビの最良の楽しみ方なのだ。

『いいとも』「グランドフィナーレ」が行われた年の夏に放送された『FNS27時間テレビ』(フジテレビ)は、「武器はテレビ。」と題してSMAPがメインパーソナリティに起用された。「テレビに育ててもらって、テレビから学び、テレビと笑い、テレビと泣き……」とそのエンディングで香取慎吾は話し、こう続けた。

「テレビのそういう〝嘘〟が最高に楽しいです！」

そして最高の笑顔をカメラに向けた。

その笑顔が〝嘘〟なのか〝真実〟なのかは分からない。けれど、それが最高の笑顔であることだけは間違いなかった。

香取は『いいとも！』「グランドフィナーレ」で最後、「タモリさん、これからも、ツラかったり苦しかったりしても、笑っててもいいかな？」と泣きながら問いかけた。

ツラく苦しいときに、「泣いてもいいかな？」ではない。「笑っててもいいかな？」だ。

香取慎吾は〝嘘〟に生きている。〝嘘〟の中にこそ〝真実〟があるときっと香取は信じているから。

タモリは優しく、しかし力強く噛みしめるように答えた。

「いいとも！」

＊1　「キーワードはくうねるあそぶ。」のコピーは糸井重里によるもの。ディレクターは関谷宗介。

＊2　たけしは当時の心境について「あん時（バイク事故の時）、死んでたら良かったなって思うこともあったんだよ。あの後さ、顔やなんか治るまでさ、こんなになっちゃって、復帰して映画で賞貰うまでさ、もうね、週刊誌やなんかに叩かれるしさ、つらかったよぉ。だから絶対にコイツら許さんって思ったもん。絶対ひっくり返してやると思ったよ」（フジテレビ『さんまのまんま』16・1・2）と語っている。

引用元

※1　朝日放送『なるみ・岡村の過ぎるＴＶ』15・1・18
※2　フジテレビ『さんまのまんま』07・03・23
※3　白夜書房『笑芸人』vol.1
※4　ヨシモトブックス『自己プロデュース力』島田紳助：著
※5　文藝春秋『文句あっか!!―オレのトンデモお笑い人生』島田洋七：著
※6　ＴＢＳ『日曜ゴールデンで何やってんだテレビ』13・1・27
※7　朝日放送『なるみ・岡村の過ぎるＴＶ』15・1・11
※8　太田出版『本人』vol 11
※9　水道橋博士のメルマ旬報『さんまヒストリー』エムカク：編
※10　太田出版『クイックジャパン』vol.63
※11　幻冬舎『哲学』島田紳助・松本人志：著
※12　角川ＳＳコミュニケーションズ『笑いの現場―ひょうきん族前夜からＭ―1まで』ラサール石井：著
※13　東洋経済新報社『時代の予感―ＴＶプロデューサーの世界』大山勝美：著
※14　講談社『真説「たけし！」―オレの毒ガス半生記』ビートたけし：著

※15　白夜書房『笑芸人』vol.5
※16　新潮社『間抜けの構造』ビートたけし：著
※17　徳間書店『たけし金言集～あるいは資料として現代北野武秘語録』アル北郷：著
※18　新潮社『コマネチ！―ビートたけし全記録』北野武：編
※19　光文社『女性自身』83・9・15
※20　キネマ旬報社『人生で大切なことは全部フジテレビで学んだ～『笑う犬』プロデューサーの履歴書～』吉田正樹：著
※21　NHK出版『犬も歩けばプロデューサー　私的なメディア進化論』横澤彪：著
※22　主婦の友社『バラエティ番組がなくなる日―カリスマプロデューサーのお笑い「革命」論』佐藤義和：著
※23　同朋舎出版『他人の才能でメシを食う方法―テレビマン、ヒットの秘策』佐藤義和：著
※24　幻冬舎『笑う奴ほどよく眠る　吉本興業社長・大崎洋物語』常松裕明：著
※25　勁文社『気がつけば、みんな吉本―全国〝吉本化〟戦略』木村政雄：著
※26　ダイアプレス『俺たちの昭和マガジン』
※27　扶桑社『週刊サンケイ』80・11・20
※28　朝日放送『漫才歴史ミステリー！～笑いのジョブズ～』13年3月24日
※29　太田出版『ビートたけしのオールナイトニッポン傑作選！』

※30 太田出版『hon-nin』vol.00
※31 ロッキング・オン『時効』北野武：著
※32 青土社『ユリイカ』98年2月臨時増刊号
※33 筑摩書房『江戸前で笑いたい―志ん生からビートたけしへ』高田文夫：著
※34 太田出版『hon-nin』vol.06
※35 ニッポン放送『われらラジオ世代』13・10・24
※36 テレビ朝日『題名のない音楽会』09・6・28
※37 サイゾー『別冊サイゾー「いいとも！論」』サイゾー編集部：編
※38 ソフトバンククリエイティブ『テレビお笑いタレント史』山中伊知郎：監修
※39 洋泉社『80年代テレビバラエティ黄金伝説』
※40 太田出版『hon-nin』vol.11
※41 新潮社『今夜は最高な日々』高平哲郎：著
※42 WEB『THE PAGE』「〈私の恩人〉高田純次、ウケなくても使い続けてくれた…だから今の自分がある！」14・05・04
※43 新潮社『極楽TV』景山民夫：著
※44 講談社『現代』89年10月号
※45 太田出版『クイックジャパン』vol.84

※46 小学館『TV博物誌』荒俣宏：著
※47 フジテレビ『TOKIOカケル』14・10・15
※48 文藝春秋『文藝春秋』82年11月号
※49 青春出版社『BIG tomorrow』07年7月号
※50 千原ジュニア40歳LIVE「千原ジュニア×□」14・3・30
※51 角川書店『週刊ザテレビジョン』85年12月20日号
※52 新潮社『新潮45』97年11月号
※53 よみうりテレビ『たかじんnoばぁ〜』93・5・8
※54 日経BP社『変なおじさん』志村けん：著
※55 双葉社『8時だョ！全員集合伝説』居作昌果：著
※56 新潮社『だめだこりゃ』いかりや長介：著
※57 フジテレビ『ワイドナショー』15・4・5
※58 テレビ朝日『ビートたけしのTVタックル』15・4・5
※59 スコラマガジン『濃厚民族』浅草キッド：著
※60 NHK『ファミリーヒストリー』15・4・3
※61 日本文芸社『なんでそーなるの！――萩本欽一自伝』萩本欽一：著
※62 クレタパブリッシング『昭和40年男』14年6月号

※63 新潮社『日本の喜劇人』小林信彦：著
※64 TBSラジオ『日曜サンデー』15・8・23
※65 小学館『欽ちゃんの愛の世界45—一日一語で幸せづくり』萩本欽一：著
※66 日本テレビ『1周回って知らない話』15・9・23
※67 扶桑社『週刊SPA!』98年6月10日号
※68 小学館『女性セブン』85年2月14日号
※69 テレビ朝日『バラエティ司会者芸人夢の共演スペシャル』14・2・1
※70 小学館『TOUCH』87年3月31日号
※71 創出版『創』88年8月号
※72 TBS『サワコの朝』15・8・8
※73 KKベストセラーズ『サーカスマックス』12年12月号
※74 小学館『DENiM』95年8月号
※75 ニッポン放送『とんねるずのオールナイトニッポン』85・10・22
※76 ソニーマガジンズ『ザ・ベストテン』山田修爾：著
※77 ニッポン放送出版『とんねるず 大志—だれだって成功者（KANE—MOCHI）になれるんだ』石橋貴明、木梨憲武：著
※78 中央公論社『婦人公論』96年3月号

※79 集英社『月刊プレイボーイ』91年12月号
※80 光文社『FLASH』98年5月12日号
※81 青春出版社『BIG tomorrow』05年7月号
※82 集英社インターナショナル『第4学区』古舘伊知郎、石橋貴明：著
※83 青春出版社『BIG tomorrow』88年7月号
※84 講談社『週刊現代』14年5月10日・17日号
※85 徳間書店『週刊アサヒ芸能』14年7月17日号
※86 フジテレビ『笑っていいとも！』14・1・14
※87 日経BP社『日経エンタテインメント！』00年8月号
※88 エイティーワン・エンタテインメント『秋元康大全97%』SWITCH：著
※89 大和書房『重層的な非決定へ』吉本隆明：著
※90 翔泳社『超メディア人の挑戦』山中伊知郎：著
※91 WEB『MusicmanNet』08・10・15
※92 扶桑社『フジテレビ・全仕事』フジテレビジョン：編
※93 放送批評懇談会『GALAC』03年4月号
※94 扶桑社『週刊SPA！』10年4月20日
※95 集英社『週刊プレイボーイ』00年7月4日号

※96 小学館『「視聴率」50の物語：テレビの歴史を創った50人が語る50の物語』ビデオリサーチ：編
※97 創出版『創』86年9月号
※98 小学館『GORO』87年9月10日号
※99 KADOKAWA『週刊ザテレビジョン』12年9月28日・10月5日号
※100 テレビ朝日『はい！テレビ朝日です！』15・8・2
※101 主婦と生活社『JUNON』89年6月号
※102 日本ジャーナル出版『週刊実話』97年4月10日号
※103 角川書店『週刊ザテレビジョン』89年4月28日号
※104 BS日テレ『おぎやはぎの愛車遍歴 NO CAR, NO LIFE！』14・7・12
※105 TBS『うたばん』03・8・28
※106 小学館『「誰にも書けない」アイドル論』クリス松村：著
※107 光文社『FLASH』10年1月18日・25日号
※108 全労済『アビタン』90年2月号
※109 扶桑社『SOLD OUT‼』秋元康：監修
※110 ロッキングオン『松本坊主』松本人志：著
※111 ワニブックス『がんさく』濱田雅功：著

※112 朝日新聞社『遺書』松本人志：著
※113 メディアファクトリー『これでいいのだ。──赤塚不二夫対談集』赤塚不二夫：著
※114 ロッキングオン『松本裁判』松本人志：著
※115 朝日新聞社『「松本」の「遺書」』松本人志：著
※116 博美館出版『東京コメディアンの逆襲』西条昇：著
※117 ビー・エヌ・エヌ『オフレコ。──まついなつきインタビュー全仕事』まついなつき：著
※118 彩流社『マセキ会長回顧録：親子三代芸能社』柵木眞、河本瑞貴：著
※119 太田出版『クイックジャパン』vol.１０６
※120 角川書店『月刊カドカワ』92年８月号
※121 主婦と生活社『ＪＵＮＯＮ』89年７月号
※122 白夜書房『笑芸人』vol.７
※123 東京ニュース通信社『テレビブロス』12年12月22日号
※124 太田出版『クイックジャパン』vol.81
※125 ワニブックス『ダウンタウンのガキの使いやあらへんで!!〈６〉軌跡』日本テレビ：著
※126 角川書店『週刊ザテレビジョン』99年10月８日号
※127 ごま書房『菅ちゃんの笑ったもん勝ち〈上〉人気タレント編』菅賢治：著
※128 文化放送『ロンドンブーツ１号２号田村淳のNewsCLUB』15・１・５

※129　日経BP社『日経エンタテインメント！』99年8月号
※130　WEB『ほぼ日刊イトイ新聞』「おもしろ魂。」04・9・21
※131　WEB『御影屋』「御影道」vol.1
※132　徳間書店『週刊アサヒ芸能』05年4月21日号
※133　集英社『週刊プレイボーイ』07年10月15日号
※134　ワニブックス『笑う仕事術』菅賢治：著
※135　ごま書房『菅ちゃんの笑ったもん勝ち〈下〉番組制作編』菅賢治：著
※136　太田出版『クイックジャパン』vol.51
※137　フジテレビ『ダウンタウンなう』15・11・6
※138　太田出版『クイックジャパン』vol.104
※139　祥伝社『微笑』92年1月25日号
※140　太田出版『クイックジャパン』vol.57
※141　ニッポン放送『出川哲朗と堀内健のオールナイトニッポン』15・6・19
※142　小学館『ラジオにもほどがある』藤井青銅：著
※143　光文社『FLASH』99年8月3日号
※144　集英社『MORE』90年9月号
※145　太田出版『クイックジャパン』vol.88

※146 日経BP社『日経エンタテインメント!』01年11月号
※147 スポーツニッポン新聞社『スポーツニッポン』93・6・26
※148 WEB『御影屋』「御影歌」vol.4
※149 日本テレビ放送網『電波少年最終回』土屋敏男：著
※150 フジテレビ『週刊フジテレビ批評』12・07・07
※151 新潮社『ひょうきんディレクター、三宅デタガリ恵介です』三宅恵介：著
※152 フジテレビ『笑っていいとも!』12・10・1
※153 NHK総合『ブラタモリ』11・12・8
※154 講談社『タモリと戦後ニッポン』近藤正高：著
※155 フジテレビ『週刊フジテレビ批評』14・3・29
※156 講談社『対談「笑い」の解体』山藤章二：著
※157 集英社『明星』87年4月2日号
※158 フジテレビ『さんまのまんま』15・9・27
※159 洋泉社『映画秘宝』10年2月号
※160 太田出版『たけし事件―怒りと響き』朝倉喬司：著、筑紫哲也：監修
※161 マガジンハウス『an・an』05年12月7日
※162 NHK総合『新春TV放談』13・1・4

※163 フジテレビ『ミレニアムズ』15・8・3
※164 文藝春秋『藝人春秋』水道橋博士：著
※165 日本テレビ放送網『21世紀版ビートたけしのお笑いウルトラクイズ‼非常識大百科』
※166 日之出出版『松方弘樹の泣いた笑ったメチャクチャ愛した』松方弘樹：著
※167 キネマ旬報社『フィルムメーカーズ2 北野武』淀川長治：監修
※168 ロッキングオン『余生』北野武：著
※169 TBSラジオ『日曜サンデー』14・1・26
※170 小学館『週刊ポスト』14年5月16日号
※171 ニッポン放送『ナインティナインのオールナイトニッポン』14・4・3
※172 フジテレビ『ワイドナショー』14・4・6

（本書における引用については、一部表記を本文に合わせ統一しています。）

引用元以外の参考文献

白夜書房『完璧版 テレビバラエティ大笑辞典』高田文夫・笑芸人編集部：編著／白夜書房『東京大学「80年代地下文化論」講義』宮沢章夫：著／NHK出版『NHK ニッポン戦後サブカルチャー史』宮沢章夫／NHK「ニッポン戦後サブカルチャー史」制作班：編著／主婦の友社『オールナイトニッポン大百科』オールナイトニッポン友の会：編／河出書房新社『現代風俗史年表―昭和20年（1945）～平成12年（2000）』世相風俗観察会：編／インファス『STUDIO VOICE』96年4月号／インファス『STUDIO VOICE』06年12月号／洋泉社『映画秘宝EXモーレッツ！アナーキーテレビ伝説』／青土社『ユリイカ』05年8月増刊号／第二次惑星開発委員会『PLANETS』vol.6／文藝春秋『テレビの黄金時代』小林信彦：著／新潮社『時代観察者の冒険―1977‐1987全エッセイ』小林信彦：著／集英社『ふたりの笑タイム 名喜劇人たちの横顔・素顔・舞台裏』小林信彦、萩本欽一：著／河出書房新書『'89』橋本治：著／筑摩書房『1995年』速水健朗：著／大和書房『「テレビリアリティ」の時代』大見崇晴：著／マイナビ『浅草芸人～エノケン、ロッパ、欽ちゃん、たけし、浅草演芸150年史～』中山涙：著／講談社『誰も書けなかった「笑芸論」森繁久彌からビートたけしまで』高田文夫：著／ワニブックス『ノーブランド』前田政二：著／愛育社『井原高忠 元祖テレビ屋ゲバゲバ哲学』井原高忠、恩田泰子：著／カンゼン『視聴率の怪物王東順の企画の王道』王東順、品川裕香：著／講談社『せ・き・ら・ら―生意気プロデューサーの告白』栗原美和子：著／光文社『夢でまた逢えたら』亀和田武：著／いそっぷ社『マエタケのテレビ半生記』前田武彦：著／主婦の友社『ビートルズの使い方 世界をビックリさせつづけるクリエイティブの本質』倉本美津留：著／水道橋博士のメルマ旬報『はかせのスキマ』柳田光司：著／新潮社『よりぬきスネークマンショー「これ、なんですか?」』スネークマンショー、桑原茂一2：著／双葉社『8時だョ！全員集合の作り方―笑いを生み出すテレビ美術』山田満郎、加藤義彦：著／双葉社『「ザ・ベストテン」の作り方』三原康博：著／鹿砦社『貴明と憲武』渡辺進：著／フジテレビ出版『夢で逢えたら 公式キャラクターブック』／フジテレビ出版『ダウンタウンのごっつええ感じ完全大図鑑』／河出書房新書『タモリ：芸能史上、永遠に謎の人物』／洋泉社『タモリ読本』／福武書店『タモリ（ぴーぷる最前線）』武市好古：著／CBS・ソニー出版『タモリだよ！』平岡正明：著／新潮社『タモリ論』樋口毅宏：著／晶文社『ぼくたちの七〇年代』高平哲郎：著／新潮社『今夜は最高な日々』高平哲郎：著／双葉社『我が愛と青春のたけし軍団』ガダルカナル・タカ、たけし軍団：著／講談社『「おたく」の精神史　一九八〇年代論』大塚英志：著／角川書店『物語消滅論―キャラクター化する「私」、イデオロギー化する「物語」』大塚英志：著／筑摩書房『増補　サブカルチャー神話解体―少女・音楽・マンガ・性の変容と現在』宮台真司、石原英樹、大塚明子：著／講談社『三谷幸喜　創作を語る』三谷幸喜、松野大介：著／東京ニュース通信社『爆笑問題集』爆笑問題：著／扶桑社『爆笑問題の死のサイズ―新聞の死亡記事で読み解く、20世紀人物列伝』爆笑問題：著／文藝春秋『ドキュメント　昭和が終わった日』佐野眞一：著／朝日新聞社『ルポ自粛―東京の150日』朝日新聞社会部：著／スイッチパブリッシング『SWITCH』Vol.30 No.12／角川マガジンズ『別冊ザテレビジョン　吉本印』

GAKI NO TSUKAI YA ARAHENDE SPECIAL

解説

この本の掴みどころ

片岡飛鳥（演出家）

片岡飛鳥（演出家）

１９６４年、東京都出身。『オレたちひょうきん族』最後のADとして（株）フジテレビジョンに入社。『ウッチャンナンチャンのやるならやらねば！』でディレクターとしてデビュー。『新しい波』でナインティナイン、よゐこ、極楽とんぼ、オアシズなどと出会い、彼らとのタッグで『とぶくすり』『めちゃ×モテたいッ！』など形を変えながら『めちゃ×２イケてるッ！』を立ち上げ、番組終了にいたるまで長年に渡り総監督を務める。２０２２年、とぶとりっぷ合同会社を設立。

てれびのスキマのことをそれほどよく知らない。

だから思い込みも多いはずだ。

風変わりなペンネームの由来も知らない。

「どうしてスキマ?」待ちの雰囲気もあるが、興味を持って聞いたこともない。

これをご本人に寂しいと思われるのは本意ではない。

決して長くはないが短くもないお付き合いで勝手に感じ取っているてれびのスキマがいる。

そんな彼からある日、「この本を読んでほしい」と連絡が入った。

軽い返事で引き受けて、出版社から届いた分厚い本をペラペラとめくってすぐに後悔した。

私の知るてれびのスキマは「温度、純度、精度の異常に高いクリエイター」。

気力と体力が擦り減る作業であることは容易に察知され、その匂いに蓋をするように3週間ほど寝かせたのち決意して読破した。

スキマ氏の青春が始まったという1989年、私はフジテレビの新入社員として過ごし「オレたちひょうきん族」のADとして奔走していた。だから当時小学校の高学年という「感性のスポンジ」としてバラエティの洗礼を受けた彼と、私の感覚は決して同じではないはずだ。

「1989年のテレビっ子」とは何か？

温度の高いエッセイ？
純度の高い評論文？
精度の高いドキュメンタリー？

スキマ氏の狙いとは違うと思うが、私はひたすら歴史小説として読んだ。テレビ界の将軍、武将、僧侶、学者、宣教師…？？　とにかくやんごとなき偉人たちが入り乱れて日本のバラエティ史を彩っている絵巻物で、エンタメ性高し。

だからこそスキマ氏の筆致に思わず引き込まれたり、時に膝を打ったりしながら、読み進めるうちに末席に自分の名前が出てきた時の気分は嬉しいとか光栄だとか言うよりも、もうファンタジー。現実世界に生きている自分が異次元にタイムリープした時のアレだ。タイムリープしたことはないんだけど。

歴史小説というからには川のごとく時の流れがある。川の流れには源流があって、一滴の水は時間をかけて大きな川となっていく。私はその「大河の一滴」を探すことに躍起となる。

1971年、仕事のなかった島田洋七がなんば花月に入らなかったら（p24）……きっと「THE MANZAI」という一大ムーブメントは起きていない。彼がその日にふらっと劇場に立ち寄ったからこそ、その後B＆Bが生まれ、彼らの革新的なパフォーマンスはツービートや紳助・竜介という、のちの漫才ブームの中心となるコンビに大きな影響を与えた。

このように、一滴はけっこう何気ないはじまりだ。

明石家さんまの先輩落語家がトラブルを起こしていなかったら（p27）、高田純次がおたふく風邪にかかっていなかったら（p127）、その後のパラレルワールドはまったく変わり、お笑い怪獣のいないテレビ地図はきっと違うものになっている。

一滴はだいたい不慮の出来事だ。

ニッポン放送がツービート2人分という高額ギャラを払えていたら（p86）、ビートたけしというピン芸人は生まれず、「その男、凶暴につき」で深作欣二という巨匠に十分なスケジュールがあったら（p391）、この世に映画監督・北野武は存在しない。

一滴はまあまあ物理的な制限だ。

酔っ払ったタモリが、ホテルの廊下からドンチャン騒ぎの聞こえる騒がしい部屋に勝手に入っていかなければ（p93）、その男の一生は「九州の面白い素人・森田」で終わっていた。

一滴は驚くほどその場のノリが左右する。

初のゴールデン冠番組にリスクを感じて出演を断ろうと決めていたウッチャンナンチャンをプロデューサー吉田正樹（現ワタナベエンターテインメント会長）が説得した（p340）。

一滴は他人の後押しが必要なケースもあるが、この場合は吉田正樹にとっても渾身の一滴だったはずだ。

当著の中でも私の大好きな一滴はダウンタウンのコンビ結成前の尼崎での中学時代、浜田雅功ともう1人の親友がケンカをした日に（p258）、松本人志が「一瞬迷いながらも、（ケンカに勝った）浜田についていった」というエピソード。

「ダウンタウンの生まれた日」。

一滴とはまさに一瞬であり、この歴史的一瞬はもはや「お笑い版バタフライ・エフェクト」と言っても過言ではない。

中学生のケンカという小さな蝶の羽ばたきが、その後大きな竜巻を起こしたのだ。

石橋貴明は言った。

「人生の中で平凡じゃなくなるキッカケってのは、ほんの一瞬の出来事なんだ」（p218）。

一流はその一瞬の凄さを本能的に知っている。

ＳＭＡＰは国民的歌番組「ザ・ベストテン」の終了（ｐ２３８）で、活躍の場を本格的にバラエティに広げることになった。

一流はその一瞬を本能的に見逃さない。

伝説の「笑っていいとも！」グランドフィナーレ（ｐ４０８）。
予定時間を大きく超えるタモリとさんま。
「長い！」と現れるダウンタウン。
「殴りこみだ！」と乱入するとんねるず。
続くウンナン、爆問、ナインティナイン。
さんまの口にガムテープを貼る浜田。
喋れないのにうるさいさんま。
「この人まだまだ売れるわ！」と松本。

一瞬に次ぐ一瞬を見逃すはずがない人たちによって、あの「奇跡の連鎖」が起きた。

長い歴史の中の一瞬を、できるものなら刮目して、できるものなら掴み取る。
そんな一瞬とは、ある意味で歴史が見せる「スキマ」ではないだろうか？

かくいう私も当著に記される史実を実体験してきた。
「オレたちひょうきん族」の終了（p179）で番組を異動してウッチャンナンチャンに出会い、「とんねるずのみなさんのおかげです」の休止宣言（p332）をキッカケに、戦後のどさくさのようにディレクターに昇格し、「ウッチャンナンチャンのやるならやらねば！」の終了（p348）でナインティナインらと出会い、「とぶくすり」という自分でゼロから作る番組がスタートし、「ダウンタウンのごっつええ感じ」の突然の終了（p350）を知り、伝説の横澤班（p56）を源流とする最後のタレントバラエティとして「めちゃ×2イケてるッ！」を死ぬ気で頑張らないと、と覚悟した記憶がある。

どれをとっても幸せな顔つきではないが、私の僅かな歴史の中ではスキマとなり、全てがその後の人生につながってきたように思う。

例えばナインティナインとの出会いでいえば、彼らの出演していた『吉本印天然素材』（NTV）という他人のテレビを見て、画面の中の凸凹コンビに会ってみたいとアクションしたのがはじまりなわけで……私の掴み取り方などはスマートでもなく、行儀も良くないものだった。ただ意識下でいつも「面白そうな方を掴もう」と生きてきた、そんな現在地ではありそうだ。

話がちっさい感じがするので、ちょっとメタっぽくまとめてみよう。

たぶん歴史のスキマはいつの時代も「今、ちょっとスキマなんだけどお前たちは一体どうするのか？」と問いかけてくる。当著にもあったが、昭和天皇の崩御も、震災も、現在のコロナ禍なども、歴史が我々に「これからどうする？」と問いかけてきたスキマなのではないか？そのスキマを正しく掴めば未来につながるはずだが、市井の人々はどう掴み取っていいのか迷いながら日々生きているのだと思う。

かつて、そんなふうに生き方に悩んでいた戸田部誠の心を、テレビが救っていた時代もあった。たくさんのスキマがあったからこそテレビは輝いていたはずだ。ライターとして自立する前から彼は言語化されていない「てれびのスキマ」を体感していたのではないかと想像する。

現代社会におけるスキマはあっという間に補修され、補填され、あるいは削除されてしまう。だが、私は「スキマこそに人は心を動かされる」と信じている。一見ネガティブなことも多いけど、スキマには愛や悲しみや、そして何よりも真実のストーリーがある。

２０２２年、会社の実施した早期退職制度という運命に遭遇して私はフジテレビを卒業した。ＮＳＣ第一期生募集のチラシを見た若き日の松本人志の言葉が強烈に刺さってきた。「あ、これはぐずぐずしないで行けということやな」（ｐ２６１）。

もしかしてスキマ氏、ここを私に読ませたかったのかな？

「今、飛鳥さんのスキマですけどこれからどうしますか？」と。

てれびのスキマのことをそれほどよく知らない。だから思い込みも多いはずだ。

２０２２年夏　片岡飛鳥

「つまらない現実を生きるために、美しい嘘を享受して生きていく」（p417）。

この世がみんなスキマ氏のように、スキマごとテレビを愛してくれること、同時にエンターテイメントの力がこの世のスキマを埋めていけることを祈って。

テレビっ子のための年表

西暦	月日	番組名（放送日時）　※放送時間は原則的に初回放送時間を記載しています
1959	3月1日	『スター千一夜』（日〜水・土／21：00−21：15／フジテレビ）放送開始〈放送終了は1981年9月25日〉
	6月17日	『ザ・ヒットパレード』（火／20：30−21：00／フジテレビ）放送開始〈放送終了は1970年3月31日〉
1961	6月4日	『シャボン玉ホリデー』（日／18：30−19：00／日本テレビ）放送開始〈放送終了は1972年10月1日〉
1962	5月6日	『てなもんや三度笠』（日／18：00−18：30／朝日放送）放送開始〈放送終了は1968年3月31日〉
1963	6月12日	『大正テレビ寄席』（水／12：15−12：45／NETテレビ）放送開始〈放送終了は1978年6月25日〉
1964	8月31日	『ミュージックフェア』（月／21：00−21：30／フジテレビ）放送開始
1965	4月5日	『アフタヌーンショー』（月〜金／12：00−12：55／NETテレビ）放送開始〈放送終了は1985年10月18日〉
	11月8日	『11PM』（月〜金／23：00−24：00／日本テレビ・読売テレビ）放送開始〈放送終了は1990年3月30日〉
1966	4月1日	『ABCヤングリクエスト』（日〜月／23：10−翌5：30／朝日ラジオ）放送開始〈放送終了は1986年10月3日〉

	4月17日	**『しろうと寄席』**（日／19：30—20：00／フジテレビ）放送開始〈放送終了は1968年3月26日〉
	10月3日	**『ママとあそぼう！ピンポンパン』**（月〜土／8：15—8：55／フジテレビ）放送開始〈放送終了は1982年3月31日〉
1967	10月2日	**『歌え！MBSヤングタウン』**（月／24：10—26：00／MBS）放送開始
1968	1月9日	**『進め！ドリフターズ』**（火／19：30—20：00／TBS）放送開始〈放送終了は1968年7月9日〉
	4月1日	**『お昼のゴールデンショー』**（月〜金／12：00—12：45／フジテレビ）〈放送終了は1971年9月30日〉
	4月7日	**『てなもんや一本槍』**（日／18：00—18：30／朝日放送）放送開始〈放送終了は1970年2月22日〉
	7月13日	**『コント55号の世界は笑う』**（土／20：00—20：56／フジテレビ）放送開始〈放送終了は1970年3月28日〉
	11月4日	**『夜のヒットスタジオ』**（月／22：00—23：00／フジテレビ）放送開始〈放送終了は1990年10月3日〉
	12月10日	**『突撃！ドリフターズ』**（火／19：30—20：00／TBS）放送開始〈放送終了は1969年6月3日〉
1969	7月3日	**『ヤングおー！おー！』**（木／20：00—20：56／NETテレビ）放送開始〈放送終了は1982年9月19日〉
	10月4日	**『8時だョ！全員集合』**（土／20：00—20：56／TBS）放送開始
	10月7日	**『巨泉×前武ゲバゲバ90分！』**（火／20：00—21：26／日本テレビ）放送開始〈放送終了は1971年3月30日〉

1970	4月6日	**『ひるのプレゼント』**（月～金／12：20—12：45／NHK）放送開始〈放送終了は1991年3月29日〉
1971	1月10日	**『TVジョッキー』**（日／13：15—14：15／日本テレビ）放送開始〈放送終了は1982年12月26日〉
1972	1月31日	**『新婚さんいらっしゃい！』**（日／12：15—12：45／朝日放送）放送開始
	4月8日	**『どちら様も欽ちゃんです』**（土／24：00—25：00／ニッポン放送）〈放送終了は1972年9月30日〉
	10月2日	**『ぎんざNOW！』**（月～金／17：00—17：30／TBS）放送開始〈放送終了は1979年9月28日〉
	10月9日	**『欽ちゃんのドンといってみよう！』**（月／21：30—21：45／ニッポン放送）放送開始〈放送終了は1979年4月6日〉
1974	4月20日	**『燃えよせんみつ足かけ二日大進撃』**（土／23：00—25：00／ニッポン放送）放送開始〈放送終了は1980年4月5日〉
	9月21日	**『欽ちゃんのドンといってみよう！　ドバドバ60分!!』**（土／20：00—21：00／フジテレビ）放送
1975	4月5日	**『萩本欽一ショー・欽ちゃんのドンとやってみよう！』**（土／19：30—20：55／フジテレビ）放送開始
	8月30日	**『土曜ショーマンガ大行進！赤塚不二夫ショー』**（土／12：00—13：00／NETテレビ）放送　※タモリテレビ初出演
1976	10月2日	**『爆笑三段跳び！』**（土／17：45—18：30／読売テレビ）放送開始〈放送終了は1978年9月30日〉

	10月3日	**『クイズ・ドレミファドン！』**（日／12：00─13：00／フジテレビ）放送開始〈放送終了は1988年4月3日〉
	10月6日	**『欽ちゃんのどこまでやるの！』**（水／21：00─21：54／NETテレビ）放送開始〈放送終了は1986年9月24日〉
	10月6日	**『タモリのオールナイトニッポン』**（水／25：00─27：00／ニッポン放送）放送開始〈放送終了は1983年9月28日〉
1978	1月12日	**『ザ・ベストテン』**（木／21：00─21：55／TBS）放送開始〈放送終了は1989年9月28日〉
	8月6日	**『サンデーお笑い生中継』**（日／12：00─12：45／毎日放送・TBS）放送開始〈放送終了は1979年3月25日〉
1979	4月3日	**『ばらえてぃ　テレビファソラシド』**（火／20：00─20：50／NHK）放送開始〈放送終了は1982年3月13日〉
	10月7日	**『花王名人劇場』**（日／21：00─21：54／関西テレビ）放送開始〈放送終了は1990年3月25日〉
	10月11日	**『所ジョージのドバドバ大爆弾』**（木／20：00─20：54／東京12チャンネル）放送開始〈放送終了は1981年3月26日〉
1980	3月29日	**『欽ちゃんのドンとやってみよう！』**放送終了
	4月1日	**『THE MANZAI』**（火／20：00─21：24／フジテレビ）放送開始
	4月12日	**『お笑いスター誕生!!』**（土／12：00─13：00／日本テレビ）放送開始〈放送終了は1986年9月27日〉
	10月1日	**『笑ってる場合ですよ！』**（月〜金／12：00─13：00／フジテレビ）放送開始〈放送終了は1982年10月1日〉

1980

10月4日 **『アップルハウス』**（土／19：30―20：00／フジテレビ）放送開始〈放送終了は1981年3月28日〉

10月6日 **『だんとつタモリ おもしろ大放送！』**（月〜金／18：00―19：30／ニッポン放送）放送開始〈放送終了は1987年4月3日〉

10月19日 ドラマ**『天皇の料理番』**（日／20：00―20：55／TBS）放送開始〈放送終了は1981年3月22日〉 ※明石家さんま出演

1981

1月1日 **『ビートたけしのオールナイトニッポン』**（木／25：00―27：00／ニッポン放送）放送開始〈放送終了は1990年12月27日〉

4月2日 ドラマ**『五瓣の椿・復讐に燃える女の怨念』**（木／21：02―22：54／読売テレビ）放送 ※明石家さんま出演

4月4日 **『今夜は最高！』**（土／23：00―23：30／日本テレビ）放送開始

4月6日 **『欽ドン！良い子悪い子普通の子』**（月／21：00―21：54／フジテレビ）放送開始〈放送終了は1983年9月12日〉

5月2日 **『モーニングサラダ』**（土／7：00―7：45／日本テレビ）放送開始〈放送終了は1985年3月30日〉

5月12日 ドラマ**『野々村病院物語』**（火／21：00―21：54／TBS）放送開始〈放送終了は1981年11月3日〉 ※山田邦子出演

5月16日 **『オレたちひょうきん族』**（土／20：00―20：54／フジテレビ）放送開始 ※特番

10月4日 **『夕刊タモリ！こちらデス』**（日／18：30―19：00／テレビ朝日）放送開始〈放送終了は1982年9月26日〉

10月6日 **『なるほど！ザ・ワールド』**（火／21：00―21：54／フジテレビ）放送開始〈放送終了は

1996年3月26日〉

1982	10月10日	**『オレたちひょうきん族』**（土／20：00−20：54／フジテレビ）レギュラー放送開始
	10月24日	**『ダントツ笑撃隊!!』**（土／19：30−20：54／日本テレビ）放送開始〈放送終了は1981年12月26日〉
	5月16日	ドラマ**『刑事ヨロシク』**（日／20：00−20：55／TBS）放送開始〈放送終了は1982年8月22日〉※ビートたけし主演
	6月15日	**『THE MANZAI』**放送終了
	10月4日	**『森田一義アワー 笑っていいとも！』**（月〜金／12：00−12：55／フジテレビ）放送開始
	10月8日	**『欽ちゃんの週刊欽曜日』**（金／21：00−21：54／TBS）放送開始〈放送終了は1985年9月27日〉
	10月8日	**『タモリ倶楽部』**（金／24：10−24：40／テレビ朝日）放送開始
1983	1月9日	**『スーパージョッキー』**（日／13：00−14：00／日本テレビ）放送開始〈放送終了は1999年3月28日〉
	4月2日	**『オールナイトフジ』**（土／24：40−／フジテレビ）放送開始〈放送終了は1991年3月30日〉
	5月28日	映画**『戦場のメリークリスマス』**公開
	7月6日	**『笑ってポン！』**（水／19：00−19：54／TBS）放送開始〈放送終了は1983年9月28日〉
	8月29日	ドラマ**『昭和四十六年、大久保清の犯罪』**（月／21：02−22：54／TBS）放送 ※ビートたけし主演
1984	4月2日	**『おもしろプレヌーン』**（月〜金／10：30−11：55／テレビ東京）〈放送終了は1984年9月28日〉
1985	2月23日	**『オールナイトフジ女子高生スペシャル』**（土／16：00−17：25／フジテレビ）放送

1985

4月1日 『夕やけニャンニャン』（月〜金／17：00─18：00／フジテレビ）放送開始〈放送終了は1987年8月31日〉

4月1日 『おっと！モモンガ』（月〜金／22：00─24：00／ラジオ大阪）放送開始〈放送終了は1986年6月27日〉

4月6日 『バラエティー生活笑百科』（土／12：20─13：00／NHK）放送開始

4月8日 『さんまのまんま』（月／19：00─19：30／関西テレビ）放送開始

4月14日 『天才・たけしの元気が出るテレビ‼』（日／20：00─20：54／日本テレビ）放送開始〈放送終了は1996年10月6日〉

4月16日 『ビートたけしのスポーツ大将』（火／20：00─20：54／テレビ朝日）放送開始〈放送終了は1990年2月27日〉

9月28日 『8時だヨ！全員集合』放送終了

10月6日 『TVプレイバック』（日／22：00─22：30／フジテレビ）放送開始〈放送終了は1989年5月21日〉

10月7日 『冗談画報』（月／24：25─24：55／フジテレビ）放送開始〈放送終了は1988年3月30日〉

10月8日 『今夜はねむれナイト』（火／24：15─25：10／関西テレビ）放送開始〈放送終了は1987年10月27日〉

10月15日 『とんねるずのオールナイトニッポン』（火／25：00─27：00／ニッポン放送）放送開始〈放送終了は1992年10月13日〉

12月9日 ドラマ『イエスの方舟』（月／21：02─22：54／TBS）放送 ※ビートたけし主演

1986

1月11日 『加トちゃんケンちゃんごきげんテレビ』（土／20：00─20：54）放送開始

4月28日 『志村けんのバカ殿様』（月／19：30─20：54／フジテレビ）放送開始

5月2日　『**痛快なりゆき番組　風雲！たけし城**』（金／20：00－20：54／TBS）放送開始〈放送終了は1989年4月14日〉

7月25日　ドラマ『**男女7人夏物語**』（金／21：00－21：54／TBS）放送開始〈放送終了は1986年9月26日〉

10月24日　『**コムサ・DE・とんねるず**』（金／19：00－19：30／フジテレビ）放送開始〈放送終了は1987年3月27日〉

10月24日　『**ミュージックステーション**』（金／19：30－20：54／テレビ朝日）放送開始

11月2日　『**鶴瓶の歌謡びんびんハウス**』（日／13：45－14：55／テレビ朝日）放送開始〈放送終了は1994年9月25日〉

11月11日　『**とんねるずのみなさんのおかげです**』（火／19：30－20：54／フジテレビ）放送　※「火曜ワイドスペシャル」枠で4回にわたり放送

1987

2月16日　『**欽ドン！スペシャル**』（月／21：00－21：54／フジテレビ）放送　※明石家さんまがゲスト出演

4月6日　『**4時ですよ〜だ**』（月〜金／16：00－17：00／毎日放送）放送開始

7月18日　『**FNSスーパースペシャル一億人のテレビ夢列島**』（土／21：00－翌19日20：54／フジテレビ）放送

10月3日　『**ねるとん紅鯨団**』（土／23：15－23：45／フジテレビ）放送開始

10月6日　ドラマ『**ダウンタウン物語**』（火／19：00－19：30／毎日放送）放送開始〈放送終了は1988年3月22日（全24回）〉

10月9日　ドラマ『**男女7人秋物語**』（金／21：00－21：54／TBS）放送開始〈放送終了は1987年12月18日〉

11月16日　『**志村けんのだいじょうぶだぁ**』（月／20：00－20：54／フジテレビ）放送開始〈放送終了は

1988

1月3日	**『タモリ・たけし・さんま　世紀のゴルフマッチ』**（日／10：00―12：30／フジテレビ）放送
4月4日	**『欽ちゃんのどこまで笑うの?!』**（月～金／12：00―12：55／テレビ朝日）放送開始〈放送終了は1989年3月31日〉
4月4日	**『欽きらリン530!!』**（月～金／17：30―18：00／日本テレビ）放送開始〈放送終了は1988年9月30日〉
4月6日	**『欽ちゃんの気楽にリン』**（水／19：30―21：00／日本テレビ）放送開始〈放送終了は1988年6月15日〉
4月17日	**『鶴太郎の危険なテレビ』**（日／12：00―12：55／日本テレビ）放送開始〈放送終了は1988年9月18日〉
7月12日	**『笑いの殿堂』**（火／26：05―28：05／フジテレビ）放送開始〈放送終了は1990年12月31日〉
10月9日	**『Boy Meets Girl 恋々!!ときめき倶楽部』**（日／12：00―13：00／日本テレビ）放送開始〈放送終了は1989年3月26日〉
10月11日	**『やっぱり猫が好き』**（火／24：30―25：00／フジテレビ）放送開始〈放送終了は1991年9月21日〉
10月12日	**『クイズ世界はSHOW by ショーバイ!!』**（水／20：00―20：54／日本テレビ）放送開始〈放送終了は1996年9月25日〉
10月13日	**『とんねるずのみなさんのおかげです』**（木／21：00―21：54／フジテレビ）レギュラー放送開始
10月13日	**『夢で逢えたら』**（金／26：00―26：30／フジテレビ）放送開始　※1989年4月22日から全国放送

放送（土／23：30—24：00）

1989

11月21日　『**あっぱれさんま大先生**』（月／19：00—19：30／フジテレビ）放送開始〈放送終了（※『さんま大先生が行く！』）2004年10月31日〉

1月2日　『**ビートたけしのお笑いウルトラクイズ**』（月／20：00—21：50／日本テレビ）放送

2月11日　『**平成名物TV 三宅裕司のいかすバンド天国**』（土／24：30—27：00／TBS）放送開始〈放送終了は1990年12月29日〉

4月2日　『**サンデープロジェクト**』（日／10：00—11：45／テレビ朝日）放送開始〈放送終了は2010年3月28日　※島田紳助が司会を務めたのは1990年4月〜2004年3月〉

4月3日　『**欽どこTV!!**』（月〜金／12：00—12：55／テレビ朝日）放送開始〈放送終了は1989年9月29日〉

4月14日　『**ウッチャンナンチャンのオールナイトニッポン**』（金／25：00—27：00／ニッポン放送）放送開始〈放送終了は1995年4月7日〉

7月3日　『**TVタックル**』（月／21：00—21：54／テレビ朝日）放送開始

8月12日　映画『**その男、凶暴につき**』公開

9月29日　『**4時ですよ〜だ**』放送終了

10月4日　『**ダウンタウンのガキの使いやあらへんで!!**』（水／深2：10—2：40／日本テレビ）放送開始　※1991年10月20日より日曜午後11時台に昇格

10月7日　『**今夜は最高！**』放送終了

10月8日　『**知ってるつもり?!**』（日／21：00—21：54／日本テレビ）放送開始〈放送終了は2002年3月24日〉

10月14日　『**オレたちひょうきん族**』放送終了

1989	10月18日	**『どちら様も!!笑ってヨロシク』**（水／19：30–20：00／日本テレビ）放送開始〈放送終了は1996年6月19日〉
	11月4日	**『さんま・一機のイッチョカミでやんす』**（土／22：00–22：30／日本テレビ）放送開始〈放送終了は1990年9月22日〉
1990	4月3日	**『ウッチャン・ナンチャン with SHA.LA.LA.』**（火／25：40–26：10／日本テレビ）放送開始〈放送終了は1992年6月28日　※1991年10月20日より日曜午後10時台に昇格〉
	4月19日	**『ウッチャンナンチャンの誰かがやらねば！』**（木／21：00–21：54／フジテレビ）放送開始〈放送終了は1990年9月29日　※とんねるず主演〉
	7月7日	ドラマ**『火の用心』**（土／21：00–21：54／日本テレビ）放送開始〈放送終了は1990年9月20日〉
	7月9日	**『世界まる見え！テレビ特捜部』**（月／20：00–20：54／日本テレビ）放送開始
	10月13日	**『ウッチャンナンチャンのやるならやらねば！』**（土／20：00–20：54／フジテレビ）放送開始〈放送終了は1993年6月26日〉
	10月27日	**『マジカル頭脳パワー!!』**（土／20：00–20：54／日本テレビ）放送開始〈放送終了は1999年9月16日〉
	12月29日	**『ウッチャンナンチャン&ダウンタウンスペシャル SHA.LA.LA. の使いやあらへんで!!』**（土／14：00–15：30／日本テレビ）放送
1991	1月3日	**『ダウンタウンのごっつええ感じ　マジでマジであかんめっちゃ腹痛い』**（木／14：45–16：30／フジテレビ）放送　※特番
	4月3日	**『4月は人気番組で SHOW by ショーバイ!!』**（水／19：00–20：54／日本テレビ）放送　※『ガキの使い』チームでダウンタウン出演

	4月4日	**『SMAPの学園キッズ』**（木／17：00—17：30／テレビ東京）放送開始〈放送終了は1991年8月1日〉
	10月6日	**『愛ラブSMAP！』**（日／18：30—19：00／テレビ東京）放送開始〈放送終了は1996年3月25日〉
	10月16日	**『とんねるずの生でダラダラいかせて!!』**（水／21：00—21：54／日本テレビ）放送開始〈放送終了は2001年3月14日〉
	10月19日	**『たけし・逸見の平成教育委員会』**（土／19：00—19：54／フジテレビ）放送開始
	11月30日	**『夢で逢えたら』** 放送終了
	12月8日	**『ダウンタウンのごっつええ感じ』**（日／20：00—20：54／フジテレビ）レギュラー放送開始
1992	3月28日	**『加トちゃんケンちゃんごきげんテレビ』** 放送終了
	7月5日	**『進め！電波少年』**（日／22：30—22：54／日本テレビ）放送開始〈放送終了（※『雲と波と少年と』）は2003年2月22日〉
	10月10日	**『たかじんnoばぁー』**（土／24：00—25：00／読売テレビ）〈放送終了は1996年7月6日〉
	10月14日	**『タモリのボキャブラ天国』**（水／19：30—19：58／フジテレビ）放送開始〈放送終了は2008年9月28日〉
	12月19日	映画 **『七人のおたく cult seven』** 公開　※ウッチャンナンチャン主演
1994	4月4日	**『ナインティナインのオールナイトニッポン』**（月／27：00—29：00／ニッポン放送）放送開始〈放送終了は2014年9月25日〉
	4月12日	**『ジャングルTV ～タモリの法則～』**（火／22：00—22：54／TBS）放送開始〈放送終了は2002年9月17日〉
	4月16日	**『恋のから騒ぎ』**（土／23：00—23：30／日本テレビ）放送開始〈放送終了は2011年3月25日〉

1994	10月17日	**『HEY!HEY!HEY! MUSIC CHAMP』**（月／20：00－20：54／フジテレビ）放送開始〈放送終了は2012年12月17日〉
	12月24日	**『ねるとん紅鯨団』**放送終了
1996	4月12日	**『ウッチャンナンチャンのウリナリ!!』**（金／20：00－20：54／日本テレビ）放送開始〈放送終了は2002年3月22日〉
	4月15日	**『SMAP×SMAP』**（月／22：00－22：54／フジテレビ・関西テレビ）放送開始
	10月15日	**『うたばん』**（火／21：00－21：54／TBS）放送開始〈放送終了は2010年3月23日〉
	10月19日	**『めちゃ×2イケてるッ！』**（土／20：00－20：54／フジテレビ）放送開始
1997	3月27日	**『とんねるずのみなさんのおかげです』**放送終了
	10月28日	**『踊る！さんま御殿!!』**（火／20：00－20：54／日本テレビ）放送開始
	11月2日	**『ダウンタウンのごっつええ感じ』**放送終了
1998	1月24日	映画**『HANA-BI』**公開
	10月14日	**『笑う犬の生活』**（水／23：00－23：20／フジテレビ）放送開始〈放送終了は1999年9月29日〉
1999	4月16日	**『第4学区』**（金／25：45－26：15／フジテレビ）放送開始〈放送終了は2000年9月29日〉
	11月21日	**『笑う犬の冒険』**（日／19：58－20：54／フジテレビ）放送開始〈放送終了は2001年9月16日〉
2001	12月25日	**『M-1グランプリ』**（火／18：30－20：54／朝日放送）放送
2007	2月4日	**『世界の果てまでイッテQ！』**（日／19：58－20：54／日本テレビ）放送開始
2008	4月6日	**『爆笑問題の日曜サンデー』**（日／13：00－17：00／TBSラジオ）放送開始
	10月11日	**『ファミリーヒストリー』**（日／24：10－25：55／NHK）放送開始
	11月13日	**『ロンドンブーツ1号2号田村淳のNewsCLUB』**（月／21：00－22：00／文化放送）放送開始

2009	1月3日	**『新春TV放談』**（土／24：10―25：25／NHK）放送開始
2011	10月1日	**『サワコの朝』**（土／7：30―8：00／MBS・TBS）放送開始
	10月5日	**『おぎやはぎの愛車遍歴 NO CAR, NO LIFE!』**（土／22：00―23：00／BS日テレ）放送開始
2012	10月21日	**『日曜ゴールデンで何やってんだテレビ』**（日／19：57―20：54／TBS）放送開始〈放送終了は2013年3月3日〉
2013	10月6日	**『なるみ・岡村の過ぎるTV』**（日／23：15―24：10／朝日放送）放送開始
	10月14日	**『ワイドナショー』**（月／24：59―25：49／フジテレビ）放送開始
2014	3月31日	**『笑っていいとも！』**放送終了
	10月18日	**『ミレニアムズ』**（土／23：10―23：55／フジテレビ）放送開始〈放送終了は2015年9月14日〉
	12月28日	**『1周回って知らない話』**（日／13：15―14：15／日本テレビ）放送開始
2015	4月17日	**『ダウンタウンなう』**（金／19：57―20：54／フジテレビ）放送開始
	6月19日	**『出川哲朗と堀内健のオールナイトニッポン』**（金／25：00―27：00／ニッポン放送）放送

双葉文庫

と-24-01

1989年のテレビっ子

たけし、さんま、タモリ、加トケン、紳助、とんねるず、ウンナン、ダウンタウン、その他多くの芸人とテレビマン、そして11歳の僕の青春記

2022年10月16日　第1刷発行

【著者】
戸部田誠（てれびのスキマ）

【発行者】
島野浩二
【発行所】
株式会社双葉社
〒162-8540 東京都新宿区東五軒町3番28号
［電話］03-5261-4818(営業部)　03-5261-4827(編集部)
www.futabasha.co.jp(双葉社の書籍・コミックが買えます)
【印刷所】
中央精版印刷株式会社
【製本所】
中央精版印刷株式会社
【フォーマット・デザイン】
日下潤一

ISBN978-4-575-71493-7 C0176
Printed in Japan